高职高专机电类专业规划教材

互换性与测量技术

汪明玲　彭碧霞　主编
刘小宁　主审

化学工业出版社
·北京·

本书前半部分主要内容包括：孔与轴的公差与配合、测量技术基础、形状和位置公差及检测、表面粗糙度及检测、光滑极限量规设计、滚动轴承的公差与配合、键和花键的公差配合及检测、圆锥的公差配合及检测、螺纹的公差及测量、圆柱齿轮传动的公差及检测、尺寸链等，每章后均附有习题。

本书后半部分为实训指导书，主要内容包括：内外径及长度的测量、几何误差的检测、表面粗糙度的检测、螺纹的检测、角度与锥度的检测、齿轮的检测、精度设计。

全书力求在讲解概念的基础上，突出应用性、实践性，以适应高职高专教学重实践、重应用的特点。实训指导书中的精度设计内容为后续课程中的机械基础课程设计、工艺设计、毕业设计做了必要的铺垫和准备。

本书可作为高职高专机械类及应用型本科院校机械类、机电类相关课程的教学用书，也可作为相关工程技术人员参考用书。

图书在版编目（CIP）数据

互换性与测量技术/汪明玲，彭碧霞主编. —北京：化学工业出版社，2011.12（2019.10重印）
高职高专机电类专业规划教材
ISBN 978-7-122-12906-2

Ⅰ. 互… Ⅱ. ①汪…②彭… Ⅲ. ①零部件-互换性-高等职业教育-教材②零部件-测量技术-高等职业教育-教材 Ⅳ. TG801

中国版本图书馆 CIP 数据核字（2011）第 243411 号

责任编辑：高　钰　　　　文字编辑：张绪瑞
责任校对：宋　夏　　　　装帧设计：刘丽华

出版发行：化学工业出版社（北京市东城区青年湖南街 13 号　邮政编码 100011）
印　　装：大厂聚鑫印刷有限责任公司
787mm×1092mm　1/16　印张 13　字数 336 千字　2019 年10月北京第 1 版第 4 次印刷

购书咨询：010-64518888　　　　售后服务：010-64518899
网　　址：http：//www. cip. com. cn
凡购买本书，如有缺损质量问题，本社销售中心负责调换。

定　　价：39. 00 元

前 言

“互换性与测量技术”是机械类及近机械类各专业重要的技术基础课，是机械类工程技术人员和管理人员必须掌握的一门综合性应用技术基础课程。

本书围绕高职高专机械类人才的培养要求，力求充分反映高职高专的教育特色，以提高人才的技术应用能力为原则，在编写过程中吸取了众多兄弟院校多年的教学经验和成果，结合我们自身的教学实践，把几何误差、公差标准及应用、测量实训密切结合，力求内容精练，突出应用、学用结合。

测量技术有很强的实践性，教材中实训指导书是配合相应章节的理论课编写的，供学完相应理论课安排实训用。其中的精度设计可为后续机械基础课程设计、工艺设计、毕业设计做必要的准备，打下良好的基础。

本书由武汉软件工程职业学院汪明玲、彭碧霞主编，张怀学、毕立彩副主编，王萍、李智、邬业萍参编，武钢国际贸易总公司资产资讯设备科高级技师汪明阳、中船桂江造船有限公司高级工程师陈祖振参与了本书的编写工作。刘小宁教授任主审。

由于编者水平有限，书中疏漏及不妥之处，敬请读者批评指正。

编 者

2011 年 10 月

目　录

1 绪　论

1.1 互换性与标准化

1.1.1 互换性的概念

互换性，就机械零件而言是指：同一规格的一批零部件，不需要作任何挑选和附加加工，任取一件就可以装配到所需的部位，并能满足规定的使用要求。

我们日常生活中使用的灯泡，用坏了，随便去商店买一个同规格的，无论它们出自哪个企业，只要是合格产品，买来就可以装上，电路开关合上，灯泡一定会发光。电视机、电冰箱、摩托车、汽车等的零件损坏，也可以快速换一个同样规格的新零件。日常生活中之所以这样方便地更换零件，是因为这些产品的零配件都是按互换性原则生产，具有互换性。

1.1.2 互换性的分类

互换性按其互换的程度分为完全互换和不完全互换。

(1) 完全互换

零件在装配或更换时，不需要辅助加工和调整，装配后即可满足使用要求。如螺栓、螺钉、螺母、轴承等标准件的装配就属此类情况。

(2) 不完全互换

零件在装配或更换时需要适当的挑选、调整或修配，才具有相互替换的功能，称为不完全互换。不完全互换又分为三类：分组互换法、修配法、调整法。

① 分组互换法　有些机器的零件精度要求很高，如采用完全互换会使零件的尺寸公差很小，造成加工困难，成本很高，甚至无法加工。为了便于加工，此时可将零件的尺寸公差放大，加工后，先进行测量，按零件实际尺寸分组进行装配。这样，既保证装配精度与使用要求，又降低成本。组内零件可以互换，组与组之间不可互换。

② 修配法　零部件加工完成后，装配时对某一特定零件按要求进行调整，以满足装配和使用要求。

③ 调整法　零部件加工完成后，装配时用调整的方法改变某零件在机器中的尺寸或位置，以满足装配和使用要求的方法。

一般来说，大量生产及成批生产的产品，如汽车、摩托车等大都采用完全互换法组织生产；精度要求高的产品，如轴承，常采用分组互换法；而单件小批量生产的产品，如船舶，矿山等机械，则采用修配法和调整法。

1.1.3 互换性在机械制造业中的作用

按互换性原则组织生产，是现代化生产的重要原则之一，其优点体现为：

① 按照互换性原则组织加工，最便于实施三化（标准化、系列化、通用化），实现专业化协调生产，便于计算机辅助制造（CAM）的实施与推广，以提高产品质量和生产效率，同时降低生产成本。

② 工件具有互换性，在它磨损到极限或损坏后，可以很方便地更换。可以缩短维修时间和节约费用，提高修理质量。

③ 因为零部件具有互换性，可以提高装配质量，缩短装配时间，便于实现现代化的大工业生产，提高装配效率。

④ 由于标准零部件是采用互换性原则设计和生产的，因而可以简化绘图、计算等工作。

1.1.4 标准与标准化

生产中要贯彻互换性原则，必须有统一的标准及贯彻标准的一系列活动。

（1）标准

标准是指由一定的权威组织对经济、技术和科学中重复出现的共同的技术语言和技术事项等方面规定出来的统一技术准则。相关各方以此准则作为共同遵守的技术依据。简言之，标准即为技术法规。

（2）标准的分级

按性质分：
- 技术标准
- 生产组织标准
- 经济管理标准

按内容分：
- 基础标准：一般包括名词术语、符号、代号、机械制图、公差与配合等
- 产品标准：对产品结构、规格、质量和检验方法所做的技术规定
- 辅助产品标准：工具、模具、量具、夹具等
- 方法标准：包括工艺要求、过程、要素、工艺说明等
- 原材料标准：为原材料验收制定的标准

按法律属性分：
- 强制性标准：涉及人身安全、健康、卫生、环保等的标准，代号为 GB
- 推荐性标准：其余标准，代号为 GB/T

（3）标准的分类

标准按制定的范围来分类，具体划分为：

① 国际标准：在国际范围内制定的标准。例："ISO"为国际标准化组织制定的标准；"IEC"为国际电工委员会制定的标准。

② 国家标准：在全国范围内统一制定的标准，用"GB"表示。

③ 地方标准：由地方制定的标准。

④ 行业标准：在全国同一行业内制定的标准。各行业都有自己的行业标准代号，如："JB"为机械标准；"YB"为原冶金部标准。

⑤ 企业标准：在企业内部制定的标准，用"QB"表示。

（4）标准化

标准化是指以制定标准、贯彻标准、修订标准为主要内容的全部活动过程。

标准是为标准化而制定的技术文件。在实行互换性生产过程中，要求各分散的工厂及相关生产部门和生产环节之间，在技术上保证一定程度的统一。要统一就要有标准，标准化是实现这一要求的重要技术手段，是实现互换性生产的前提和基础。实际生产实践中，标准化程度的高低是评定产品的重要指标之一。

（5）优先数与优先数系

产品在设计、制造及使用中都要用数值表示。如零件尺寸、公差、所使用设备、刀具、测量器具的尺寸等。

产品设计者中的参数往往不是孤立的，选定一个数值，这个数值就会按照一定规律向所有有关参数传递。例如，减速器设计中螺栓与螺母的尺寸相关，制造螺栓的刀具尺寸，检验螺栓的量具尺寸，安装刀具的工具尺寸等都彼此关联。显然，产品技术参数的数值不能任意

选取，否则会造成产品规格繁杂，无法实现互换性生产。

① 优先数与优先数系　对产品技术参数合理分档、分级，对产品技术参数进行简化，协调统一，必须有科学、统一的数值标准，这一数值标准即优先数与优先数系。

优先数系是一种科学的数值制度，也是国际上统一的数值分级制度，是国际范围的一个重要的基础标准。优先数系中的任意数值即为优先数。

在确定产品的参数或参数系列时应最大限度地采用优先数与优先数系。

② 优先数系的构成　优先数系由一些十进制等比数列构成，其代号为 R（R 是优先数系创始人 Renard 的缩写），相应的公比代号为 R5、R10、R20、R40、R80，依次称为 R5 系列、R10 系列、R20 系列、R40 系列、R80 系列，其对应公比如下：

R5 系列公比：$q_5=\sqrt[5]{10}\approx1.6$

R10 系列公比：$q_{10}=\sqrt[10]{10}\approx1.25$

R20 系列公比：$q_{20}=\sqrt[20]{10}\approx1.12$

R40 系列公比：$q_{40}=\sqrt[40]{10}\approx1.06$

R80 系列公比：$q_{80}=\sqrt[80]{10}\approx1.03$

R5、R10、R20、R40 系列为基本系列，为优先选择系列。R80 为补充系列，仅在参数分级很细或不能够满足需求时选用。

按公比计算得到优先数的理论值，除 10 的整数幂外，都是无理数，工程技术上不能直接应用。实际应用的都是经过圆整后的近似值。

表 1-1 列出了 R5、R10、R20、R40 四个系列的优先数系，分析表中的数值，不难看出：表中的计算值和常用值，是根据圆整的精确度确定的：

① 计算值：五位有效数字，供精确计算用。

② 常用值：三位有效数字，即经常使用的优先数。

在标准化工作中，许多参数都是按优先数系确定的。本课程中涉及到的尺寸分段、公差分级、粗糙度系列参数等都是按优先数系制定的。

表 1-1　优先数系的基本系列（摘自 GB/T 321—2005）

基本系列常用值				计算值
R5	R10	R20	R40	
1.00	1.00	1.00	1.00	1.0000
			1.06	1.0593
		1.12	1.12	1.1220
			1.18	1.1885
	1.25	1.25	1.25	1.2589
			1.32	1.3335
		1.40	1.40	1.4125
			1.50	1.4962
1.60	1.60	1.60	1.60	1.5849
			1.70	1.6788
		1.80	1.80	1.7783
			1.90	1.8836
	2.00	2.00	2.00	1.9953
			2.12	2.1135
		2.24	2.24	2.2387
			2.36	2.3714

续表

基本系列常用值				计算值
R5	R10	R20	R40	
2.50	2.50	2.50	2.50	2.5119
			2.65	2.6607
		2.80	2.80	2.8184
			3.00	2.9854
	3.15	3.15	3.15	3.1623
			3.35	3.3497
		3.55	3.55	3.5481
			3.75	3.7581
4.00	4.00	4.00	4.00	3.9811
			4.25	4.2170
		4.50	4.50	4.4668
			4.75	4.7315
	5.00	5.00	5.00	5.0119
			5.30	5.3088
		5.60	5.60	5.6234
			6.00	5.9566
6.30	6.30	6.30	6.30	6.3096
			6.70	6.6834
		7.10	7.10	7.0795
			7.50	7.4980
	8.00	8.00	8.00	7.9433
			8.50	8.4140
		9.00	9.00	8.9125
			9.50	9.4405
10.00	10.00	10.00	10.00	10.0000

1.2　加工误差和公差

1.2.1　加工误差

零件在机械加工时，由于机床、工装夹具等工艺系统的误差、刀具的磨损等，使得工件在加工后总会产生一定程度的误差。这种误差即为加工误差。加工误差就几何量来讲，可分三类：尺寸误差、几何形状误差、相互位置误差。

（1）尺寸误差

零件在加工后实际尺寸与理想尺寸之差。

（2）几何形状误差

几何形状误差分为三种。

① 形状误差——宏观几何形状误差　指零件整个表面范围内的形状与理想形状之间的差异。如孔、轴横截面的理想形状是正圆形，轴的素线应为直线，加工后实际形状不可能为理想的正圆形，或为椭圆形或其他非正圆形，素线也不可能为直线，由此产生了圆度误差及直线度误差，这类误差即为形状误差。

② 粗糙度——微观几何形状误差　微观几何形状误差是加工后刀具在工件表面上留下的许多微小的高低不平的波形，其波峰及波长都很小，通常称为表面粗糙度。

③ 表面波度　是介于宏观和微观几何形状误差之间的一种表面形状误差，主要是由加工过程中的振动引起的，表面呈明显的周期波形，但波峰和波长比表面粗糙度要大得多。

（3）相互位置误差

整个工件是由若干个表面组成的，各个表面的相互位置都有规定的要求。但在加工中也会产生误差，这类误差就是相互位置误差。它是指加工后零件各表面或中心线之间的实际位置与其理想位置之间的差值。如两个平面之间的平行度、垂直度等。一根阶梯轴各段的轴线应为同一轴线，而加工过程中往往产生不同轴度等。

图 1-1 为圆柱表面几何形状与位置误差示意图。

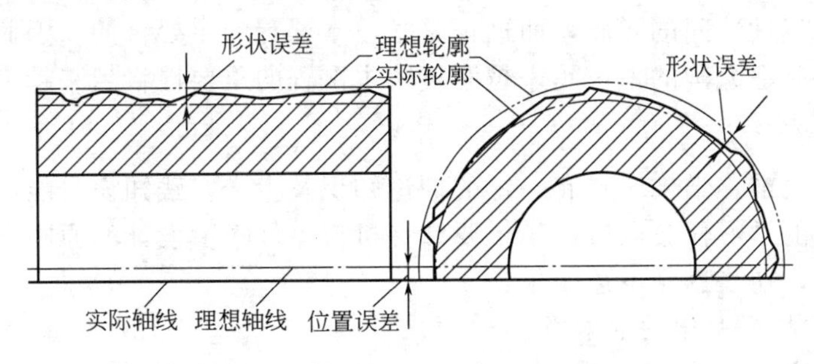

图 1-1　圆柱表面几何形状及位置误差

1.2.2　公差

公差是指允许尺寸、几何形状和相互位置误差变动的范围，用以限制加工误差。它是由设计人员根据产品使用性能要求参照国家标准给定的。

公差用符号“T”表示，就尺寸、形状、位置公差及表面粗糙度而言，规定公差 T 的大小顺序应为：$T_{尺寸}>T_{位置}>T_{形状}>$表面粗糙度误差。

1.2.3　误差与公差的区别

误差是在零件加工过程中产生的，是不可避免的，是客观存在的，它的大小受到加工过程中的各种因素的影响。

公差则是由设计人员根据零件的功能要求给定的允许零件的尺寸、几何形状和相互位置的最大变动量。

对于同一个零件，给定的公差值越大，零件越容易加工，反之则越不容易加工。因此，选用公差的原则是：在满足使用要求的前提下，尽可能选用较大公差。

公差反映了一批零件对制造精度及经济性的要求，并体现加工难易程度。公差越小，加工越困难，生产成本越高。

显然，零件加工后的误差值若在公差范围之内，则为合格件，若超出公差范围，则为不合格件。所以，公差也是允许的最大误差。

1.3　本课程的性质与学习方法

1.3.1　课程的性质

本课程是机械类专业及相关专业的一门重要的技术基础课，在教学中起着联系基础课和专业课的桥梁作用，同时也是联系机械类基础课与制造工艺类课程的纽带。

它以互换性内容为基础，紧紧围绕机械产品零部件的制造误差和公差，从其关系入手，探讨零部件的设计、制造精度与技术测量方法，研究如何解决使用要求与制造要求的矛盾。

课程由“公差配合”与“技术测量”两部分组成，其基本理论是精度理论，研究的对象是零部件几何参数的互换性，在生产实践中应用广泛，实用性强，通过本课程的学习，学生可以学到有关精度理论和测量的基本知识与技能。

本课程的特点是术语、定义、符号、代号、图形、表格多，公式推导少；经验数据、定性解释、具体规定多，定量计算少。内容涉及面广，章节之间系统性、连贯性不强，各章相对独立。

科学技术越发达，对机械产品的精度要求越高，对互换性的要求也越高，机械加工就越困难，这就必须处理好产品的使用要求与制造工艺之间的矛盾，处理好公差选择的合理性与加工出现误差的必然性之间的矛盾，而这正是学习本课程的主要目的。因此，随着机械工业的高速发展，我国制造大国的地位越来越明显，本课程的重要性将越来越突出。

1.3.2 课程的要求

在学习本课程之前，学生应具有一定的理论知识及生产实践知识，能读图并熟悉图样的注法；完成本课程的学习任务以后，学生要掌握机械零件精度设计的原则和方法以及确保产品质量的检测技术，初步达到下述要求：

① 建立互换性与标准化的基本概念。

② 了解本课程所介绍的各种公差标准和基本内容并掌握其特点。

③ 学会根据产品的功能要求，选择合理的公差，熟练查表，并能正确地标注到图样上。

④ 掌握一般几何参数测量的基础知识。

⑤ 了解各种典型零件的测量方法，学会使用常用的计量器具。

1.3.3 学习方法

① 本课程的主干是各国家标准，公差标准就是技术法规，要注意其严肃性。在进行精度设计时既要满足标准规定的原则，又要根据不同的使用要求灵活选用。

② 在学习中，应当了解每个术语、定义的实质，及时归纳总结并掌握各术语及定义的区别和联系。

③ 注意实践环节的训练，独立操作、独立思考，将理论与实践相结合。

④ 只有在同期及后续相关课程学习中，特别是机械零件课程设计、专业课课程设计和毕业设计中，才能加深对本课程学习内容的理解，初步掌握精度设计的要领。因此，要与相关课程的知识联系，使学到的公差配合知识得以举一反三，达到实际应用的目的。

⑤ 应当认真独立完成作业，巩固并加深对所学内容的理解与记忆。

习　题

1-1 什么叫互换性？完全互换与不完全互换有何区别？

1-2 互换性在机械制造中有何意义？

1-3 按标准颁发级别分，标准有哪几种？

1-4 几何量误差有几类？

1-5 为什么要选择优先数系作为标准的基础？

2　孔与轴的公差与配合

孔和轴的配合在机器中应用最广泛、最普遍，因此，孔和轴的配合标准是最基础，也是最典型的。国家标准中孔与轴的《极限与配合》标准是机械工程最重要的基础标准，是学习其他互换性标准的基础。本章着重介绍该标准以及与此标准相关的基本术语、定义及应用。

2.1　基本术语及定义

2.1.1　孔和轴的定义

① 孔　通常指工件的圆柱形内表面，也包括非圆柱形的内表面，如图 2-1 中所标注的各尺寸均为孔的尺寸。

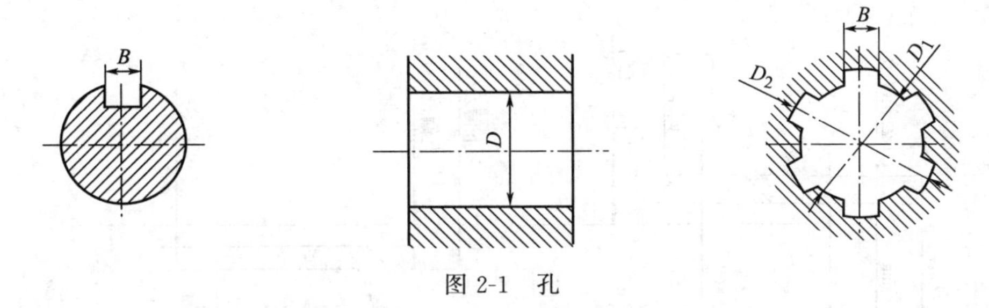

图 2-1　孔

② 轴　指工件的圆柱形外表面，也包括非圆柱形的外表，如图 2-2 中所标注的各尺寸均为轴的尺寸。

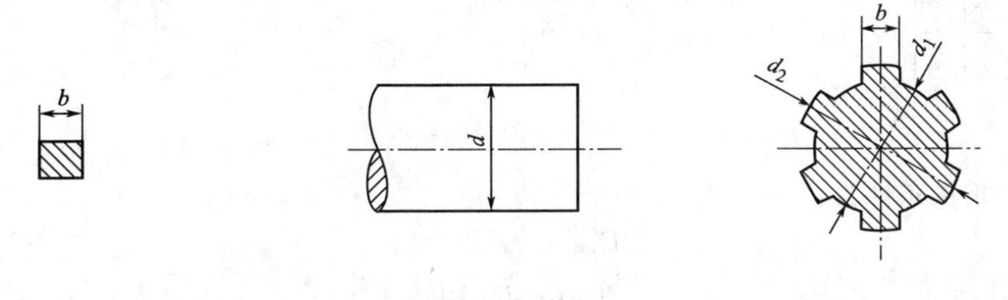

图 2-2　轴

公差配合中，孔和轴的含义是广义的，其特性是：

孔：为包容面，尺寸之间无材料，在加工过程中，尺寸越加工越大；

轴：为被包容面，尺寸之间有材料，在加工过程中，尺寸越加工越小。

采用广义孔和轴概念的目的，是为了确定工件的尺寸极限和相互的配合关系，同时也拓展了《极限与配合》的应用范围。它不仅应用于圆柱内、外表面的结合，也可以用于非圆柱内、外表面的配合。例如：图 2-1 与图 2-2 中，单键与键槽的配合；花键结合中内、外花键的大径、小径及键与键槽的配合等。

2.1.2　关于尺寸的术语及定义

（1）尺寸

尺寸是以特定单位表示线性尺寸的数值，一般指两点间的距离，如长度、宽度、高度、直径等，在机械制造中通常用毫米（mm）为单位表示。

（2）基本尺寸

基本尺寸是设计给定的尺寸，用 D、d 表示（D 表示孔的尺寸；d 表示轴的尺寸）。它是在设计中，根据运动、强度、结构等要求，计算或通过实验的方法，划整后确定的。基本尺寸应该在优先数系中选择，以减少切削刀具、测量工具和型材等规格。

（3）实际尺寸

实际尺寸是指通过测量得到的尺寸，用 D_a、d_a 表示。

由于加工误差的存在，按同一图样要求所加工的各个零件，其实际尺寸往往各不相同。即使是同一工件上的同一尺寸，在不同位置、不同方向上测得的实际尺寸也往往不同，存在测量误差，所以实际尺寸并非尺寸的真值。

（4）极限尺寸

极限尺寸是指允许尺寸变化的两个极限值。两个极限尺寸中较大的称为最大极限尺寸（D_{max}，d_{max}）；较小的称为最小极限尺寸（D_{min}，d_{min}），实际尺寸应位于其中，如图 2-3 所示。

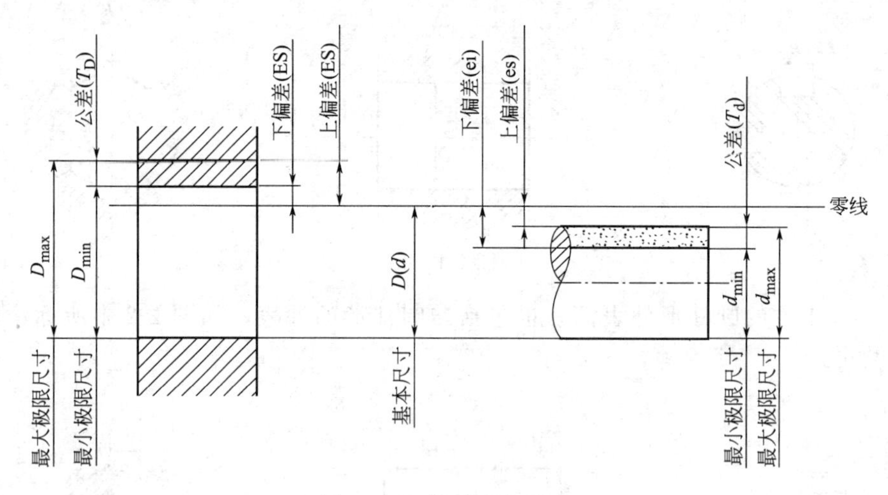

图 2-3 极限与配合示意

零件合格的条件为：

$$D_{max} \geqslant D_a \geqslant D_{min}$$

$$d_{max} \geqslant d_a \geqslant d_{min}$$

2.1.3 关于尺寸偏差及公差的术语及定义

（1）尺寸偏差

尺寸偏差简称偏差，是某一尺寸与其基本尺寸的代数差，分以下几类。

① 实际偏差　实际尺寸（D_a、d_a）减去基本尺寸（D，d）的代数差。

孔的实际偏差：$E_a = D_a - D$

轴的实际偏差：$e_a = d_a - d$

② 极限偏差　极限偏差是指某尺寸与基本尺寸的代数差，其中最大极限尺寸与基本尺寸之差称为上偏差，最小极限尺寸与基本尺寸之差称为下偏差，其值可正、可负或为零。用公式表示如下

孔的上偏差：$ES = D_{max} - D$

$$孔的下偏差：EI=D_{min}-D$$
$$轴的上偏差：es=d_{max}-d$$
$$轴的下偏差：ei=d_{min}-d$$

ES和EI分别为法文上、下偏差的缩写，其大写字母表示孔；小写字母表示轴；显然，偏差为代数值，可为正、为负或为零。

零件尺寸合格的条件用偏差表示为：

$$孔的合格条件：ES\geqslant E_a\geqslant EI$$
$$轴的合格条件：es\geqslant e_a\geqslant ei$$

(2) 公差

公差是指允许尺寸的变动量，是最大极限尺寸与最小极限尺寸之差。用 T_D 表示孔的公差，T_d 表示轴的公差，则有

$$孔的公差：T_D=|D_{max}-D_{min}|=|ES-EI| \quad (2\text{-}1)$$
$$轴的公差：T_d=|d_{max}-d_{min}|=|es-ei| \quad (2\text{-}2)$$

显然，公差一定是不为零的正值。

【例 2-1】 已知孔的基本尺寸为 $D=60$mm，最大极限尺寸 $D_{max}=60.015$，最小极限尺寸 $D_{min}=59.985$，计算其上下偏差及公差。

解：

$$ES=D_{max}-D=60.015-60=+0.015\text{mm}$$
$$EI=D_{min}-D=59.985-60=-0.015\text{mm}$$
$$T_D=D_{max}-D_{min}=ES-EI=60.015-59.985=0.03\text{mm}$$

(3) 公差带图及公差带

由图 2-3 可以看出：尺寸与公差的比例相差很大，不便统一。尺寸是毫米级，而公差是微米级，显然图中的公差部分被放大了。

为了表示尺寸、极限偏差和公差之间的关系，采用简明的公差带图来表示极限与配合的关系，此图不必画出孔和轴的全形，它由零线和公差带组成，如图 2-4 所示。

① 零线　确定偏差的基准线。它所代表的尺寸为基本尺寸，是极限偏差的起始线。零线上方表示正偏差，零线下方表示负偏差。

② 公差带　在公差带图中，两个矩形方框分别代表孔、轴的公差带。方框的上线代表上偏差（最大极限尺寸），下线代表下偏差（最小极限尺寸），宽度则为公差值，公差带沿零线方向的长度可适当选取。

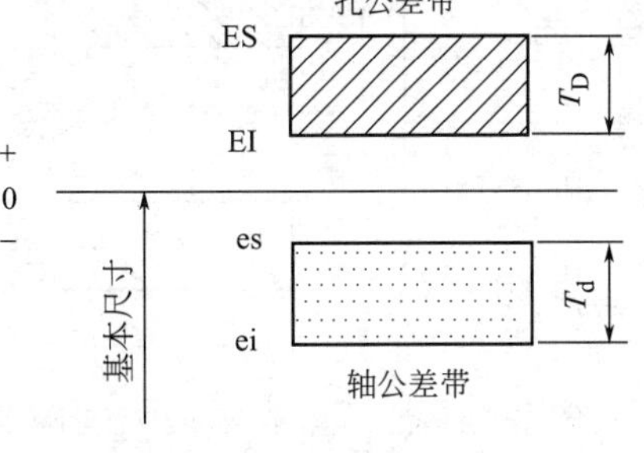

图 2-4　公差带图

公差带图中的尺寸单位可取 mm，也可取 μm，单位省略不写。

【例 2-2】 已知孔尺寸为 $\phi40^{+0.025}_{0}$，轴尺寸为 $\phi40^{-0.010}_{-0.026}$，求孔、轴的极限偏差与公差。并画出公差带图。

解： 公差带图如图 2-5 所示。

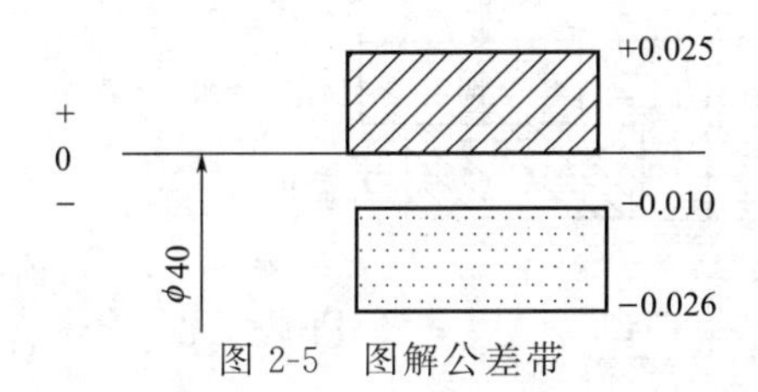

图 2-5　图解公差带

孔、轴的极限尺寸为：

$$D_{max}=D+ES=40+0.025=40.025$$
$$D_{min}=D+EI=40+0=40$$
$$d_{max}=d+es=40-0.010=39.990$$
$$d_{min}=d+ei=40-0.026=39.974$$

孔、轴的公差为

$$T_D = ES - EI = 0.025 - 0 = 0.025$$
$$T_d = es - ei = -0.010 - (-0.026) = 0.016$$

2.1.4 有关配合的术语及定义

(1) 配合

配合是指基本尺寸相同的、相互结合的孔与轴公差带之间的关系。注意定义中“基本尺寸相同”的含义，基本尺寸不相同的孔和轴之间没有配合关系存在。

在孔与轴的配合中，孔的尺寸减去轴的尺寸，所得的代数差为正值时称为间隙配合，为负值时称为过盈配合。通俗地说，孔大轴小形成间隙配合，孔小轴大形成过盈配合。

(2) 配合公差

配合公差是指允许间隙或过盈的变动量。它是设计人员根据机器配合部位的使用性能要求确定，反映配合的松紧程度变化，是评定配合质量的一个重要综合指标，用 T_f 表示。

T_f 与公差一样为无正负号的绝对值，且不能为 0。用公式表示为

间隙配合： $T_f = |X_{max} - X_{min}|$

过盈配合： $T_f = |Y_{max} - Y_{min}|$

过渡配合： $T_f = |X_{max} - Y_{max}|$

分别将孔、轴极限尺寸或极限偏差代入上式换算后，可得配合公差共同公式：

$$T_f = T_D + T_d$$

由此式可知，配合精度（即配合公差）取决于相互配合的孔和轴的尺寸精度（即尺寸公差）。

(3) 配合的种类

① 间隙配合　间隙配合是指具有间隙（含最小间隙为零）的配合。此种配合的特点是：孔公差带位于轴公差带之上，通常指孔大、轴小的配合。也可以是零间隙配合，如图 2-6 所示。

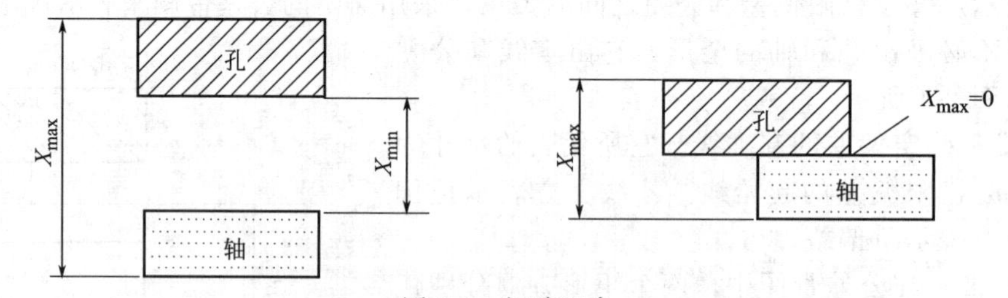

图 2-6　间隙配合

图 2-6 中：X_{max} 表示最大间隙，X_{min} 表示最小间隙。

显然：
$$X_{max} = D_{max} - d_{min} = ES - ei \tag{2-3}$$
$$X_{min} = D_{min} - d_{max} = EI - es \tag{2-4}$$
$$T_f = X_{max} - X_{min} = T_D + T_d \tag{2-5}$$

② 过盈配合　过盈配合是指具有过盈（含最小过盈为零）的配合，此时孔的公差带位于轴公差带之下。通常指孔小、轴大的配合。也可以是零过盈配合，如图 2-7 所示。

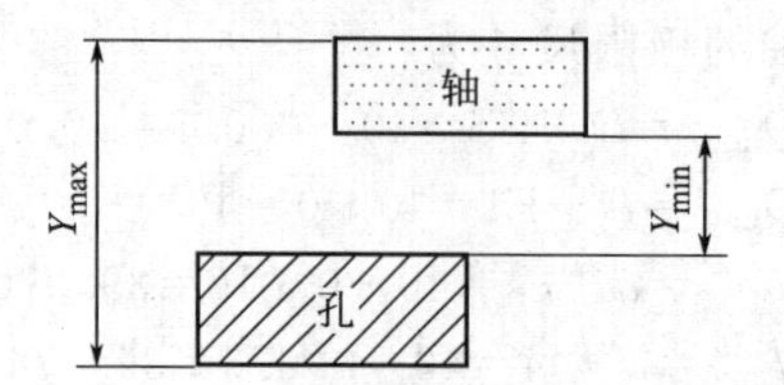

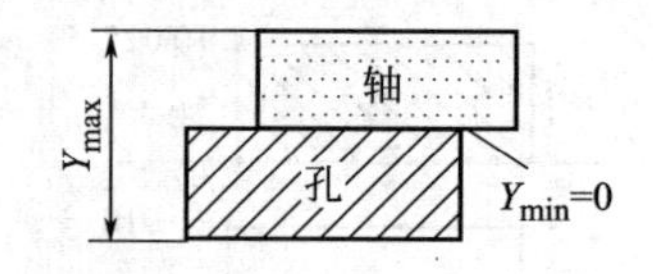

图 2-7　过盈配合

图 2-7 中：Y_{max}表示最大过盈，Y_{min}表示最小过盈。

显然：

$$Y_{max}=D_{min}-d_{max}=EI-es \tag{2-6}$$

$$Y_{min}=D_{max}-d_{min}=ES-ei \tag{2-7}$$

$$T_f=Y_{max}-Y_{min}=T_D+T_d \tag{2-8}$$

③ 过渡配合　过渡配合是指可能产生间隙或过盈的配合。此时孔、轴公差带相互交叠，是介于间隙配合与过盈配合之间的配合，但其间隙或过盈的数值都较小，如图 2-8 所示。一般来讲，过渡配合的工件精度都较高。

(a) 轴公差带在孔公差带下方　　(b) 轴公差带在孔公差带之间　　(c) 轴公差带在孔公差带上方

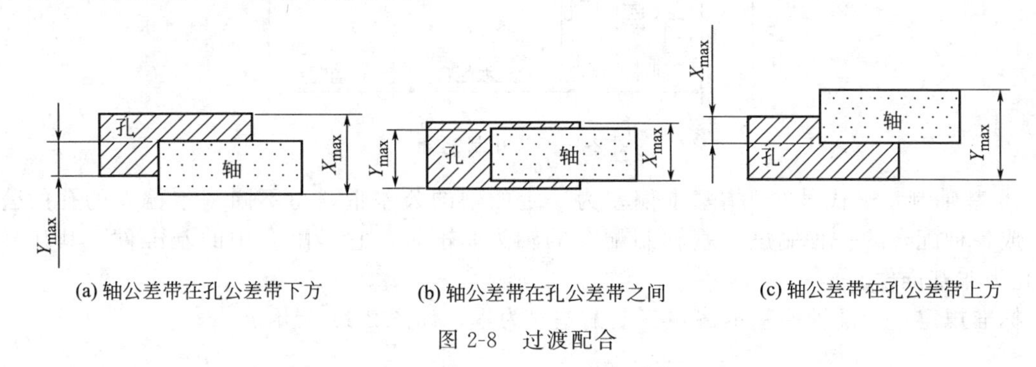

图 2-8　过渡配合

过渡配合的极限情况是最大间隙 X_{max}（孔最大，轴最小时）及最大过盈 Y_{max}（孔最小，轴最大时）。

（4）基准制

孔和轴的配合是否满足使用要求，主要看是否能保证极限间隙和极限过盈。而满足同一极限间隙或过盈的孔和轴公差带的大小和位置是无限多的。如图 2-9 所示的三种配合的最大间隙均为 $X_{max}=140$，最小间隙均为 $X_{min}=50$。显然，还可以有无数的满足同样最大及最小间隙的组合。

可见，如果不对满足同一使用要求的孔、轴公差带的大小和位置作出统一规定，无数可能的组合会给生产过程带来混乱。基准制就是用来解决这一问题的。

(a)　　(b)　　(c)

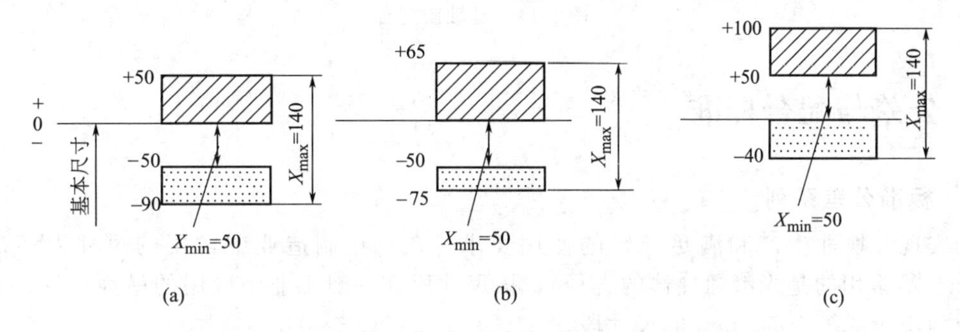

图 2-9　三种极限间隙相同、满足同样使用要求的配合

基准制也称配合制，是通过固定相互配合的孔或轴中一种零件的公差带位置，改变另一零件的公差带位置，从而形成各种不同的配合。GB/T 1800.1—1997 规定了两种基准制：基孔制、基轴制。

① 基孔制——代号 H　指基本偏差为一定的孔的公差带，与不同基本偏差的轴的公差带形成各种配合的一种制度。基孔制配合的孔为基准孔，它是配合中的基准件，其代号为 H，轴为非基准件。

标准规定：基准孔的基本偏差（下偏差）为零，如图 2-10 所示。

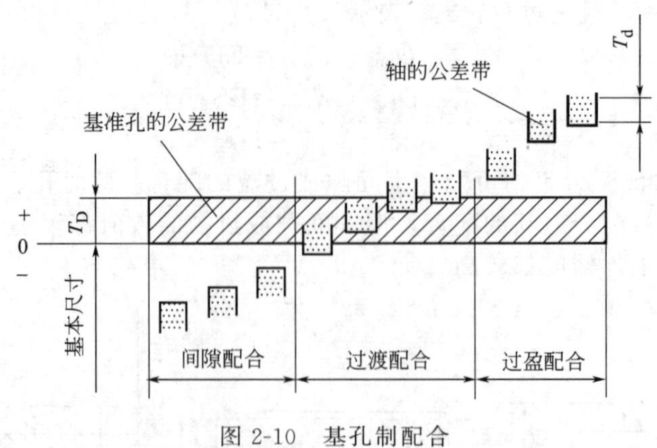

图 2-10 基孔制配合

② 基轴制——代号 h 指基本偏差为一定的轴的公差带，与不同基本偏差的孔的公差带形成各种配合的一种制度。基轴制配合的轴为基准轴，它是配合中的基准件，其代号为 h，孔为非基准件。

标准规定：基准轴的基本偏差（上偏差）为零，如图 2-11 所示。

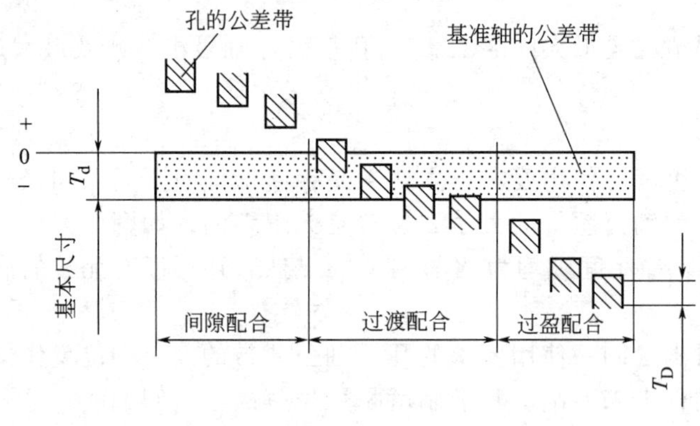

图 2-11 基轴制配合

2.2 公差与配合标准

2.2.1 标准公差系列

为实现互换性生产和满足一般的使用要求，在机械制造业中常用的尺寸大多都小于 500mm（最常用的是光滑圆柱体的直径），该尺寸段在一般工业中应用的最为广泛。本节讨论对象为小于或等于 500mm 的尺寸段。

（1）公差等级

公差等级是确定尺寸精确程度的等级。同一公差等级对所有基本尺寸的一组公差被认为具有同等的精确程度。规定和划分公差等级的目的是为了简化和统一公差的要求，使规定的等级既能满足不同的使用要求，又能大致代表各种加工方法的精度，为零件的设计和制造带来了极大的方便。

公差等级分为 20 级，用 IT01，IT0，IT1，IT2，IT3，…，IT18 来表示。常用的公差等级为 IT5～IT13。

标准公差的计算公式见表 2-1，其特点如下。

① 高精度等级IT01、IT0、IT1的公式，主要考虑测量误差。

② IT2、IT3、IT4之间成等比数列。

③ IT5～IT18的标准公差计算公式为

$$IT=\alpha i \tag{2-9}$$

$$i=f(D)$$

式中，α是公差等级系数；i为公差单位（公差因子），是以基本尺寸为自变量的函数。除了IT5的公差等级系数$\alpha=7$以外，从IT6开始，公差等级系数采用R5系列，每隔5级，标准公差数值增加10倍。

表2-1　标准公差的计算公式（GB/T 1800.3—1998）

公差等级	公式	公差等级	公式	公差等级	公式
IT01	$0.3+0.008D$	IT6	$10i$	IT13	$250i$
IT0	$0.5+0.012D$	IT7	$16i$	IT14	$400i$
IT1	$0.8+0.020D$	IT8	$25i$	IT15	$640i$
IT2	(IT1)(IT5/IT1)1/4	IT9	$40i$	IT16	$1000i$
IT3	(IT1)(IT5/IT1)2/4	IT10	$64i$	IT17	$1600i$
IT4	(IT1)(IT5/IT1)3/4	IT11	$100i$	IT18	$2500i$
IT5	$7i$	IT12	$160i$		

（2）公差单位

公差单位是计算标准公差的基本单位，计算公式如下

$$i=0.45\sqrt[3]{D}+0.001D \tag{2-10}$$

$$D=\sqrt{D_1D_2} \tag{2-11}$$

式中　D——基本尺寸分段的几何平均值，mm；

D_1，D_2——分别为尺寸分段中的首、尾尺寸，mm。

式(2-10)由两项组成：

第一项：$0.45\sqrt[3]{D}$，反映加工误差的影响；

第二项：$0.001D$，反映测量误差的影响，尤其是温度变化引起的测量误差。

（3）尺寸分段

根据标准公差的计算公式，每一个基本尺寸都对应有一个公差值。但在实际生产中基本尺寸很多，就会形成一个庞大的公差数值表，给企业的生产带来不便，同时不利于公差值的标准化、系列化。为了减少标准公差的数目，统一公差值，以利于生产实际的应用，国家标准对基本尺寸进行了分段，详见表2-2。

表2-2　基本尺寸的分段（GB/T 1800.3—1998）　mm

主段落		中间段落		主段落		中间段落		主段落		中间段落	
大于	至	大于	至	大于	至	大于	至	大于	至	大于	至
—	3	—	—	30	50	30	40	180	250	180	200
3	6	—	—			40	50			225	250
6	10	—	—	50	80	50 65	65 80	250	315	250 280	280 315
10	18	10 14	14 18	80	120	80 100	100 120	315	400	315 355	355 400
18	30	18 24	24 30	120	180	120 140	140 160	400	500	400 450	450 500

注：在表中，一般使用的是主段落，对于间隙或过盈比较敏感的配合，可以使用分段比较密的中间段落。

【例 2-3】 求基本尺寸为 $\phi 20$，IT7、IT8 的公差值。

解：由表 2-2 可知：20 处于 18～30 尺寸段，根据式(2-11)，该尺寸段的几何平均值为：

$$D=\sqrt{18\times 30}=23.24$$

根据式(2-10)

$$i=0.45\sqrt[3]{D}+0.001D=0.45\sqrt[3]{23.24}+0.001\times 23.24=1.31\mu m$$

查表 2-1 得：IT7＝16i，IT8＝25i，则

$$IT7=16\times 1.31=20.96\approx 21\mu m$$

$$IT8=25\times 1.31=32.75\approx 33\mu m$$

在实际工作中标准公差值是用查表法确定的。标准公差值见表 2-3，表中各值就是用上述方法经圆整获得。

表 2-3 标准公差数值（GB/T 1800.3—1998） μm

基本尺寸/mm	公差等级																			
	IT01	IT0	IT1	IT2	IT3	IT4	IT5	IT6	IT7	IT8	IT9	IT10	IT11	IT12	IT13	IT14	IT15	IT16	IT17	IT18
≤3	0.3	0.5	0.8	1.2	2	3	4	6	10	14	25	40	60	100	140	250	400	600	1000	1400
3～6	0.4	0.6	1	1.5	2.5	4	5	8	12	18	30	48	75	120	180	300	480	750	1200	1800
6～10	0.4	0.6	1	1.5	2.5	4	6	9	15	22	36	58	90	150	220	360	580	900	1500	2200
10～18	0.5	0.8	1.2	2	3	5	8	11	18	27	43	70	110	180	270	430	700	1100	1800	2700
18～30	0.6	1	1.5	2.5	4	6	9	13	21	33	52	84	130	210	330	520	840	1300	2100	3300
30～50	0.6	1	1.5	2.5	4	7	11	16	25	39	62	100	160	250	390	620	1000	1600	2500	3900
50～80	0.8	1.2	2	3	5	8	13	19	30	46	74	120	190	300	460	740	1200	1900	3000	4600
80～120	1	1.5	2.5	4	6	10	15	22	35	54	87	140	220	350	540	870	1400	2200	3500	5400
120～180	1.2	2	3.5	5	8	12	18	25	40	63	100	160	250	400	630	1000	1600	2500	4000	6300
180～250	2	3	4.5	7	10	14	20	29	46	72	115	185	290	460	720	1150	1850	2900	4600	7200
250～315	2.5	4	6	8	12	16	23	32	52	81	130	210	320	520	810	1300	2100	3200	5200	8100
315～400	3	5	7	9	13	18	25	36	57	89	140	230	360	570	890	1400	2300	3600	5700	8900
400～500	4	6	8	10	15	20	27	40	63	97	155	250	400	630	970	1550	2500	4000	6300	9700
500～630	4.5	6	9	11	16	22	30	44	70	110	175	280	440	700	1100	1750	2800	4400	7000	11000
630～800	5	7	10	13	18	25	35	50	80	125	200	320	500	800	1250	2000	3200	5000	8000	12500

注：1. 基本尺寸小于或等于 1mm 时，无 IT14～IT18。

2. 基本尺寸大于 500mm 的 IT1～IT5 标准公差数值为试行的。

2.2.2 基本偏差系列

（1）基本偏差

基本偏差一般是指公差带图中离 0 线较近的那个偏差，它是确定公差带相对于零线位置的唯一标准化指标。

当公差带位于零线以上时，其基本偏差为下偏差；当公差带位置在零线以下时，其基本偏差为上偏差。如图 2-12 所示。

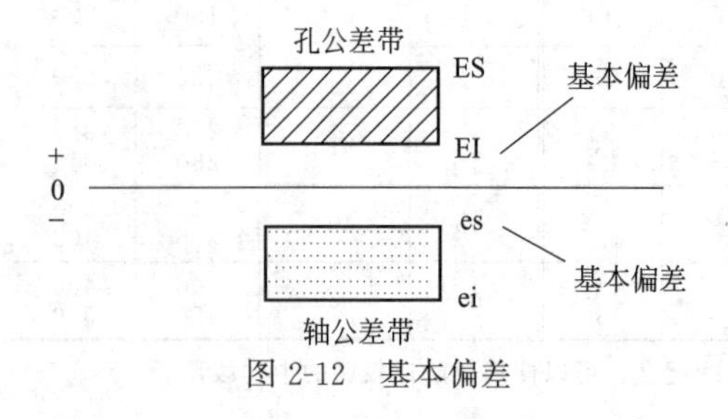

图 2-12 基本偏差

（2）基本偏差代号

根据实际需要，国家标准对孔和轴各规定了 28 个基本偏差，反映了 28 种公差带相对于零线的位置。分别用大写和小写的一个或两个拉丁字母表

示，大写字母表示孔，小写字母表示轴，如图 2-13 所示。该图称为基本偏差系列图，图中公差带只画出基本偏差的一端，另一端将由公差值来决定。

（3）基本偏差系列图的特点

分析图 2-13，可归纳出以下特点。

① H 的基本偏差为下偏差，且 EI=0，公差带位于零线之上；h 的基本偏差为上偏差，且 es=0，公差带位于零线之下。H 为基孔制代号，代表基准孔；h 为基轴制代号，代表基准轴。

② J（j）的公差带与零线近似对称；JS（js）的公差带与零线完全对称，基本偏差可以是上偏差或下偏差，其值为 ±IT/2。

③ 对于孔：A～H 的基本偏差为下偏差 EI，其绝对值依次减小；K～ZC 的基本偏差为上偏差 ES，其绝对值依次增大。

④ 对于轴：a～h 的基本偏差为上偏差 es，其绝对值依次减小；k～zc 的基本偏差为下偏差 ei，其绝对值依次增大。

⑤ 公差带一端是封闭的，而另一端是开口的，其开口宽度取决于公差等级的高低（即公差值的大小），因此，任何公差带都由基本偏差代号＋公差等级表示，如 H7、G6、h9、f8 等。这正体现了公差带包含标准公差和基本偏差两个因素。

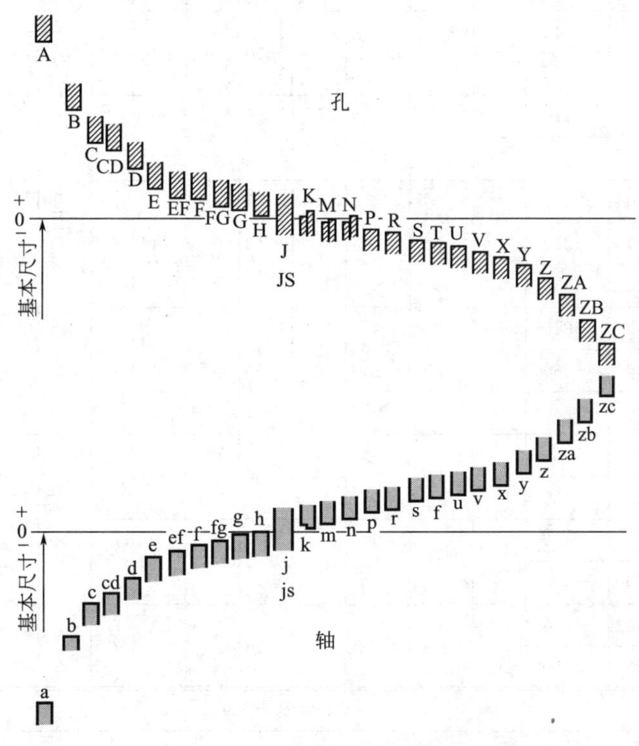

图 2-13　孔、轴的基本偏差系列图

（4）轴的基本偏差的确定

轴的基本偏差数值是基于基孔制配合，根据各种配合性质，经理论计算、实验、统计分析获得，见表 2-4。

轴的基本偏差查表确定后，轴的另一个极限偏差可根据公差，由下式算出

$$T_d = es - ei$$

【例 2-4】　计算 ϕ50f7 的极限偏差。

解： 查表 2-4 可知：轴的基本偏差为上偏差 es＝－25μm。

表 2-4 基本尺寸≤500mm 轴的基本偏差数值（GB/T 1800.3—1998） μm

基本偏差		上偏差 es											js	下偏差 ei				
		a	b	c	cd	d	e	ef	f	fg	g	h		j			k	
基本尺寸/mm		公差等级																
大于	至	所有等级												5～6	7	8	4～7	≤3 >7
—	3	−270	−140	−60	−34	−20	−14	−10	−6	−4	−2	0	偏差等于 $\pm\frac{IT}{2}$	−2	−4	−6	0	0
3	6	−270	−140	−70	−46	−30	−20	−14	−10	−6	−4	0		−2	−4	—	+1	0
6	10	−280	−150	−80	−56	−40	−25	−18	−13	−8	−5	0		−2	−5	—	+1	0
10	14	−290	−150	−95	—	−50	−32	—	−16	—	−6	0		−3	−6	—	+1	0
14	18																	
18	24	−300	−160	−110	—	−65	−40	—	−20	—	−7	0		−4	−8	—	+2	0
24	30																	
30	40	−310	−170	−120	—	−80	−50	—	−25	—	−9	0		−5	−10	—	+2	0
40	50	−320	−180	−130														
50	65	−340	−190	−140	—	−100	−60	—	−30	—	−10	0		−7	−12	—	+2	0
65	80	−360	−200	−150														
80	100	−380	−220	−170	—	−120	−72	—	−36	—	−12	0		−9	−15		+3	0
100	120	−410	−240	−180														
120	140	−460	−260	−200	—	−145	−85	—	−43	—	−14	0		−11	−18	—	+3	0
140	160	−520	−280	−210														
160	180	−580	−310	−230														
180	200	−660	−340	−240	—	−170	−100	—	−50	—	−15	0		−13	−21	—	+4	0
200	225	−740	−380	−260														
225	250	−820	−420	−280														
250	280	−920	−480	−300	—	−190	−110	—	−56	—	−17	0		−16	−26	—	+4	0
280	315	−1050	−540	−330														
315	355	−1200	−600	−360	—	−210	−125	—	−62	—	−18	0		−18	−38	—	+4	0
355	400	−1350	−680	−400														
400	450	−1500	−760	−440	—	−230	−135	—	−68	—	−20	0		−20	−32	—	+5	0
450	500	−1650	−840	−480														

基本偏差		下偏差 ei													
		m	n	p	r	s	t	u	v	x	y	z	za	zb	zc
基本尺寸/mm		公差等级													
大于	至	所有等级													
—	3	+2	+4	+6	+10	+14	—	+18		+20		+26	+32	+40	+60
3	6	+4	+8	+12	+15	+19	—	+23		+28		+35	+42	+50	+80
6	10	+6	+10	+15	+19	+23	—	+28		+34		+42	+52	+67	+97
10	14	+7	+12	+18	+23	+28	—	+33		+40		+50	+64	+90	+130
14	18								+39	+45		+60	+77	+108	+150

续表

基本偏差		下偏差 ei													
		m	n	p	r	s	t	u	v	x	y	z	za	zb	zc
基本尺寸/mm		公差等级													
大于	至	所有等级													
18	24	+8	+15	+22	+28	+35	—	+41	+47	+54	+63	+73	+98	+136	+188
24	30						+41	+48	+55	+64	+75	+88	+118	+160	+218
30	40	+9	+17	+26	+34	+43	+48	+60	+68	+80	+94	+112	+148	+200	+274
40	50						+54	+70	+81	+97	+114	+136	+180	+242	+325
50	65	+11	+20	+32	+41	+53	+66	+87	+102	+122	+144	+172	+226	+300	+405
65	80				+43	+59	+75	+102	+120	+146	+174	+210	+274	+360	+480
80	100	+13	+23	+37	+51	+71	+91	+124	+146	+178	+214	+258	+335	+445	+585
100	120				+54	+79	+104	+144	+172	+210	+254	+310	+400	+525	+690
120	140	+15	+27	+43	+63	+92	+122	+170	+202	+248	+300	+365	+470	+620	+800
140	160				+65	+100	+134	+190	+228	+280	+340	+415	+535	+700	+900
160	180				+68	+108	+146	+210	+252	+310	+380	+465	+600	+780	+1000
180	200	+17	+31	+50	+77	+122	+166	+236	+284	+350	+425	+520	+670	+880	+1150
200	225				+80	+130	+180	+258	+310	+385	+470	+575	+740	+960	+1250
225	250				+84	+140	+196	+284	+340	+425	+520	+640	+820	+1050	+1350
250	280	+20	+34	+56	+94	+158	+218	+315	+385	+475	+580	+710	+920	+1200	+1550
280	315				+98	+170	+240	+350	+425	+525	+650	+790	+1000	+1300	+1700
315	355	+21	+37	+62	+108	+190	+268	+390	+475	+590	+730	+900	+1150	+1500	+1900
355	400				+114	+208	+294	+435	+530	+660	+820	+1000	+1300	+1650	+2100
400	450	+23	+40	+68	+126	+232	+330	+490	+595	+740	+920	+1100	+1450	+1850	+2400
450	500				+132	+252	+360	+540	+660	+820	+1000	+1250	+1600	+2100	+2600

注：1. 基本尺寸小于 1mm 时，各级的 a 和 b 均不采用。

2. js 的数值：若 IT7～IT11 的数值（μm）为奇数，则取 $js=\pm\frac{IT-1}{2}$。

查表 2-3 可知：轴的标准公差 IT7＝25μm。

则：$ei=es-T_d=-25-25=-50\mu m$

（5）孔的基本偏差的确定

孔的基本偏差是由轴的基本偏差换算得到，见表 2-5。

一般，同一代号的孔和轴的基本偏差相对于零线完全对称，如图 2-13 所示。即同一字母的孔和轴的基本偏差绝对值相等，符号相反：EI＝－es，ES＝－ei。

上述规则适用于大部分孔的基本偏差，例外情况见表 2-5 的表注。查表时请注意这些例外情况。

【例 2-5】 用查表法确定配合代号为 ϕ30H7/g6、ϕ30G7/h6 的孔和轴的极限偏差，画出它们的公差带图，并计算其极限间隙。

解：（1）确定孔和轴的标准公差。查表 2-3 得

$$IT6=0.013$$

表 2-5　基本尺寸≤500mm 孔的基本偏差（GB/T 1800.3—1998）　　μm

基本偏差		下偏差 EI											JS	上偏差 ES								
		A	B	C	CD	D	E	EF	F	FG	G	H		J			K		M		N	
基本尺寸/mm		公差等级																				
大于	至	所有等级												6	7	8	≤8	>8	≤8	>8	≤8	>8
—	3	+270	+140	+60	+34	+20	+14	+10	+6	+4	+2	0	偏差等于 $\pm\frac{IT}{2}$	+2	+4	+6	0	0	−2	−2	−4	−4
3	6	+270	+140	+70	+46	+30	+20	+14	+10	+6	+4	0		+5	+6	+10	−1+Δ	—	−4+Δ	−4	−8+Δ	0
6	10	+280	+150	+80	+56	+40	+25	+18	+13	+8	+5	0		+5	+8	+12	−1+Δ	—	−6+Δ	−6	−10+Δ	0
10	14	+290	+150	+95	—	+50	+32	—	+16	—	+6	0		+6	+10	+15	−1+Δ	—	−7+Δ	−7	−12+Δ	0
14	18																					
18	24	+300	+160	+110	—	+65	+40	—	+20	—	+7	0		+8	+12	+20	−2+Δ	—	−8+Δ	−8	−15+Δ	0
24	30																					
30	40	+310	+170	+120	—	+80	+50	—	+25	—	+9	0		+10	+14	+24	−2+Δ	—	−9+Δ	−9	−17+Δ	0
40	50	+320	+180	+130																		
50	65	+340	+190	+140	—	+100	+60	—	+30	—	+10	0		+13	+18	+28	−2+Δ	—	−11+Δ	−11	−20+Δ	0
65	80	+360	+200	+150																		
80	100	+380	+220	+170	—	+120	+72	—	+36	—	+12	0		+16	+22	+34	−3+Δ	—	−13+Δ	−13	−23+Δ	0
100	120	+410	+240	+180																		
120	140	+460	+260	+200	—	+145	+85	—	+43	—	+14	0		+18	+26	+41	−3+Δ	—	−15+Δ	−15	−27+Δ	0
140	160	+520	+280	+210																		
160	180	+580	+310	+230																		
180	200	+660	+340	+240	—	+170	+100	—	+50	—	+15	0		+22	+30	+47	−4+Δ	—	−17+Δ	−17	−31+Δ	0
200	225	+740	+380	+260																		
225	250	+820	+420	+280																		
250	280	+920	+480	+300	—	+190	+110	—	+56	—	+17	0		+25	+36	+55	−4+Δ	—	−20+Δ	−20	−34+Δ	0
280	315	+1050	+540	+330																		
315	355	+1200	+600	+360	—	+210	+125	—	+62	—	+18	0		+29	+39	+60	−4+Δ	—	−21+Δ	−21	−37+Δ	0
355	400	+1350	+680	+400																		
400	450	+1500	+760	+440	—	+230	+135	—	+68	—	+20	0		+33	+43	+66	−5+Δ	—	−23+Δ	−23	−40+Δ	0
450	500	+1650	+840	+480																		

续表

基本偏差		上偏差 ES													Δ/μm					
		P到ZC	P	R	S	T	U	V	X	Y	Z	ZA	ZB	ZC						
基本尺寸/mm		公差等级													3	4	5	6	7	8
大于	至	≤7	>7														Δ=0			
—	3	在大于7级的相应数值上增加一个Δ值	−6	−10	−14	—	−18	—	−20	—	−26	−32	−40	−60	0					
3	6		−12	−15	−19	—	−23	—	−28	—	−35	−42	−50	−80	1	1.5	1	3	4	6
6	10		−15	−19	−23	—	−28	—	−34	—	−42	−52	−67	−97	1	1.5	2	3	6	7
10	14		−18	−23	−28	—	−33	—	−40	—	−50	−64	−90	−130	1	2	3	3	7	9
14	18							−39	−45	—	−60	−77	−108	−150						
18	24		−22	−28	−35	—	−41	−47	−54	−65	−73	−98	−136	−188	1.5	2	3	4	8	12
24	30					−41	−48	−55	−64	−75	−88	−118	−160	−218						
30	40		−26	−34	−43	−48	−60	−68	−80	−94	−112	−148	−200	−274	1.5	3	4	5	9	14
40	50					−54	−70	−81	−97	−114	−136	−180	−242	−325						
50	65		−32	−41	−53	−66	−87	−102	−122	−144	−172	−226	−300	−400	2	3	5	6	11	16
65	80			−43	−59	−75	−102	−120	−146	−174	−210	−274	−360	−480						
80	100		−37	−51	−71	−91	−124	−146	−178	−214	−258	−335	−445	−585	2	4	5	7	13	19
100	120			−54	−79	−104	−144	−172	−210	−254	−310	−400	−525	−690						
120	140		−43	−63	−92	−122	−170	−202	−248	−300	−365	−470	−620	−800	3	4	6	7	15	23
140	160			−65	−100	−134	−190	−228	−280	−340	−415	−535	−700	−900						
160	180			−68	−108	−146	−210	−252	−310	−380	−465	−600	−780	−1000						
180	200		−50	−77	−122	−166	−236	−284	−350	−425	−520	−670	−880	−1150	3	4	6	9	17	26
200	225			−80	−130	−180	−258	−310	−385	−470	−575	−740	−960	−1250						
225	250			−84	−140	−196	−284	−340	−425	−520	−640	−820	−1050	−1350						
250	280		−56	−94	−158	−218	−315	−385	−475	−580	−710	−920	−1200	−1550	4	4	7	9	20	29
280	315			−98	−170	−240	−350	−425	−525	−650	−790	−1000	−1300	−1700						
315	355		−62	−108	−190	−268	−390	−475	−590	−730	−900	−1150	−1500	−1900	4	5	7	11	21	32
355	400			−114	−208	−294	−435	−530	−660	−820	−1000	−1300	−1650	−2100						
400	450		−68	−126	−232	−330	−490	−595	−740	−920	−1100	−1450	−1850	−2400	5	5	7	13	23	34
450	500			−132	−252	−360	−540	−660	−820	−1000	−1250	−1600	−2100	−2600						

注：1. 基本尺寸小于1mm时，各级的A和B及大于8级的N均不采用。
2. 特殊情况，当基本尺寸大于250～315mm时，M6的ES等于−9（不等于−11）。
3. 标准公差≤IT8级的K、M、N及≤IT7级的P到ZC时，从表的右侧选取Δ值。
例：大于18～30mm的P7，Δ=8，因此ES=−22+8=−14。
4. JS的数值：若IT7～IT11的数值（μm）为奇数，则取JS=±$\frac{IT-1}{2}$。

$$IT7=0.021$$

（2）确定孔和轴的基本偏差：

查表 2-5，孔 H7 的基本偏差：EI=0

孔 G7 的基本偏差：EI=+0.007

查表 2-4，轴 g6 的基本偏差：es=−0.007

轴 h6 的基本偏差：es=0

（3）确定孔和轴的另一个极限偏差：

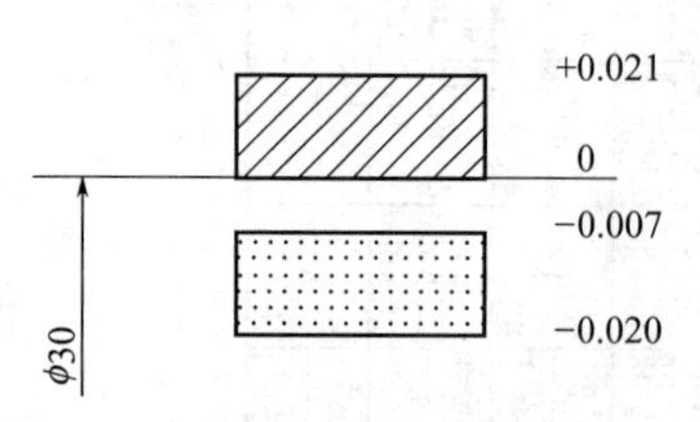

图 2-14 孔轴公差带图

孔 H7 的另一个极限偏差：ES=EI+IT7=0.021

孔 G7 的另一个极限偏差：ES=EI+IT7=0.028

轴 g6 的另一个极限偏差：ei=es−IT6=−0.020

轴 h6 的另一个极限偏差：ei=es−IT6=−0.013

（4）公差带图如图 2-14 所示。

由于孔的公差带在轴的公差带的上方，所以该配合为间隙配合。

（5）计算极限间隙：

ϕ30H7/g6 的极限间隙：$X_{max}=ES-ei=0.021-(-0.020)=0.041$

$X_{min}=EI-es=0-(-0.007)=0.007$

ϕ30G7/h6 的极限间隙：$X_{max}=ES-ei=0.028-(-0.013)=0.041$

$X_{min}=EI-es=0.007-0=0.007$

由计算可知 ϕ30H7/g6 与 ϕ30G7/h6 的极限间隙相同，故配合性质相同。

2.2.3 一般、常用和优先的公差带与配合

国家标准提供的 20 个公差等级与 28 种基本偏差，组合成了 543 个孔公差带、544 个轴公差带。将这些孔、轴公差带组合又可形成约 30 万种配合。显然，实际生产生活中不需要如此多配合，也不利于互换性生产，因此有必要对公差带与配合的种类及数量加以选择和限制。根据生产实际情况，国标 GB/T 1800.4—1997 规定了常用尺寸段孔与轴的一般、常用、优先公差带。

图 2-15 为一般、常用、优先孔的公差带。孔有 105 种一般公差带，方框中为 44 种常用公差带，带圈的为 13 种优先公差带。

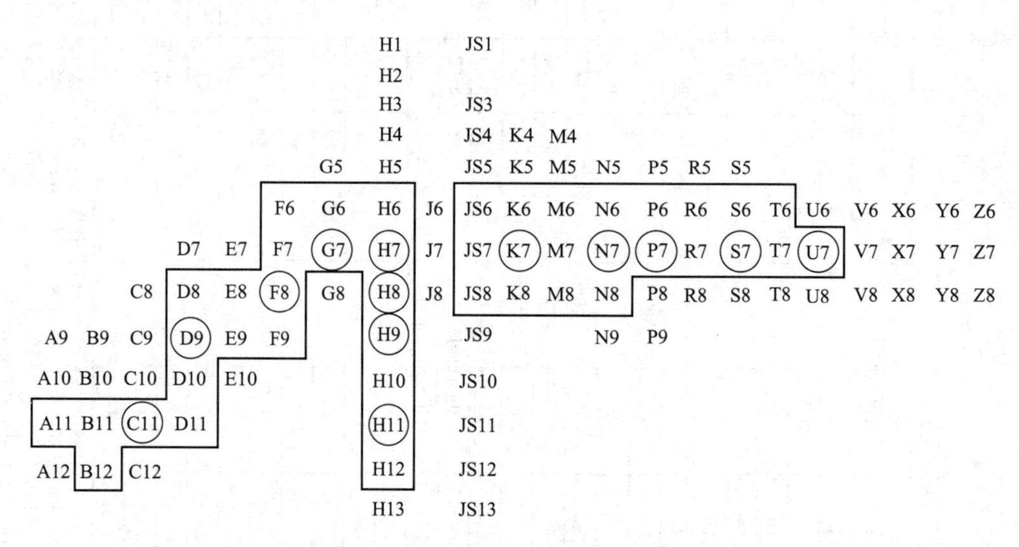

图 2-15 一般、常用、优先孔的公差带

表 2-6 基孔制优先、常用配合

基准孔	轴																				
	a	b	c	d	e	f	g	h	js	k	m	n	p	r	s	t	u	v	x	y	z
	间隙配合								过渡配合			过盈配合									
H6						$\frac{H6}{f5}$	$\frac{H6}{g5}$	$\frac{H6}{h5}$	$\frac{H6}{js5}$	$\frac{H6}{k5}$	$\frac{H6}{m5}$	$\frac{H6}{n5}$	$\frac{H6}{p5}$	$\frac{H6}{r5}$	$\frac{H6}{s5}$	$\frac{H6}{t5}$					
H7						$\frac{H7}{f6}$	◤$\frac{H7}{g6}$	◤$\frac{H7}{h6}$	$\frac{H7}{js6}$	◤$\frac{H7}{k6}$	$\frac{H7}{m6}$	◤$\frac{H7}{n6}$	◤$\frac{H7}{p6}$	$\frac{H7}{r6}$	◤$\frac{H7}{s6}$	$\frac{H7}{t6}$	◤$\frac{H7}{u6}$	$\frac{H7}{v6}$	$\frac{H7}{x6}$	$\frac{H7}{y6}$	$\frac{H7}{z6}$
H8					$\frac{H8}{e7}$	◤$\frac{H8}{f7}$	$\frac{H8}{g7}$	◤$\frac{H8}{h7}$	$\frac{H8}{js7}$	$\frac{H8}{k7}$	$\frac{H8}{m7}$	$\frac{H8}{n7}$	$\frac{H8}{p7}$	$\frac{H8}{r7}$	$\frac{H8}{s7}$	$\frac{H8}{t7}$	$\frac{H8}{u7}$				
				$\frac{H8}{d8}$	$\frac{H8}{e8}$	$\frac{H8}{f8}$		$\frac{H8}{h8}$													
H9			$\frac{H9}{c9}$	◤$\frac{H9}{d9}$	$\frac{H9}{e9}$	$\frac{H9}{f9}$		◤$\frac{H9}{h9}$													
H10			$\frac{H10}{c10}$	$\frac{H10}{d10}$				$\frac{H10}{h10}$													
H11	$\frac{H11}{a11}$	$\frac{H11}{b11}$	◤$\frac{H11}{c11}$	$\frac{H11}{d11}$				◤$\frac{H11}{h11}$													
H12		$\frac{H12}{b12}$						$\frac{H12}{h12}$													

注：1. $\frac{H6}{n5}$、$\frac{H7}{p6}$在基本尺寸≤3mm 和$\frac{H8}{r7}$的基本尺寸≤100mm 时，为过渡配合。

2. 标注◤符号者为优先配合。

表 2-7 基轴制优先、常用配合

基准孔	孔																			
	A	B	C	D	E	F	G	H	Js	K	M	N	P	R	S	T	U	V	X	Y	Z
	间隙配合								过渡配合			过盈配合									
h5						F6/h5	G6/h5	H6/h5	Js6/h5	P6/h5	M6/h5	N6/h5	P6/h5	R6/h5	S6/h5	T6/h5					
h6						F7/h6	◤G7/h6	◤H7/h6	Js7/h6	◤K7/h6	M7/h6	◤N7/h6	◤P7/h6	R7/h6	◤S7/h6	T7/h6	◤U7/h6				
h7					E8/h7	◤F8/h7		◤H8/h7	Js8/h7	K7/h7	M7/h7	N7/h7									
h8				D8/h8	E8/h8	F8/h8		H8/h8													
h9				◤D9/h9	E9/h9	F9/h9		◤H9/h9													
h10				D10/h10				H10/h10													
h11	A11/h11	B11/h11	◤C11/h11	◤D11/h11				◤H11/h11													
h12		B12/h12						H12/h12													

注：标注◤符号者为优先配合。

图 2-16 所示为一般、常用、优先轴的公差带。轴有 119 种一般公差带，方框内为 59 种常用公差带，圆圈内为 13 种优先公差带。

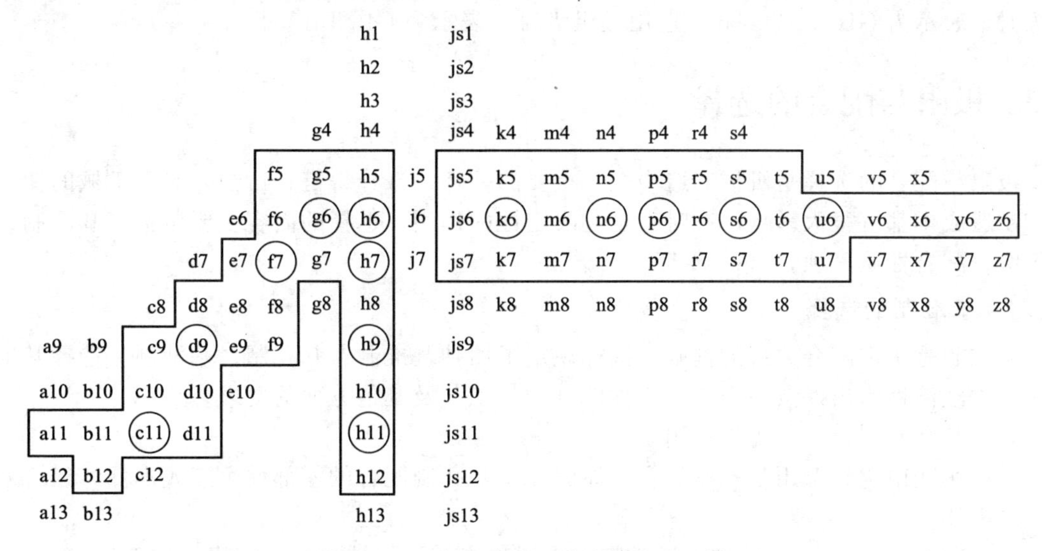

图 2-16　一般、常用、优先轴的公差带

在上述公差带基础上，国家标准又规定了基孔制常用配合 59 种，优先配合 13 种；基轴制常用配合 47 种，优先配合 13 种，分别见表 2-6、表 2-7。

选用公差带及配合时，应按优先、常用、一般公差带的顺序选取。

特殊情况下，一般公差带中没有满足要求的公差带时，国家标准允许采用两种基准制以外的非标准制配合，例如 M8/g7、F8/n7 等，它们既非基孔制配合，也非基轴制配合。

2.2.4　一般公差（线性尺寸的未注公差）

一般公差即未注公差，是指图样上只标注基本尺寸，而不标其公差带或极限偏差的尺寸。尽管只标注了基本尺寸，没有标注极限偏差，但并不意味着没有公差要求，其极限偏差应按“未注公差”标准规定选取。

GB/T 1804—2000 规定了线性尺寸的一般公差等级和极限偏差。一般公差等级分为四级：f、m、c、v，极限偏差全部采用对称偏差值，相应的极限偏差见表 2-8。

表 2-8　线性尺寸未注极限偏差的数值（摘自 GB/T 1804—2000）　mm

公差等级	尺寸分段							
	0.5～3	>3～6	>6～30	>30～120	>120～400	>400～1000	>1000～2000	>2000～4000
f(精密级)	±0.05	±0.05	±0.1	±0.15	±0.2	±0.3	±0.5	
m(中等级)	±0.1	±0.1	±0.2	±0.3	±0.5	±0.8	±1.2	±2
c(粗糙级)	±0.2	±0.3	±0.5	±0.8	±1.2	±2	±3	±4
v(最粗级)		±0.5	±1	±1.5	±2.5	±4	±6	±8

一般公差在车间普通工艺条件下，机床设备一般加工能力可以保证其加工要求，代表经济加工精度，主要用于低精度的非配合尺寸。采用一般公差的尺寸，在正常生产条件下，一般可不检验，由工艺装备及工人自行控制即可。选择时，应考虑车间的一般加工精度来选取公差等级。

一般公差由于在尺寸后无需标注公差带或极限偏差，可以简化视图，使图面清晰，更加突出了重要的或有配合要求的尺寸。

一般公差在图样上、技术文件或标注中，用标准号和公差等级符号表示。例如：选用中等级时，表示为GB/T 1804-m；选用最粗级时，表示为GB/T 1804-v。

2.3 极限与配合的选择

极限与配合的选择是机械制造中至关重要的一环。选择得是否恰当，对于机械的使用性能和制造成本都有很大影响，有时甚至起决定性的作用。选择的内容主要包括：基准制、公差等级、配合性质三项。

2.3.1 基准制的选择

基准制是决定配合关系的基础，国标规定了两种基准制：基孔制、基轴制。选择基准制时，要以经济性为出发点综合考虑零件的结构、工艺及其他方面的要求。

（1）基孔制配合——优先选用

生产实践中优先选用基孔制配合，原因在于基孔制配合的零部件生产成本低，经济效益好。原因如下。

① 加工工艺方面。孔的加工通常需要采用价格较贵的扩孔钻、铰刀、拉刀等定值刀具。而且，一种刀具只能加工一种尺寸的孔。轴的加工则不同，一把车刀或砂轮可加工各种不同尺寸的轴。

② 技术测量方面。孔的测量，一般必须使用内径百分表，测量时需要一定水平的测试技术，其调整和读数不易掌握。轴的测量则不同，可以采用通用量具（卡尺或千分尺），测量方便且读数也容易。

（2）基轴制配合——特殊场合选用

在有些情况下，由于结构及原材料等原因，采用基轴制配合更为合理。下述情况一般选用基轴制。

① 直接采用冷拉棒料做轴。由于这种原材料具有一定的尺寸、形位、表面粗糙度精度，选用基轴制，则无需对其表面再进行切削加工。

② 一根轴同时与几个孔配合且配合性质不同。

图2-17(a）所示为发动机中的活塞连杆机构。根据使用要求，活塞销与活塞孔采用过渡配合，而连杆衬套与活塞销则采用间隙配合。若采用基孔制，如图2-17(b）所示，3处孔的公差带相同，为保证配合要求，活塞销须加工成台阶形状，这样不仅增加了加工成本，而且安装困难。如采用基轴制配合，如图2-17(c）所示，活塞销可制成光轴。不仅加工方便，也解决了装配上的困难。

（3）与标准件配合

零件与标准件配合时，应根据标准件来确定基准制配合。例如：与滚动轴承内圈配合的轴应该选用基孔制；而与滚动轴承外圈配合的孔则选用基轴制。

（4）混合制配合——特殊情况使用

为了满足某些配合的特殊需要，国家标准允许采用任一孔、轴公差带组成配合，如图2-18中的ϕ100J7/e9，ϕ55D9/k6。

2.3.2 公差等级的选择

选择公差等级的原则是：在满足使用要求前提下，尽可能选用较低的公差等级，以降低零件的加工成本，同时提高生产效率。公差等级与生产成本的关系见图2-19。

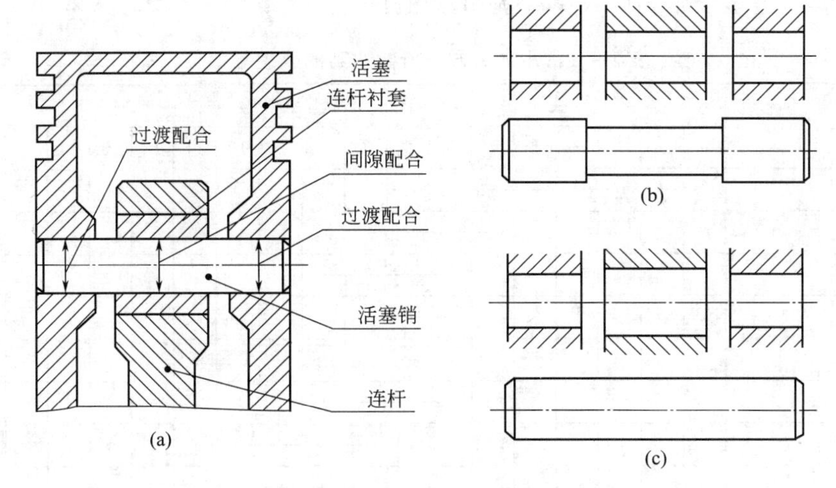

图 2-17　基轴制配合选择示例

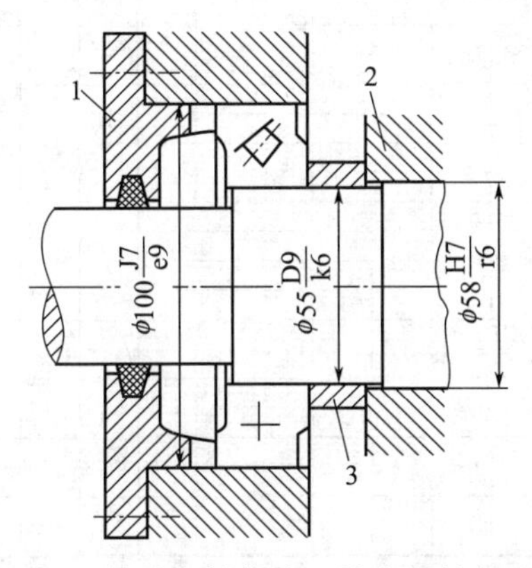

图 2-18　端盖与箱体孔、轴套与轴的配合

1—端盖；2—齿轮；3—轴套

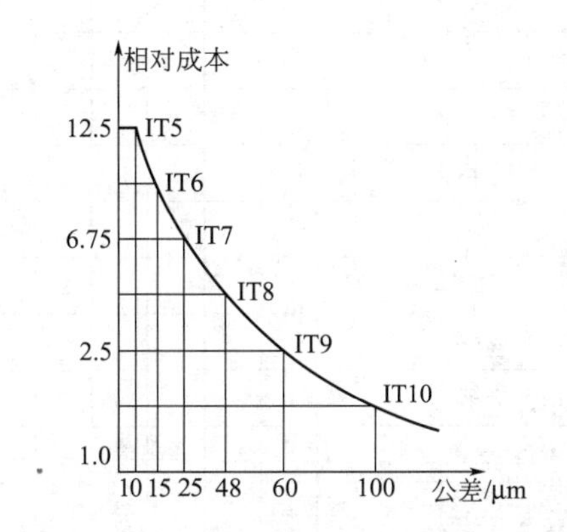

图 2-19　公差等级与生产成本的关系

选择公差等级通常采用的方法为类比法，类比法就是参考生产实践中总结出来的经验资料，对比这些资料进行选择。应用此方法时应考虑以下几点。

① 工艺等价：所谓工艺等价是指相互配合的孔和轴的加工难易度应基本相同。当公差等级≤IT8 时，孔比同级轴加工困难，因此，在常用尺寸段内（≤500mm）：

公差等级≤IT8：选择孔比轴低一级公差等级，如 H8/g7、H7/m6。

公差等级＝IT8：也可采用同级配合，如 H8/e8。

公差等级＞IT8：一般选择同级配合，如 H9/f9。

当基本尺寸≤3mm 时，由于工艺的多样性，孔的公差可大于、等于或小于轴的公差，三种配合在生产中均占一定比例。

② 配合性质：配合性质也影响公差等级的选择。

过渡、过盈配合：公差等级不宜过大，一般孔≤IT8，轴≤IT7。

间隙配合：小间隙，公差等级应较高；大间隙，公差等级应较低。

③ 加工方法：常用加工方法所能达到的公差等级见表 2-9，选择时可参考。

④ 公差等级的应用对象见表 2-10。

⑤ 常用公差等级的应用实例见表 2-11。

⑥ 在非基准制的混合配合中，有的零件精度要求不高，相互配合零件的公差等级可以

相差 2～3 级甚至更多，如 ϕ100J7/e9、ϕ60K7/d11。

表 2-9　常用加工方法所能达到的公差等级

加工方法	公差等级(IT)																			
	01	0	1	2	3	4	5	6	7	8	9	10	11	12	13	14	15	16	17	18
研磨	—	—	—	—	—	—	—													
珩磨						—	—	—	—											
圆磨、平磨							—	—	—	—										
金刚石车							—	—	—											
金刚石镗							—	—	—											
拉削							—	—	—	—										
铰孔								—	—	—	—	—								
车、镗									—	—	—	—	—							
铣										—	—	—	—							
刨、插												—	—							
钻孔												—	—	—	—					
液压、挤压												—	—							
冲压												—	—	—	—	—				
压铸													—	—	—	—				
粉末冶金成型									—	—	—									
粉末冶金烧结										—	—	—	—							
砂型铸造、气割																		—	—	—
锻造																—				

表 2-10　公差等级的应用对象

应　用	IT 公差																			
	01	0	1	2	3	4	5	6	7	8	9	10	11	12	13	14	15	16	17	18
块规	—	—	—																	
量规			—	—	—	—	—	—	—											
配合尺寸							—	—	—	—	—	—	—	—						
特别精密零件				—	—	—	—													
非配合尺寸														—	—	—	—	—	—	—
原材料公差										—	—	—	—	—	—	—				

表 2-11　常用公差等级的应用实例

应用等级	应　用
5 级	主要用在配合公差、形状公差要求甚小的地方，它的配合性质稳定，一般在机床、发动机、仪表等重要部位应用。如：与 D 级滚动轴承配合的箱体孔，与 E 级滚动轴承配合的机床主轴，机床尾架与套筒，精密机械及高速机械中轴颈，精密丝杆轴颈等
6 级	配合性质能达到较高的均匀性。如：与 E 级滚动轴承相配合的孔、轴颈；与齿轮、蜗轮、联轴器、带轮、凸轮等连接的轴颈，机床丝杠轴颈；摇臂钻立柱；机床夹具中导向件外径尺寸；6 级精度齿轮的基准孔，7、8 级精度齿轮的基准轴颈
7 级	7 级精度比 6 级稍低，应用条件与 6 级基本相似，在一般机械制造中应用较为普遍，如：联轴器、带轮、凸轮等的孔颈；机床夹盘座孔；夹具中固定钻套，可换钻套；7、8 级齿轮的基准孔，9、10 级齿轮的基准轴

续表

应用等级	应　　用
8级	在机器制造中属于中等精度。如：轴承座衬套沿宽度方向尺寸，9～12级齿轮的基准孔，11、12级齿轮的基准轴
9级、10级	主要用于机械制造中轴套外颈与孔，操纵件与轴，空轴带轮与轴，单键与花键
11级、12级	配合精度很低，装配后可能产生很大间隙，适用于基本上没有什么配合要求的场合。如：机床上法兰盘与止口，滑块与滑移齿轮，加工中工序间尺寸，冲压加工的配合件，机床制造中的扳手孔与扳手座的连接

2.3.3　配合性质的选择

配合性质的选择是在确定了基准制的基础上，根据给定的配合公差（间隙或过盈）的大小，确定与基准件配合的孔或轴的基本偏差代号，同时确定基准件与非基准件的公差等级。

（1）确定配合的类别

间隙配合：孔、轴有相对运动要求时选用。

过盈配合：孔、轴无相对运动，且要传递扭矩时选用。过盈不大时，用键连接传递扭矩；过盈大时，靠孔轴结合力传递扭矩，前者可拆卸，后者不可拆卸。

过渡配合：孔、轴无相对运动，但有定心要求并要求拆卸时选用。过渡配合的特征是可能具有间隙，可能具有过盈，但间隙及过盈量都较小。

确定配合类别后，根据表2-6、表2-7，尽可能地选用优先配合，其次是常用配合，再次是一般配合，最后若仍不能满足要求，则可以选择其他配合。

（2）选择基本偏差

配合类别确定后，基本偏差的选择有三种方法。

① 计算法　是根据配合的性能要求，由理论公式计算出所需的极限间隙或极限过盈。由于影响间隙和过盈的因素很多，理论计算也只是近似的，因此在实际应用中还需经过试验来确定，一般情况下，较少使用计算法。

② 试验法　用试验的方法来确定满足产品工作性能的间隙和过盈的范围。此方法主要用于特别重要的配合。试验法源于真实试验数据，比较可靠，但周期长、成本高，应用范围较小。

③ 类比法　参照同类型机器或结构中经过长期生产实践验证的配合，再结合所设计产品的使用要求和应用条件来确定配合，是最为广泛采用的方法。

（3）用类比法选择配合种类

用类比法选择配合，要着重掌握各种配合的特征和应用场合，尤其是对国家标准所规定的常用与优先配合的特点要熟悉。

表2-12所示为尺寸至500，基孔制、基轴制优先配合的特征及应用场合。

表2-13为轴的基本偏差选用说明。

表2-14为不同的工作情况对过盈或间隙的影响。

表2-12　优先配合选用说明

配合类别	配合特征	配合代号	应　　用
间隙配合	特大间隙	$\frac{H11}{a11}$ $\frac{H11}{b11}$ $\frac{H12}{b12}$	用于高温或工作时要求大间隙的配合
	很大间隙	$\left(\frac{H11}{c11}\right)$ $\frac{H11}{d11}$	用于工作条件较差、受力变形或为了便于装配而需要大间隙的配合和高温工作的配合
	较大间隙	$\frac{H9}{c9}$ $\frac{H10}{c10}$ $\frac{H8}{d8}$ $\left(\frac{H9}{d9}\right)$ $\frac{H10}{d10}$ $\frac{H8}{e8}$ $\frac{H9}{e9}$	滑动轴承，也可用于大跨距或多支点支承用高速重载的滑动轴承或大直径的配合

续表

配合类别	配合特征	配合代号	应用
间隙配合	一般间隙	$\frac{H6}{f5}$ $\frac{H7}{f6}$ $\left(\frac{H8}{f6}\right)$ $\frac{H8}{f8}$ $\frac{H9}{f9}$	用于一般转速的动配合，当温度影响不大时，广泛应用于普通润滑油润滑的支承处
	很小间隙	$\left(\frac{H7}{g6}\right)$ $\frac{H8}{g7}$	用于精密滑动零件或缓慢间歇回转的零件配合部位
	很小间隙和零间隙	$\frac{H6}{g5}$ $\frac{H6}{h5}$ $\left(\frac{H7}{h6}\right)$ $\left(\frac{H8}{h7}\right)$ $\frac{H8}{h8}$ $\left(\frac{H9}{h9}\right)$ $\frac{H10}{h10}$ $\left(\frac{H11}{h11}\right)$ $\frac{H12}{h12}$	用于不同精度要求的一般定位件的配合和缓慢移动与摆动零件的配合
过渡配合	绝大部分有微小间隙	$\frac{H6}{js5}$ $\frac{H7}{js6}$ $\frac{H8}{js7}$	用于易于装拆的定位配合或加紧固件后可传递一定静载荷的配合
	大部分有微小间隙	$\frac{H6}{k5}$ $\left(\frac{H7}{k6}\right)$ $\frac{H8}{k7}$	用于稍有振动的定位配合，加紧固件可传递一定载荷，装拆方便可用木锤敲入
	大部分有微小过盈	$\frac{H6}{m5}$ $\frac{H7}{m6}$ $\frac{H8}{m7}$	用于定位精度较高且能抗振的定位配合。加键可传递较大载荷。可用铜锤敲入或小压力压入
	绝大部分有微小过盈	$\left(\frac{H7}{n6}\right)$ $\frac{H8}{n7}$	用于精确定位或紧密组合件的配合，加键能传递大力矩或冲击性载荷，只在大修时拆卸
	绝大部分有较小过盈	$\frac{H8}{p7}$	加键后能传递很大力矩，且承受振动和冲击的配合。装配后不再拆卸
过盈配合	轻型	$\frac{H6}{n5}$ $\frac{H6}{p5}$ $\left(\frac{H7}{p6}\right)$ $\frac{H7}{p6}$ $\frac{H6}{r5}$ $\frac{H8}{r7}$	用于精确的定位配合，一般不能靠过盈传递力矩，要传递力矩尚需加紧固件
	中型	$\frac{H6}{s5}$ $\left(\frac{H7}{s6}\right)$ $\frac{H8}{s7}$ $\frac{H6}{t5}$ $\frac{H7}{t6}$ $\frac{H8}{t7}$	不需加紧固件就可传递较小力矩和轴向力。加紧固件后可承受较大载荷或动载荷的配合
	重型	$\left(\frac{H7}{u6}\right)$ $\frac{H8}{u7}$ $\frac{H7}{v6}$	不需加紧固件就可传递和承受大的力矩和动载荷的配合。要求零件材料有高强度
	特重型	$\frac{H7}{x6}$ $\frac{H7}{y6}$ $\frac{H7}{z6}$	能传递与承受很大力矩和动载荷的配合，须经试验后方可应用

注：1. 括号内的配合为优先配合。

2. 国家标准规定的44种基轴制配合的应用与本表中的同名配合相同。

表 2-13　轴的基本偏差选用说明

配合	基本偏差	特性及应用
间隙配合	a、b	可得到特别大的间隙，应用很少
	c	可得到很大的间隙，一般适用于缓慢、松弛的动配合，用于工作较差（或农业机械）、受力变形或为了便于装配，而必须有较大的间隙。也用于热动间隙配合
	d	适用于松的转动配合，如密封盖、滑轮、空转带轮与轴的配合，也适用于大直径滑动轴承配合以及其他重型机械中的一些滑动支承配合。多用IT7～IT11级
	e	适用于要求有明显间隙，易于转动的支承配合，如大跨距支承、多支点支承等配合。高等级的e轴适用于大的、高速、重载支承。多用IT7～IT9级
	f	适用于一般转动配合，广泛用于普通润滑油（或润滑脂）润滑的支承，如齿轮箱、小电动机、泵等的转轴与滑动支承的配合。多用IT6～IT8级
	g	配合间隙很小，制造成本高，除很轻负荷的精密装置外，不推荐用于转动配合。最适合不回转的精密滑动配合，也用于插销等定位配合。多用IT5～IT7级
	h	广泛用于无相对转动的零件，作为一般的定位配合；若没有温度、变形影响，也用于精密滑动配合。多用IT4～IT11级
过渡配合	js	平均间隙较小，多用于要求间隙比h轴小，并允许略有过盈的定位配合，如联轴器、齿圈与钢制轮毂等，一般可用手或木锤装配。多用IT4～IT7级
	k	平均间隙接近于零，推荐用于要求稍有过盈的定位配合，例如为了消除振动用的定位配合。一般用木锤装配。多用IT4～IT7级
	m	平均过盈较小，适用于不允许活动的精密定位配合。一般可用木锤装配。多用IT4～IT7级
	n	平均过盈比m稍大，很少得到间隙，适用于定位要求较高且不常拆的配合，用锤或压力机装配。多用IT4

续表

配合	基本偏差	特性及应用
过盈配合	p	用于小过盈配合。与 H6 或 H7 配合时是过盈配合，而与 H8 配合时为过渡配合。对非铁类零件，为轻的压入配合；对钢、铸铁或铜～钢组件装配，为标准压力配合。多用 1T5～IT7 级
	r	用于传递大扭矩或受冲击载荷需要加键的配合。对铁类零件，为中等打入配合；对非铁类零件，为轻的打入配合。多用 IT5～IT7 级
	s	用于钢制和铁制零件的永久性和半永久性结合，可产生相当大的结合力。用压力机或热胀冷缩法装配。多用 IT5～IT7 级
	t～z	过盈量依次增大，除 u 外，一般不推荐

表 2-14 工作情况对过盈或间隙的影响

具 体 情 况	过盈增或减	间隙增或减
材料强度低	减	
经常拆卸	减	
有冲击载荷	增	减
工作时孔温高于轴温	增	减
工作时轴温高于孔温	减	增
配合长度增大	减	增
配合面形状和位置误差增大	减	增
装配时可能歪斜	减	增
旋转速度增高	增	增
有轴向运动		增
润滑油黏度增大		增
表面趋向粗糙	增	减
单件生产相对于成批生产	减	增

(4) 计算法选择配合

两工件结合面间的过盈或间隙量确定后，可以通过计算并查表选定其配合。根据极限间隙（或极限过盈）确定配合的步骤如下：

① 确定基准制；

② 根据配合公差，查表选取孔、轴的公差等级；

③ 确定孔、轴公差带代号；

④ 校核计算结果。

【例 2-6】 某配合的基本尺寸为 ϕ45mm，要求间隙在 0.024～0.066mm 之间，试确定孔和轴的公差等级和配合种类。

解：(1) 选择基准制

没有特殊要求的情况下优先选用基孔制配合，基孔制配合 EI=0。

(2) 选择孔、轴公差等级

由式 (2-5)：$T_f = X_{max} - X_{min} = T_D + T_d = 0.066 - 0.024 = 0.042\text{mm} = 42\mu\text{m}$

查表 2-3：基本尺寸为 45，孔、轴公差之和接近 42μm 的孔和轴的公差等级介于 IT6 和 IT7 之间（两者公差之和为：$16 + 25 = 41\mu\text{m} < 42\mu\text{m}$）。

因为 IT6 和 IT7 属于高的公差等级，一般取孔比轴大一级，故选：

孔：IT7，$T_D=25\mu m$；

轴：IT6，$T_d=16\mu m$。

配合公差：$T_f=T_D+T_d=25+16=41\mu m$，小于且最接近 $42\mu m$，满足使用要求。

(3) 确定孔、轴公差带代号

孔：基孔制配合，公差等级为IT7，其代号为：$\phi45H7\ (^{+0.025}_{0})$。

轴：$X_{min}=EI-es=0-es=-es$

已知 $X_{min}=+24\mu m$

故：$es=-24\mu m$

由表2-4：取轴的基本偏差为f，其 $es=-25\mu m$，最接近 $-24\mu m$。

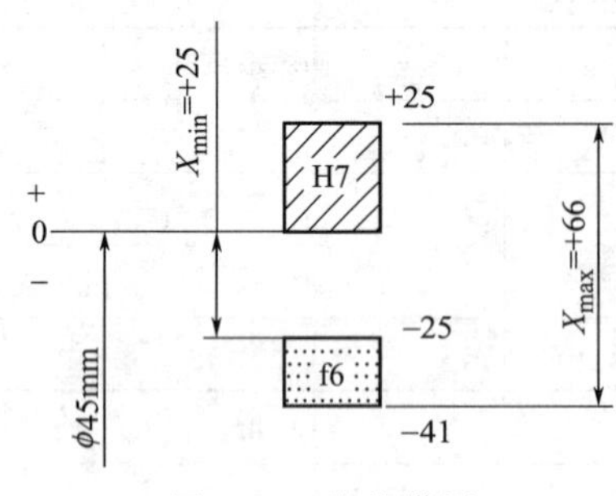

图2-20　公差带图

则：$ei=es-IT6=-25-16=-41\mu m$

轴的公差带代号为：$\phi45f6\ (^{-0.025}_{-0.041})$

(4) 验算设计结果

以上所选孔、轴公差带组成的配合为 $\phi45H7/f6$，其最大、最小间隙为

$$X_{max}=25-(-41)=66\mu m$$

$$X_{min}=0-(-25)=25\mu m$$

此间隙在0.024～0.066mm之间，设计结果满足使用要求。

由以上分析可知，本例所选的配合 $\phi45H7/f6$ 是适宜的。公差带图如图2-20所示。

2.3.4 极限与配合在图样上的标注

(1) 零件图的标注

零件的主要尺寸一般都要注出公差要求，不重要尺寸的公差（IT12－IT18）一般不必标注。零件图上尺寸的标注方法有三种，见图2-21。

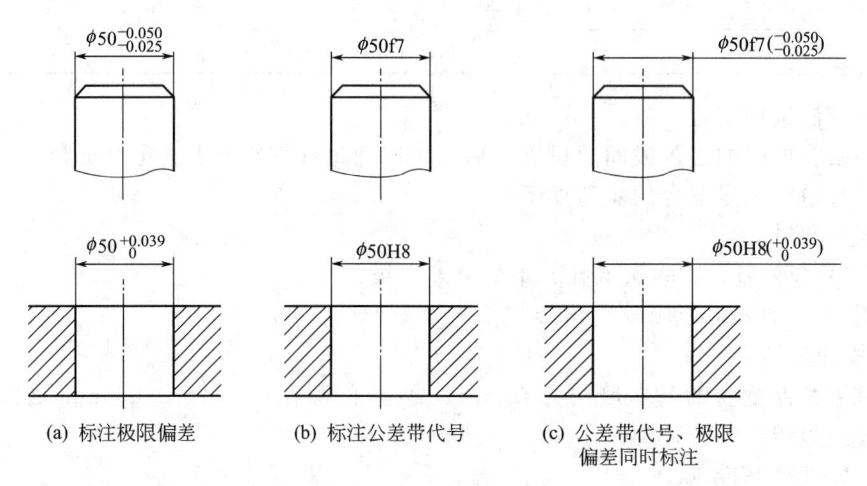

图2-21　零件图尺寸公差的标注

(2) 装配图的标注

装配图上，在基本尺寸之后标注配合代号。标准规定：配合代号以分数的形式组成，分子为孔公差带代号，分母为轴公差带代号，常见标注方法见图2-22。

(3) 与标准件配合时的标注

与标准件配合时，仅标出该零件的公差带代号即可，不必标出标准件的公差带代号，见

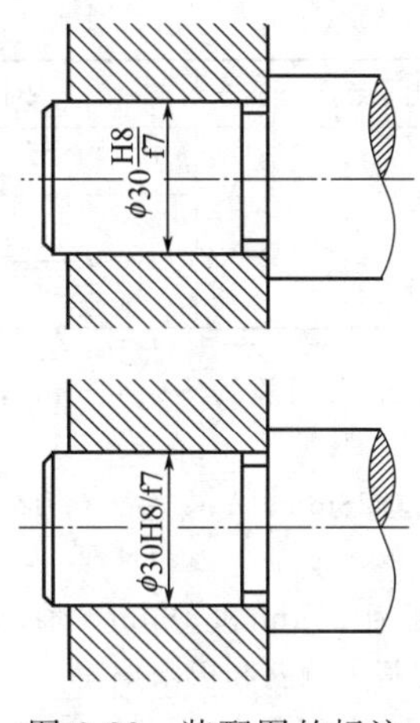

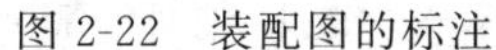

图 2-22 装配图的标注

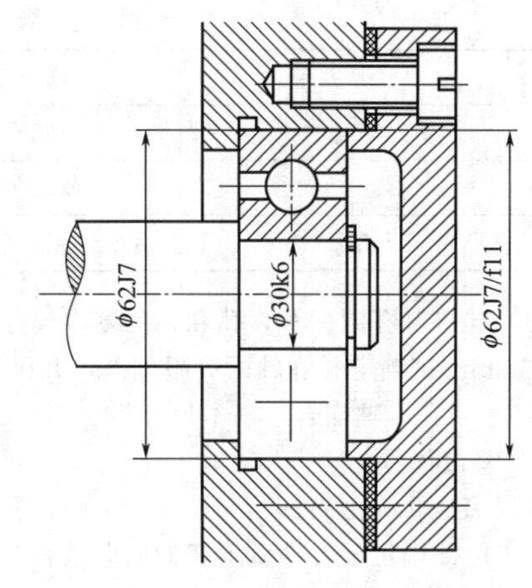

图 2-23 与标准件配合的标注

图 2-23。轴承为标准件，其内圈与轴的配合 $\phi30$k6、外圈与孔的配合 $\phi62$J7 都只需标出轴和孔的公差带代号，轴承的内、外圈公差带代号不必标注。

习　　题

2-1 试说明下列概念是否正确：

(1) 公差是孔或轴尺寸允许的最大偏差。

(2) 公差一般为正值，在个别情况下也可以为负值或零。

(3) 过渡配合是指可能具有间隙，也可能具有过盈的配合。因此，过渡配合可能是间隙配合，也可能是过盈配合。

(4) 孔或轴的实际尺寸恰好加工为基本尺寸，但不一定合格。

(5) 基本尺寸相同的孔和轴的极限偏差的绝对值越大，则其公差值也越大。

(6) 同一图样加工一批孔后测量它们的实际尺寸。其中，最小的实际尺寸为 $\phi50.010$mm，最大的实际尺寸为 $\phi50.025$mm，则该孔实际尺寸的允许变动范围可以表示为 $\phi50^{+0.025}_{+0.010}$mm。

2-2 为什么要规定基本偏差？基本偏差数值与标准公差等级是否有关？

2-3 为什么孔与轴配合应优先采用基孔制？在什么情况下应采用基轴制？

2-4 选用公差等级要考虑哪些因素？是否公差等级愈高愈好？

2-5 查表确定下列各配合的极限偏差，计算极限间隙或极限过盈、配合公差，判断其基准值及配合种类：

(1) $\phi20$M6/h5　(2) $\phi50$H8/k7　(3) $\phi20$K8/h7　(4) $\phi80$S7/h6

(5) $\phi140$H7/u7　(6) $\phi48$F9/h9　(7) $\phi72$H7/p6　(8) $\phi105$U7/h6

2-6 已知某配合中孔、轴的基本尺寸为 60mm，孔的最大极限尺寸为 59.979mm，最小极限尺寸为 59.949mm，轴的最大极限尺寸为 60mm，轴的最小极限尺寸为 59.981mm，试求孔、轴的极限偏差、基本偏差和公差，并画出孔、轴公差带示意图。

2-7 已知表 2-15 中的配合，试将查表和计算结果填入表中。

表 2-15 习题 2-7 表

公差带	基本偏差	标准公差	极限间隙	配合公差	配合类别
$\phi80$S7					
$\phi80$h6					

2-8 指出表 2-16 三对配合的异同点。

表 2-16　习题 2-8 表

组别	孔公差带	轴公差带	相同点	不同点
1	$\phi25^{+0.033}_{0}$	$\phi25^{-0.020}_{-0.041}$		
2	$\phi25^{+0.033}_{0}$	$\phi25\pm0.010$		
3	$\phi25^{+0.033}_{0}$	$\phi25^{0}_{-0.021}$		

2-9　有一基孔制配合，孔和轴的基本尺寸为 50mm，该配合要求最大间隙为＋0.115mm，最小间隙为＋0.045mm。试确定孔和轴的极限偏差，并画出公差带示意图。

2-10　某孔、轴配合，基本尺寸为 ϕ75mm，配合允许 $X_{max}=+0.028$mm，$Y_{max}=-0.024$mm，试确定其配合公差带代号。

2-11　已知基孔制配合 ϕ45H7/t6 中，孔和轴的标准公差分别为 25μm 和 16μm，轴的基本偏差为＋54μm，由此确定配合性质不变的同名基轴制配合 ϕ45H7/t6 中孔的基本偏差和极限偏差。

2-12　ϕ18M8/h7 配合和 ϕ40H8/js7 配合中孔、轴的标准公差 IT7＝0.018mm，IT8＝0.024mm，ϕ18M8 孔的基本偏差为＋0.002mm。试计算这两种配合各自的极限间隙（或过盈）。

2-13　看图 2-24 所示的起重机吊钩的铰链，叉头 1 的左、右两孔与销轴 2 的基本尺寸皆为 ϕ20mm，叉头 1 的两个孔与销轴 2 的配合要求采用过渡配合，拉杆 3 的 ϕ20mm 孔与销轴 2 的配合要求采用间隙配合。试分析它们应该采用哪种基准制？

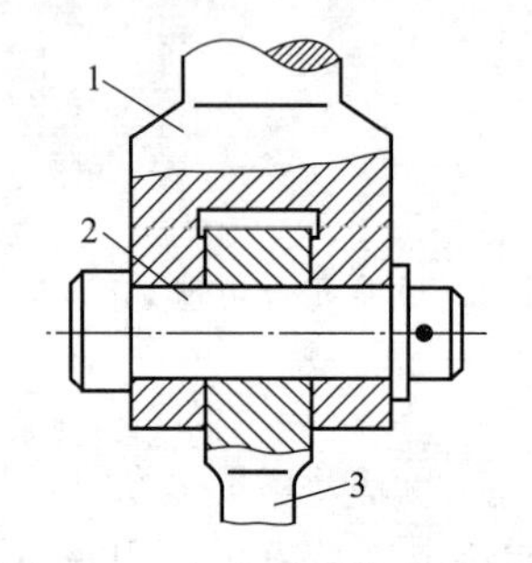

图 2-24　起重机吊钩的铰链

1—叉头；2—销轴；3—拉杆

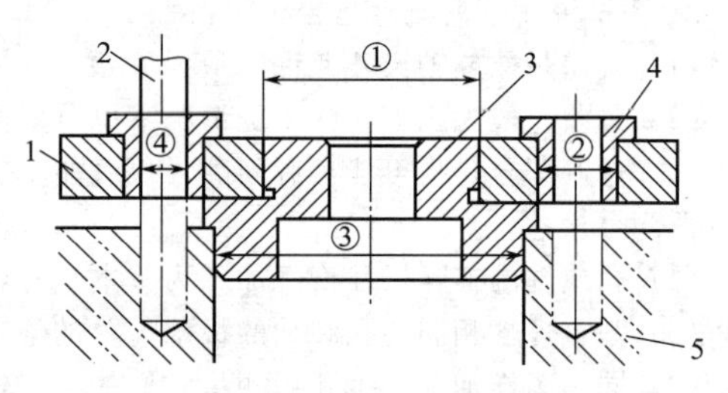

图 2-25　钻床的钻模夹具简图

1—钻模板；2—钻头；3—定位套；4—钻套；5—工件

2-14　图 2-25 为钻床的钻模夹具简图。夹具由定位套 3、钻模板 1 和钻套 4 组成，安装在工件 5 上。钻头 2 的直径为 ϕ10mm。已知：

（1）钻模板 1 的中心孔与定位套 3 上端的圆柱面的配合①有定心要求，基本尺寸为 ϕ50mm。钻模板 1 上圆周均布的四个孔分别与对应四个钻套 4 的外圆柱面的配合②有定心要求，基本尺寸分别为 ϕ18mm；它们皆采用过盈不大的固定连接。

（2）定位套 3 下端的圆柱面的基本尺寸为 ϕ80mm，它与工件 5 的 ϕ80mm 定位孔的配合③有定心要求，在安装和取出定位套 3 时，它需要轴向移动。

（3）钻套 4 的 ϕ10mm 导向孔与钻头 2 的配合④有导向要求，且钻头应能在它转动状态下进入该导向孔。

试选择上述四处配合部位的配合种类，并简述其理由。

3 测量技术基础

3.1 测量技术基本概念

3.1.1 测量的基本概念

测量技术主要是研究对零件的几何量进行测量和检验的一门技术，其中零件的几何量包括长度、角度、几何形状、相互位置以及表面粗糙度等。

所谓**“测量”**，是指确定被测对象的量值而进行的实验过程。通俗地讲，就是将一个被测量与一个作为测量单位的标准量进行比较的过程。这一过程必将产生一个比值，比值乘以测量单位即为被测量值。测量可用一个基本公式来表示，即

$$L=qE \tag{3-1}$$

式中 L——被测量值；

E——测量单位；

q——比值。

式(3-1)称为基本测量方程式。它说明：如果采用的测量单位 E 为 mm，与一个被测量比较所得的比值 q 为 50，则其被测量值也就是测量结果应为 50mm。测量单位越小，比值就越大。测量单位的选择取决于被测几何量所要求的测量精度，精度要求越高，测量单位就应选得越小。

分析一个完整的测量过程可知，测量包括以下四个要素。

① 测量对象：主要指零件的几何量。

② 测量单位：是指国家的法定计量单位，长度的基本单位是米（m），其他常用单位有毫米（mm）和微米（μm）。

③ 测量方法：是指测量时所采用的测量器具、测量原理以及检测条件的综合。

④ 测量精度：是指测量结果与真值的一致程度。任何测量都避免不了会产生测量误差。因此，精度和误差是两个相互对应的概念。精度高，说明测量结果更接近真值，测量误差更小；反之，精度低，说明测量结果远离真值，测量误差大。由此可知，任何测量结果都是一个表示真值的近似值。

“检验”是一个比“测量”含义更广泛的概念。对于金属内部质量的检验、表面裂纹的检验等，就不能用“测量”这一概念。对于零件几何量的检验，通常只是判断被测零件是否在规定的验收极限范围内，确定其是否合格，而不一定要确定其具体的量值。

3.1.2 长度单位、基准和量值传递

（1）长度单位和基准

在我国法定计量单位中，长度单位是米（m），与国际单位制一致。机械制造中常用的单位是毫米（mm）；测量技术中常用的单位是微米（μm）。

1m＝1000mm　　　　1mm＝1000μm

随着科学技术的进步，人类对“米”的定义也是在一个发展和完善的过程中。1983 年第十七届国际计量大会通过米的新定义为“光在真空中 1/299792458s 时间间隔内行程的长

度”。新定义并未规定某个具体辐射波长作为基准，它具有以下几个特点。

① 将反映物理量单位概念的定义本身与单位的复现方法分开。这样，随着科学技术的发展，复现单位的方法可不断改进，复现精度可不断提高，而不受定义的局限。

② 定义的理论基础及复现方法均以真空中光速为给定的常数为基础。

③ 定义的表述科学简明，易于了解。

“米”定义的复现主要采用稳频激光。我国使用碘吸收稳定的0.633μm氦氖激光辐射作为波长标准。

（2）量值传递系统

使用光波长度基准，虽然可以达到足够的准确性，但却不便直接应用于生产中的量值测量。为了保证长度基准的量值能准确地传递到工业生产中去，就必须建立从光波基准到生产中使用的各种测量器具和工件的量值传递系统（见图3-1）。目前，量块和线纹尺仍是实际工作中的两种实体基准，是实现光波长度基准到测量实践之间的量值传递媒介。

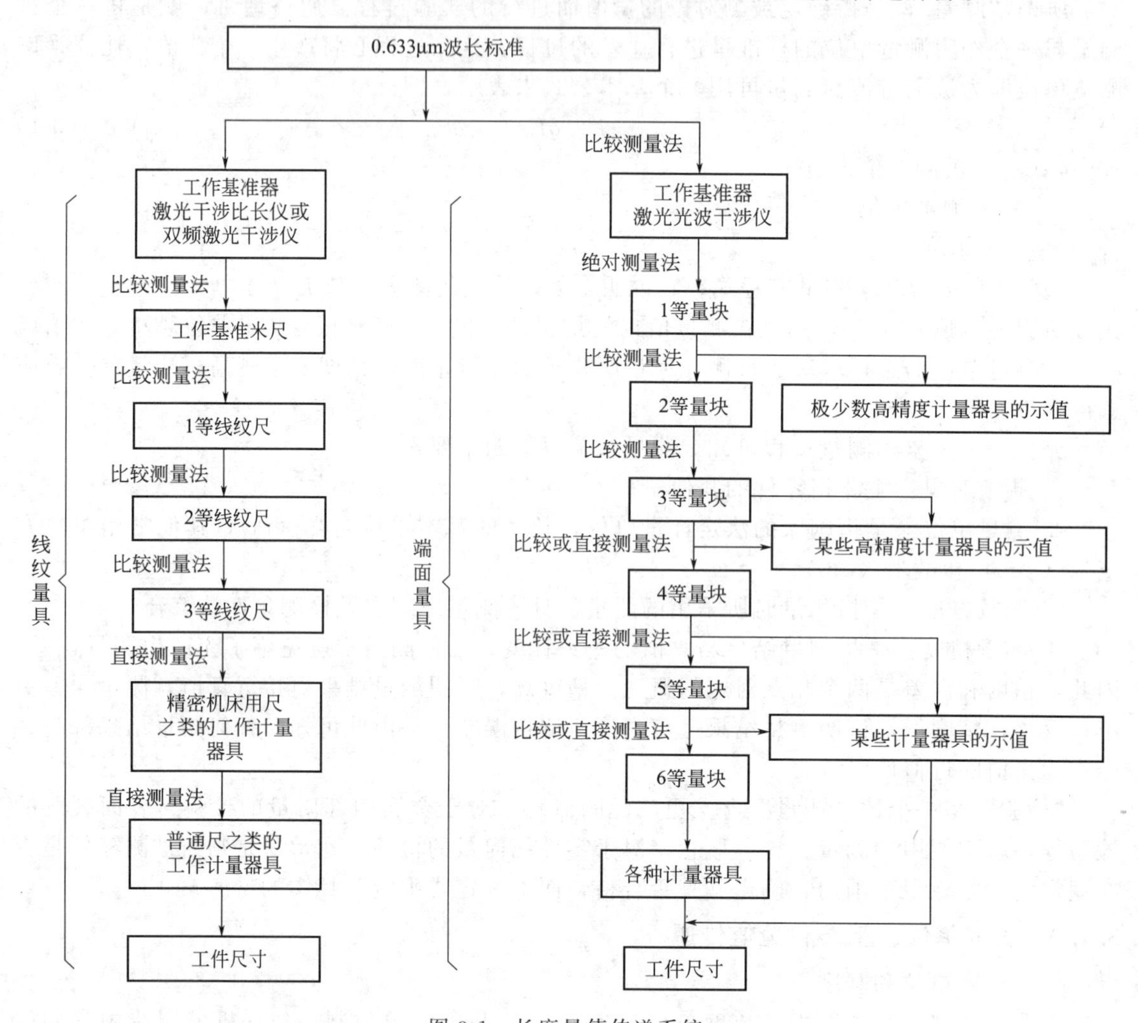

图3-1　长度量值传递系统

3.1.3　量块的基本知识

由图3-1长度量值传递系统可知，量块是机械制造中精密长度计量应用最广泛的一种实体标准，它是没有刻度的平面平行端面量具，是以两相互平行的测量面之间的距离来决定其长度的一种高精度的单值量具。

(1) 量块的材料、形状及尺寸

量块的形状一般为矩形截面的长方体和圆形截面的圆柱体（主要应用于千分尺的校对棒）两种，常用的为长方体（见图 3-2）。量块有两个平行的测量面和四个非测量面，测量面极为光滑平整，非测量面较为粗糙一些。两测量面之间的距离 L 为量块的工作尺寸。量块的截面尺寸如表 3-1 所示。

表 3-1　量块的截面尺寸

量块工作尺寸/mm	截面尺寸/mm²	量块工作尺寸/mm	截面尺寸/mm²
<0.5	5×15	>10	9×35
≥0.5～10	9×30		

量块一般用铬锰钢或其他特殊合金钢制成，这些材料线胀系数小，性质稳定，不易变形，且耐磨性好。量块除了作为尺寸传递的媒介，用以体现测量单位外，还广泛用来检定和校准量块、量仪；相对测量时用来调整仪器的零位；有时也可直接检验零件，同时还可用于机械行业的精密划线和精密调整等。

(2) 量块的中心长度

量块长度是指量块上测量面的任意一点到与下测量面相研合的辅助体（如平晶）平面间的垂直距离。虽然量块精度很高，但其测量面亦非理想平面，两测量面也不是绝对平行的。可见，量块长度并非处处相等。因此，规定量块的尺寸是指量块测量面上中心点的量块长度，用符号 L 来表示，即用量块的中心长度尺寸代表工作尺寸。量块的中心长度是指量块上测量面的中心到与此量块下测量面相研合的辅助体（如平晶）表面之间的距离，如图 3-3 所示。量块上标出的尺寸为名义上的中心长度，称为名义尺寸（或称为标称长度），如图3-2 所示。尺寸小于 6mm 的量块，名义尺寸刻在上测量面上；尺寸大于等于 6mm 的量块，名义尺寸刻在一个非测量面上，而且该表面的左右侧面分别为上测量面和下测量面。

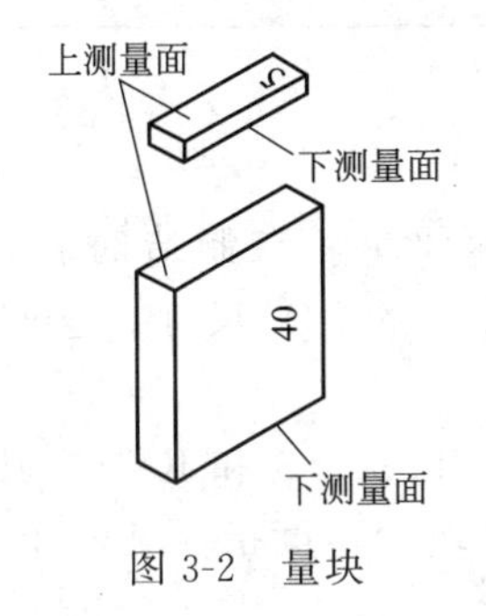

图 3-2　量块

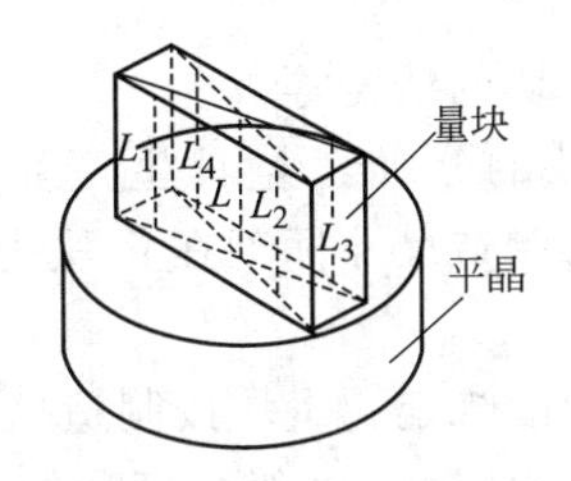

图 3-3　量块的中心长度

(3) 量块的研合性

每块量块只代表一个尺寸，由于量块的测量平面十分光洁和平整，因此当表面留有一层极薄的油膜时（约 0. 02μm），用力推合两块量块使它们的测量平面互相紧密接触，因分子间的亲和力，两块量块便能粘合在一起，量块的这种特性称为研合性，也称为粘合性。利用量块的研合性，就可以把各种尺寸不同的量块组合成量块组，得到所需要的各种尺寸。

(4) 量块的组合

为了组成各种尺寸，量块是按一定的尺寸系列成套生产的，一套包含一定数量不同尺寸的量块，装在一特制的木盒内。国家量块标准中规定了 17 种成套的量块系列，从国家标准 GB 6093—85 中摘录的几套量块的尺寸系列如表 3-2 所示。

表 3-2 成套量块尺寸表（摘自 GB 6093—85）

套别	总块数	级别	尺寸系列/mm	间隔/mm	块数
1	91	00,0,1	0.5		1
			1		1
			1.001,1.002,…,1.009	0.001	9
			1.01,1.02,…,1.49	0.01	49
			1.5,1.6,…,1.9	0.1	5
			2.0,2.5,…,9.5	0.5	16
			10,20,…,100	10	10
2	83	00,0,1,2,(3)	0.5		1
			1		1
			1.005		1
			1.01,1.02,…,1.49	0.01	49
			1.5,1.6,…,1.9	0.1	5
			2.0,2.5,…,9.5	0.5	16
			10,20,…,100	10	10
3	46	0,1,2	1		1
			1.001,1.002,…,1.009	0.001	9
			1.01,1.02,…,1.09	0.01	9
			1.1,1.2,…,1.9	0.1	9
			2,3,…,9	1	8
			10,20,…,100	10	10
4	38	0,1,2,(3)	1		1
			1.005		1
			1.01,1.02,…,1.09	0.01	9
			1.1,1.2,…,1.9	0.1	9
			2,3,…,9	1	8
			10,20,…,100	10	10

注：带（ ）的等级，根据订货供应。

（5）量块的精度等级

① 量块的分级　量具生产企业根据各级量块的国标要求，在制造时就将量块分了“级”，并将制造尺寸标刻在量块上。使用时，就使用量块上的名义尺寸。这叫做按“级”测量。

按国标的规定，量块按制造精度分为 6 级，即 00、0、1、2、3 和 K 级。其中 00 级精度最高，依次降低，3 级精度最低，K 级为校准级。各级量块的精度指标见表 3-3。

表 3-3 各级量块的精度指标（摘自 GB 6093—85）　μm

标称长度/mm	00 级		0 级		1 级		2 级		3 级		标准级 K	
	①	②	①	②	①	②	①	②	①	②	①	②
≤10	0.06	0.05	0.12	0.10	0.20	0.16	0.45	0.30	1.0	0.50	0.20	0.05
>10～25	0.07	0.05	0.14	0.10	0.30	0.16	0.60	0.30	1.2	0.50	0.30	0.05
>25～50	0.10	0.06	0.20	0.10	0.40	0.18	0.80	0.30	1.6	0.55	0.40	0.06
>50～75	0.12	0.06	0.25	0.12	0.50	0.08	1.00	0.35	2.0	0.55	0.50	0.06
>75～100	0.14	0.07	0.30	0.12	0.60	0.20	1.20	0.35	2.5	0.60	0.60	0.07
>100～150	0.20	0.08	0.40	0.14	0.80	0.20	1.60	0.40	3.0	0.65	0.80	0.08

注：①为量块长度的极限偏差（±）；②为长度变动量允许值。

② 量块的分等

当新买来的量块使用了一个检定周期后（一般为一年），再继续按名义尺寸使用即按“级”使用，组合精度就会降低（由于长时间的组合、使用，量块有所磨损）。所以，就必须对量块重新进行检定，测出每块量块的实际尺寸，并按照各等量块的国家标准将其分成“等”。使用量块检定后的实际尺寸进行测量，叫做按“等”测量。

量块按其检定精度，可分为1、2、3、4、5、6六等，其中1等精度最高，依次降低，6等精度最低。各等量块精度指标见表3-4。

表3-4　各等量块的精度指标（摘自JJG 100—81）　μm

标称长度/mm	1等		2等		3等		4等		5等		6等	
	①	②	①	②	①	②	①	②	①	②	①	②
≤10	0.05	0.10	0.07	0.10	0.10	0.20	0.20	0.20	0.5	0.4	1.0	0.4
>10～18	0.06	0.10	0.08	0.10	0.15	0.20	0.25	0.20	0.6	0.4	1.0	0.4
>18～35	0.06	0.10	0.09	0.10	0.15	0.20	0.30	0.20	0.6	0.4	1.0	0.4
>30～50	0.07	0.12	0.10	0.12	0.20	0.25	0.35	0.25	0.7	0.5	1.5	0.5
>50～80	0.08	0.12	0.12	0.12	0.25	0.25	0.45	0.25	0.8	0.6	1.5	0.5

注：①为中心长度测量的极限偏差（±）；②为平面平行线允许偏差。

这样，一套量块就有了两种使用方法。按“级”使用时，所根据的是刻在量块上的名义尺寸，其制造误差忽略不计；按“等”使用时，所根据的是量块的实际尺寸，而忽略的只是检定量块实际尺寸时的测量误差，但可用较低精度的量块进行比较精密的测量。因此，按“等”测量比按“级”测量的精度高。

(6) 量块组合方法及原则

① 选择量块时，无论是按“级”测量还是按“等”测量，都应按照量块的名义尺寸进行选取。若为按“级”测量，则测量结果即为按“级”测量的测得值；若为按“等”测量，则可将测出的结果加上量块检定表中所列各量块的实际偏差，即为按“等”测量的测得值。

② 组合量块成一定尺寸时，应从所给尺寸的最后一位小数开始选取，每选一块应使尺寸至少去掉一位小数。

③ 使量块块数尽可能少，以减少积累误差，一般不超过3～5块。

④ 必须从同一套量块中选取，决不能在两套或两套以上的量块中混选。

⑤ 组合时，不能将测量面与非测量面相研合。

⑥ 组合时，下测量面一律朝下。

例如：要组成28.935的尺寸，若采用83块一套的量块，参照表3-2，其选取方法如下：

28.935
－ 1.005 ………………………… 第一块量块尺寸为1.005
27.93
－ 1.43 ………………………… 第二块量块尺寸为1.43
26.5
－ 6.5 ………………………… 第三块量块尺寸为6.5
20
－20 ………………………… 第四块量块尺寸为20
0

以上四块量块研合后的整体尺寸为28.935。

3.2 测量器具与测量方法分类

3.2.1 测量器具的分类

测量器具可按其测量原理、结构特点及用途分为以下五类。

（1）基准量具和量仪

在测量中体现标准量的量具和量仪。例如：量块、角度量块、激光比长仪、基准米尺等。

（2）通用量具和量仪

可以用来测量一定范围内的任意尺寸的零件，它有刻度，可测出具体尺寸值。按结构特点可分为以下几种。

① 固定刻线量具：如米尺、钢板尺、卷尺等。

② 游标量具：如三用游标卡尺（含带表游标卡尺、数显游标卡尺等）、游标深度尺、游标高度尺、齿厚游标卡尺、游标量角器等。

③ 螺旋测微量具：如外径千分尺、内径千分尺、螺纹中径千分尺、公法线千分尺等。

④ 机械式量仪：如百分表、内径百分表、千分表、杠杆齿轮比较仪、扭簧仪等。

⑤ 光学量仪：如工具显微镜、光学比较仪等。

⑥ 气动量仪：是将零件尺寸的变化量通过一种装置转变成气体流量（或压力等）的变化，然后将此变化测量出来即可得到零件的被测尺寸。如浮标式、压力式、流量计式气动量具等。

⑦ 电动量仪：是将零件尺寸的变化量通过一种装置转变成电流（或电感、电容等）的变化，然后将此变化测量出来即可得到零件的被测尺寸。如电接触式、电感式、电容式电动量仪等。

（3）极限规

极限规为无刻度的专用量具。它只能用来检验零件是否合格，而不能测得被测零件的具体尺寸。如：塞规、卡规、环规、螺纹塞规、螺纹环规等。

（4）检验夹具

检验夹具是量具量仪和其他定位元件等的组合体，用来提高测量或检验效率，提高测量精度，便于实现测量自动化，在大批量生产中应用较多。

（5）主动测量装置

主动测量装置是工件在加工过程中实时测量的一种装置。它一般由传感器、数据处理单元以及数据显示装置等组成。目前，它被广泛用于数控加工中心以及其他数控机床上，如数控车床、数控铣床、数控磨床等。

3.2.2 测量方法的分类

在测量中，测量方法是根据测量对象的特点来选择和确定的，其特点主要是指测量对象的尺寸大小、精度要求、形状特点、材料性质以及数量等。主要可分为以下几种。

① 根据获得被测结果的方法不同分类　测量方法可分为直接测量和间接测量。

直接测量：测量时，可直接从测量器具上读出被测几何量的大小值。

间接测量：被测几何量无法直接测量时，首先测出与被测几何量有关的其他几何量，然后，通过一定的数学关系式进行计算来求得被测几何量的尺寸值。

② 根据被测结果读数值的不同分类　即读数值是否直接表示被测尺寸，测量方法可分

为绝对测量和相对测量。

绝对测量（全值测量）：测量器具的读数值直接表示被测尺寸。例如：用千分尺测量零件尺寸。

相对测量（微差或比较测量）：测量器具的读数值表示被测尺寸相对于标准量的微差值或偏差。该测量方法有一个特点，即在测量之前必须首先用量块或其他标准量具将测量器具对零。

③ 根据零件的被测表面是否与测量器具的测量头有机械接触分类 测量方法可分为接触测量和非接触测量。

接触测量：测量器具的测量头与零件被测表面以机械测量力接触。例如：千分尺测量零件、百分表测量轴的圆跳动等。由于存在测量力，会使零件被测表面产生变形，引起测量误差，使测量头磨损以及划伤被测表面等。

非接触测量：测量器具的测量头与被测表面不接触，不存在机械测量力，特别适合薄结构易变形零件的测量。

④ 根据同时测量参数的多少分类 测量方法可分为单项测量和综合测量。

单项测量：单独测量零件的每一个参数。例如：用工具显微镜测量螺纹时可分别单独测量出螺纹的中径、螺距、牙型半角等。

综合测量：测量零件两个或两个以上相关参数的综合效应或综合指标。例如：用螺纹塞规或环规检验螺纹的作用中径。

⑤ 根据测量对机械制造工艺过程所起的作用不同分类 测量方法可分为被动测量和主动测量。

被动测量：在零件加工后进行的测量。这种测量只能判断零件是否合格，其测量结果主要用来发现并剔除废品。

主动测量：在零件加工过程中进行的测量。这种测量可直接控制零件的加工过程，及时防止废品的产生。

⑥ 根据被测量或敏感元件（测量头）在测量中相对状态的不同分类 测量方法可分为静态测量和动态测量。

静态测量：测量时，被测表面与敏感元件处于相对静止状态。

动态测量：测量时，被测表面与敏感元件处于（或模拟）工作过程中的相对运动状态。

3.2.3 测量器具的基本技术指标

度量指标是指测量中应考虑的测量工具的主要性能，它是选择和使用测量工具的依据。计量器具的基本度量指标如图 3-4 所示。

① 刻度间距 C 简称刻度，它是标尺上相邻两刻线中心线之间的实际距离（或圆周弧长）。为了便于目测估读，一般刻线间距在 1～2.5mm 范围内。

② 分度值 i 也叫刻度值、精度值，简称精度，它是指测量器具标尺上一个刻度间隔所代表的测量数值。一般长度计量器具的分度值为 0.1mm、0.01mm、0.001mm 等，图 3-4 中分度值为 1μm。

③ 示值范围 是指测量器具标尺上全部刻度间隔所代表的最大与最小值的范围，图 3-4 中的示值范围为±100μm。

④ 量程 计量器具示值范围的上限值与下限值之差，图 3-4 示例中量程为：100－(－100)＝200μm。

⑤ 测量范围 测量器具所能测量出零件的最大和最小尺寸。图 3-4 所能测量的最大尺寸为 180mm，最小尺寸为 0，其测量范围为 0～180mm。

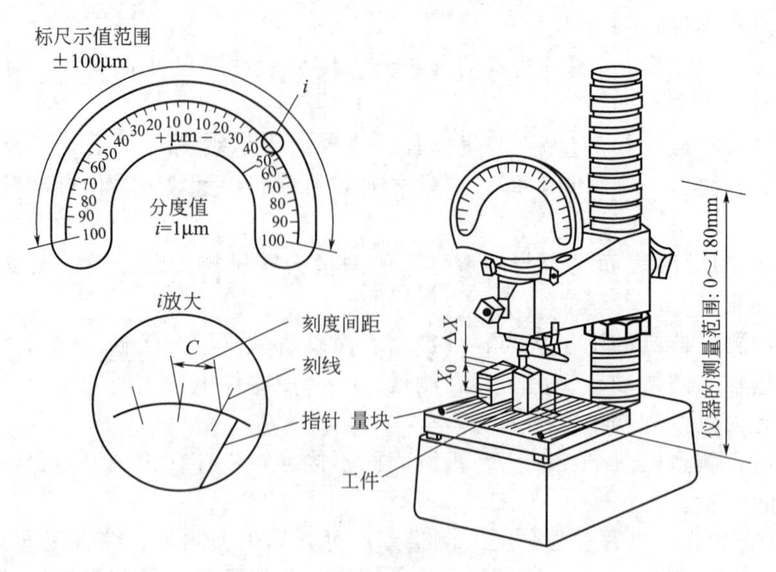

图 3-4 计量器具的基本度量指标

⑥ 灵敏度 能引起量仪指示数值变化的被测尺寸的最小变动量。灵敏度说明了量仪对被测数值微小变动引起反应的敏感程度。

⑦ 示值误差 量具或量仪上的读数与被测尺寸实际数值之差。

⑧ 测量力 在测量过程中量具或量仪的测量头与被测表面之间的接触力。

⑨ 放大比 K 也叫传动比，它是指量仪指针的直线位移（或角位移）与引起这个位移的原因（即被测量尺寸变化）之比。这个比等于刻度间隔与分度值之比，即 $K=C/i$。

3.3 测量误差

3.3.1 测量误差的基本概念

当测量某一量值时，用一台仪器按同一测量方法由同一测量者进行若干次测量，所获得的结果是不同的。若用不同的仪器、不同的测量方法、由不同的测量者来测量同一量值，则这种差别将会更加明显。被测量的实际测得值与被测量的真值之间的差异，叫做测量误差，即

$$\delta=X-Q$$

式中 δ——测量误差；

X——被测量的实际测得值；

Q——被测量的真值。

测量误差分为绝对误差和相对误差。其中，上式所表示的测量误差叫做测量的绝对误差，用来判定相同被测几何量的测量精确度。由于 X 可能大于、等于或小于 Q，因此，δ 可能是正值、零或负值。这样，上式可写为

$$Q=X\pm\delta$$

上式说明：测量误差 δ 的大小决定了测量的精确度，δ 越大，则精确度越低；δ 越小，则精确度越高。

对于不同大小的同类几何量，要比较测量精确度的高低，一般采用相对误差的概念进行比较。相对误差是指绝对误差 δ 和被测量的实际测得值 X 的比值，一般用百分数（%）来表

示，即

$$f \approx \frac{\delta}{X} \times 100\%$$

式中　f——相对误差。

由上式可以看出，相对误差 f 是一个没有单位的数值。

例如：有两个被测量的实际测得值 $X_1=100$，$X_2=10$，$\delta_1=\delta_2=0.01$，则其相对误差为

$$f_1=\frac{\delta_1}{X_1} \times 100\%=\frac{0.01}{100} \times 100\%=0.01\%$$

$$f_2=\frac{\delta_2}{X_2} \times 100\%=\frac{0.01}{10} \times 100\%=0.1\%$$

由上例可以看出，两个不同大小的被测量，虽然具有相同大小的绝对误差，其相对误差是不同的，显然，$f_1<f_2$，表示前者的精确度比后者高。

3.3.2　测量误差的来源

产生测量误差的原因很多，主要有以下几个方面。

（1）计量器具误差

计量器具误差是指由于计量器具本身存在的误差而引起的测量误差。具体地说，是由于计量器具本身的设计、制造以及装配、调整不准确而引起的误差，一般表现在计量器具的示值误差和重复精度上。

设计计量器具时，因结构不符合理论要求，或在理论上采用了某种近似都会产生误差。制造以及装配、调整不准确也会产生误差，如计量器具测量头的直线位移与计量器具指针的角位移不成比例、计量器具的刻度盘安装偏心、刻度尺的刻线不准确等。

以上这些误差使计量器具所指示的数值并不完全符合被测几何量变化的实际情况，这种误差叫做示值误差。示值误差是很小的，每一种仪器都规定了相应的示值误差允许范围。

（2）基准件误差

所有基准件或基准量具，虽然制作得非常精确，但是都不可避免地存在误差。基准件误差就是指作为标准量的基准件本身存在的误差。例如，量块的制造误差等。

在测量中，要合理选择基准件的精度，一般地，基准件的误差应不超过总测量误差的1/5～1/3。

（3）方法误差

方法误差是指选择的测量方法和定位方法不完善所引起的误差。例如：测量方法选择不当、工件安装不合理、计算公式不精确、采用近似的测量方法或间接测量法等造成的。

（4）环境误差

环境误差是指由于环境因素与要求的标准状态不一致所引起的测量误差。影响测量结果的环境因素有温度、湿度、振动和灰尘等。其中温度影响最大，这是由于各种材料几乎对温度都非常敏感，都具有热胀冷缩的现象。因此，在长度计量中规定标准温度为20℃。

（5）人员误差及读数误差

人员误差是指由于人的主观和客观原因所引起的测量误差。读数误差是人员误差的一种。它是指当计量器具指针处在表盘上相邻两刻线之间时，需要测量者估读而产生的误差。除数字显示的计量器具外，这种测量误差是不可避免的。

（6）测量力引起的变形误差

测量力引起的变形误差是指使用计量器具进行接触测量时，测量力使零件与测量头接触

的部分发生微小变形而产生的测量误差。特别是当测量头移动的速度较快时，由于冲击或滑动而产生的动态测量力会形成较大的测量误差。因而为了减小测量力的变化所造成的测量误差，在操作时要轻放测量头，并尽可能在调零时和测量时保持一致。

一般计量器具的测量力大都控制在200g之内，高精度量仪的测量力控制在几十克甚至几克之内。为了控制测量力对测量结果的影响，计量器具一般应具有使测量力保持恒定的装置。如：百分表和千分表上的弹簧，千分尺上的棘轮机构等。

3.3.3 测量误差的分类

根据误差的特点与性质，以及误差出现的规律，可将测量误差分为系统误差、随机误差和粗大误差三种基本类型。

（1）系统误差

在相同条件下多次重复测量同一量值时，误差的数值和符号保持不变；或在条件改变时，按某一确定规律变化的误差称为系统误差。

可见系统误差有定值系统误差和变值系统误差两种。例如在立式光较仪上用相对法测量工件直径，调整仪器零点所用量块的误差，对每次测量结果的影响都相同，属于定值系统误差；在测量过程中，若温度产生均匀变化，则引起的误差为线性系统变化，属于变值系统误差。

从理论上讲，当测量条件一定时，系统误差的大小和符号是确定的，因而，也是可以被消除的。但实际工作中，系统误差不一定能够完全消除，只能减少到一定的限度。根据系统误差被掌握的情况，可分为已定系统误差和未定系统误差两种。

已定系统误差是符号和绝对值均已确定的系统误差。对于已定系统误差应予以消除或修正，即将测得值减去已定系统误差作为测量结果。例如，0～25mm千分尺两测量面合拢时读数不对准零位，而是＋0.005mm，用此千分尺测量零件时，每个测得值都将大0.005mm。此时可用修正值－0.005mm对每个测量值进行修正。

未定系统误差是指符号和绝对值未经确定的系统误差。对未定系统误差应在分析原因、发现规律或采用其他手段的基础上，估计误差可能出现的范围，并尽量减少并消除。

（2）随机误差

随机误差指在相同条件下，对同一被测量进行无限多次测量时，误差的绝对值与符号均不定。实际工作中，测量只能进行有限次，故能确定的只是随机误差的估计值。

① 随机误差的性质及分布规律

随机误差是由测量过程中许多难以控制的偶然因素或不稳定因素引起的，它的出现虽然是无规律可循的，但是，如果进行多次重复测量，则这些误差的出现服从统计学中的正态分布规律。

设用立式测长仪对同一零件的某一部位用同一方法进行150次重复测量，然后将150个测得值按尺寸大小分组列入表3-5中。将这些数据画成图表，横坐标表示测得值 X_i，纵坐标表示出现的频率 n_i/N，得到图3-5所示的图形，称频率直方图。连接每个小方图的上部中点得到一折线，称为实际分布曲线。如果测量次数足够多且分组足够细，则会得到一条光滑曲线，即正态分布曲线，如图3-6所示。该曲线具有如下四个基本特性。

a. 单峰性：绝对值小的误差比绝对值大的误差出现的次数多。

b. 对称性：绝对值相等、符号相反的误差出现的次数大致相等。

c. 有界性：在一定测量条件下，随机误差绝对值不会超过一定的界限。

d. 抵偿性：当测量次数无限增多时，随机误差的算术平均值趋向于零。

表 3-5　测得值的分布

组别	测量值范围/mm	测量中值 X_i/mm	出现次数 n_i	相对出现次数 n_i/N
1	7.1305～7.1315	$X_1=7.131$	$n_1=1$	0.007
2	7.1315～7.1325	$X_2=7.132$	$n_2=3$	0.020
3	7.1325～7.1335	$X_3=7.133$	$n_3=8$	0.054
4	7.1335～7.1345	$X_4=7.134$	$n_4=18$	0.120
5	7.1345～7.1355	$X_5=7.135$	$n_5=28$	0.187
6	7.1355～7.1365	$X_6=7.136$	$n_6=34$	0.227
7	7.1365～7.1375	$X_7=7.137$	$n_7=29$	0.193
8	7.1375～7.1385	$X_8=7.138$	$n_8=17$	0.113
9	7.1385～7.1395	$X_9=7.139$	$n_9=9$	0.060
10	7.1395～7.1405	$X_{10}=7.140$	$n_{10}=2$	0.013
11	7.1405～7.1415	$X_{11}=7.141$	$n_{11}=1$	0.007

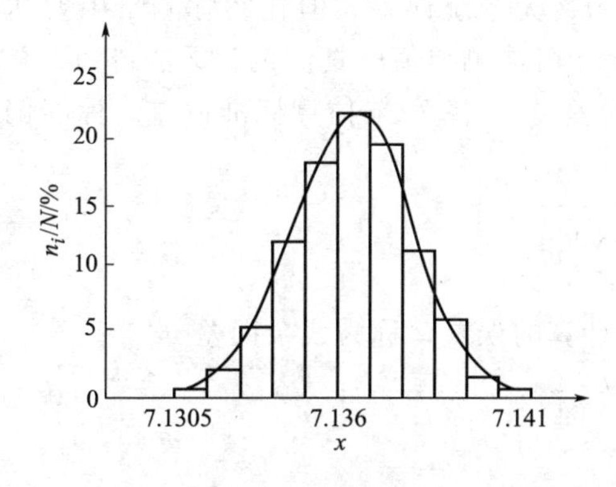

图 3-5　频率直方图

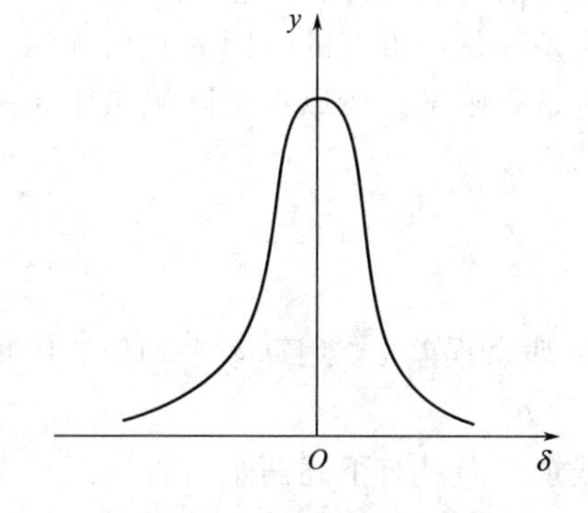

图 3-6　正态分布曲线

② 随机误差的评定指标

由概率论可知，正态分布曲线（图 3-6）用其分布密度进行描述，即

$$y=\frac{1}{\sigma\sqrt{2\pi}}e^{-\frac{\delta^2}{2\sigma^2}} \tag{3-2}$$

式中　y——随机误差的概率分布密度；

δ——随机误差（δ=测得值－真值）；

e——自然对数的底（e=2.71828）；

σ——标准偏差（也称均方根误差）。

a. 标准偏差 σ　它是评定随机误差的尺度，由下式计算

$$\sigma=\sqrt{\frac{\delta_1^2+\delta_2^2+\cdots+\delta_n^2}{n}}=\sqrt{\frac{\sum_{i=1}^{n}\delta_i^2}{n}} \tag{3-3}$$

式中　n——测量次数；

图 3-7 是不同的标准偏差对应不同的正态分布曲线比较，图中 $\sigma_1<\sigma_2<\sigma_3$，而 $y_{1\max}>y_{2\max}>y_{3\max}$。这表明 σ 越小（即测量误差越小），曲线越陡，随机误差分布越集中，测量的可靠性就越高，反之亦然。故 σ 是反映误差分散程度的参数。

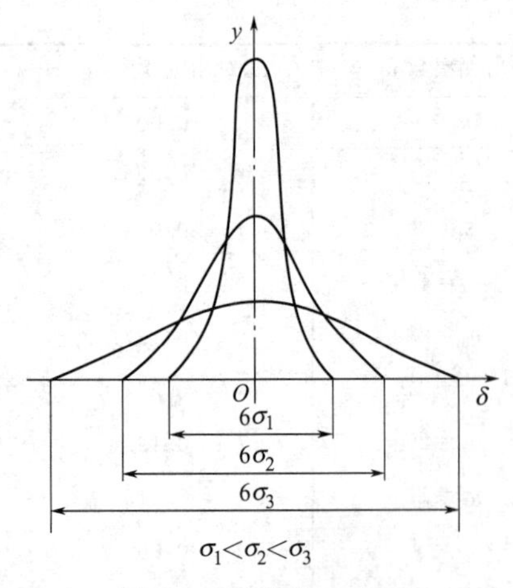

图 3-7 标准偏差对随机误差分布特性的影响

b. 算术平均值 $\bar{x}$ 在同一条件下，对同一个量进行多次（n）重复测量，由于测量误差的影响，将得到一系列不同的测得值 x_1，x_2，…，x_n，这些量的算术平均值为

$$\bar{x}=\frac{1}{n}(x_1+x_2+\cdots+x_n)=\frac{1}{n}\sum_{i=1}^{n}x_i$$

如果在消除了系统误差的前提下，对某一量进行无数次等精度测量，所有测得值的算术平均值就等于真值。事实上，作无数次测量是不可能的，但是，如果进行有限次测量，可以证明，各次测得值的算术平均值是最接近真值的最佳值。因此，把测得值的算术平均值作为测量的最后结果是可靠的，而且也是合理的。

c. 标准偏差的估计值 σ' 计算 σ'值必须具备三个条件：真值必须已知；测量次数要无限次（$n\to\infty$）；无系统误差。但在实际测量中要达到这三个条件是不可能的。因为真值无法得知，则 δ_i＝各次测得值－真值也就无法得知；测量次数也是有限量。所以在实际测量中常采用残余误差 v_i 代替 δ_i 来估算标准偏差。标准偏差的估算值 σ'为

$$\sigma'=\sqrt{\frac{1}{n-1}\sum_{i=1}^{n}v_i^2}$$

d. 残余误差 v 用算术平均值 $\bar{l}$ 代替真值μ所计算的误差，称为残余误差 v。

$$v_i=l_i-\bar{l}$$

残余误差具有下述两个特性。

(a) 残余误差的代数和等于零，即

$$\sum_{i=1}^{n}v_i=0$$

(b) 残余误差的平方和为最小，即

$$\sum_{i=1}^{n}v_i^2=\min$$

当误差平方和为最小时，按最小二乘法原理知，测量结果是最佳值。这就说明了 $\bar{l}$ 是 μ 的最佳估值。

③ 随机误差的分布界限 从随机误差的单峰性和有界性可知，随机误差越大，则出现的概率越小，反之则出现的概率越大。从图 3-6 可以看出，随机误差的正态分布曲线是一条相对横坐标的渐近曲线，只有随机误差 δ 达到正、负无穷大时曲线才与横坐标相交。相交点的概率密度 y（纵坐标）等于零，这就是说随机误差 δ 等于正、负无穷大这一事件出现的概率等于零，即不可能。所以随机误差是有界的。

若把整个误差曲线下包围的面积看作是所有随机误差出现的概率之和 P，便可得到下式

$$P=\int_{-\infty}^{+\infty}y\mathrm{d}\delta=\int_{-\infty}^{+\infty}\frac{1}{\sigma\sqrt{2\pi}}\mathrm{e}^{-\frac{\delta^2}{2\sigma^2}}\mathrm{d}\delta=1$$

研究随机误差出现在正、负无穷大区间的概率是没有实际意义的。在计量工作实践中，要研究的是随机误差出现在 $\pm\delta$ 范围内的概率 P，于是便有

$$P=\frac{1}{\sigma\sqrt{2\pi}}\int_{-\infty}^{+\infty}e^{-\frac{\delta^2}{2\sigma^2}}d\delta$$

将上式进行变量置换，设 $t=\delta/\sigma$，则有

$$dt=\frac{d\delta}{\sigma}$$

将其代入上式可得

$$P=\frac{1}{\sqrt{2\pi}}\int_{-t}^{+t}e^{-\frac{t^2}{2}}dt=\frac{2}{\sqrt{2\pi}}\int_{0}^{t}e^{-\frac{t^2}{2}}dt$$

又写成如下形式　　$P=2\Phi(t)$

$\Phi(t)$ 称为拉普拉斯函数，也称概率积分。只要给出 t 值便可计算出概率。不同的 t 值对应的概率可从有关手册中查得，为了使用方便，表 3-6 列出了四个不同 t 值对应的概率。

表 3-6　四个不同 t 值对应的概率

t	$\delta=\pm t\sigma$	不超出 $\|\delta\|$ 的概率 $P=2\Phi(t)$	超出 $\|\delta\|$ 的概率 $P'=1-P$
1	1σ	0.6826	0.3174
2	2σ	0.9544	0.0656
3	3σ	0.9973	0.0027
4	4σ	0.99936	0.00064

从表 3-6 中 t 与概率的数值关系上可以发现，随着 t 的增大，概率并没有明显的增大。当 $t=3$ 时，随机误差 δ 在 $\pm3\sigma$ 范围内的概率为 99.73%，超出 $\pm3\sigma$ 的概率只有 0.27%。可以近似地认为超出 $\pm3\sigma$ 的可能性为零。

因此，在估计测量结果的随机误差时，往往把 $\pm3\sigma$ 作为随机误差的极限值，即测量极限误差为：$\delta_{\lim}=\pm3\sigma$。

按 $\delta_{\lim}=\pm3\sigma$ 式估计随机误差的意义是：测量结果中包含的随机误差不超出 $\delta_{\lim}=\pm3\sigma$ 的可信赖程度达 99.73%。

（3）粗大误差

粗大误差（也叫过失误差）是指超出了在一定条件下可能出现的误差。它的产生是由于测量时疏忽大意（如读数错误、计算错误等）或环境条件的突变（冲击、振动等）而造成的某些较大的误差。在处理数据时，必须按一定的准则从测量数据中剔除。

3.3.4　测量精度

测量精度是指几何量的测得值与其真值的接近程度。它与测量误差是相对应的两个概念，即是从两个不同的角度说明同一概念的术语。测量误差越大，测量精度就越低；反之测量误差越小，测量精度就越高。为了反映系统误差与随机误差的区别及其对测量结果的影响，以打靶为例进行说明。如图 3-8 所示，圆心表示靶心，黑点表示弹孔。图 3-8(a) 表现为弹孔密集但偏离靶心，说明随机误差小而系统误差大；图 3-8(b) 表现为弹孔较为分散，但基本围绕靶心分布，说明随机误差大而系统误差小；图 3-8(c) 表现为弹孔密集而且围绕靶心分布，说明随机误差和系统误差都非常小；图 3-8(d) 表现为弹孔既分散又偏离靶心，说明随机误差和系统误差都较大。

根据以上分析，为了准确描述测量精度的具体情况，可将其进一步分类为精密度、正确度和准确度。

（1）精密度

精密度是指在同一条件下对同一几何量进行多次测量时，该几何量各次测量结果的一致程度。它表示测量结果受随机误差的影响程度。若随机误差小，则精密度高。

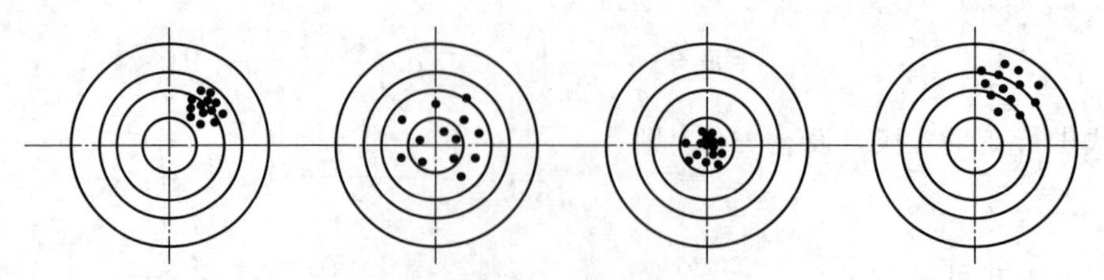

(a) 精密度高、正确度低　(b) 正确度高、精密度低　(c) 精密度、正确度均高　(d) 精密度、正确度均低

图 3-8　测量精度分类示意

(2) 正确度

正确度是指在同一条件下对同一几何量进行多次测量时，该几何量测量结果与其真值的符合程度。它表示测量结果受系统误差的影响程度。若系统误差小，则正确度高。

(3) 准确度（或称精确度）

准确度表示对同一几何量进行连续多次测量所得到的测得值与真值的一致程度。它表示测量结果受系统误差和随机误差的综合影响程度。若系统误差和随机误差都小，则准确度高。

按照上述分类可知，图 3-8(a) 为精密度高而正确度低；图 3-8(b) 为正确度高而精密度低；图 3-8(c) 为精密度和正确度都高，因而准确度也高；图 3-8(d) 为精密度和正确度都低，所以准确度也低。

3.3.5　误差的处理

(1) 随机误差的数据处理

通过采用多次重复测量，可以减少随机误差的影响，一般为 5～15 次。取多次测量的算术平均值作为测量结果，可以提高测量精度。若在相同条件下，重复测量 n 次，单次测量的标准偏差估算值为 σ'，则 n 次测量的算术平均值标准偏差估算值 $\sigma'_{\bar{x}}=\sigma'/\sqrt{n}$，测量结果为 $\bar{x}\pm 3\sigma'_{\bar{x}}$。

【例 3-1】　对一轴进行 10 次测量，其测得值如表 3-7，求测量结果。

表 3-7　测得值

测量次数	x_i/mm（实际测得值）	$v_i=x_i-\bar{x}$/μm（残差）	v_i^2/μm^2	测量次数	x_i/mm（实际测得值）	$v_i=x_i-\bar{x}$/μm（残差）	v_i^2/μm^2
1	50.454	−3	9	7	50.456	−1	1
2	50.459	+2	4	8	50.458	+1	1
3	50.459	+2	4	9	50.458	+1	1
4	50.454	−3	9	10	50.455	−2	4
5	50.458	+1	1	计算结果	$\bar{x}=50.457$	$\sum v_i=0$	$\sum v_i^2=38$
6	50.459	+2	4				

解：　① 求算术平均值 $\bar{x}$

$$\bar{x}=\frac{1}{n}\sum x_i=50.457$$

② 求残余误差

$$\sum v_i=0,\sum v_i^2=38\mu\text{m}$$

③ 求单次测量的标准偏差估算值 σ'

$$\sigma=\sqrt{\frac{1}{n-1}\sum_{i=1}^{n}v_i^2}\approx 2.05\mu\text{m}$$

④ 求算术平均值的标准偏差估算值 $\sigma'_{\bar{x}}$

$$\sigma'_{\bar{x}}=\frac{\sigma'}{\sqrt{n}}=\frac{2.05}{\sqrt{10}}\approx 0.65\mu\text{m}$$

⑤ 计算测量列极限误差

$$\delta_{\lim}=\pm 3\sigma'_{\bar{x}}=\pm 1.95\mu\text{m}$$

⑥ 得测量结果

$$l=\bar{x}\pm 3\sigma'_{\bar{x}}=(50.457\pm 0.002)\text{mm}$$

(2) 系统误差的处理

实践中常采用误差修正法、误差抵偿法和误差分离法来消除或减小系统误差对测量结果的影响。

① 误差修正法　如果知道测量结果（即未修正的结果）中包含的系统误差大小和符号，则可用测量结果减去已知的系统误差值，从而获得不含（或少含）系统误差的测量结果（已修正结果）。

例如，用比较测量法（相对测量法）测量零件的尺寸，比较仪的零位是用量块尺寸来调整的。而测量结果是由量块尺寸加比较仪的读数而求得。由于量块尺寸存在误差，零件尺寸测量结果中就包含有由此量块的误差而引入的系统误差。为了修正此系统误差，可用高一等级的量块（作约定真值），对此量块尺寸进行检定，获得量块尺寸误差，将此误差取相反的符号获得修正值，并用代数法将此修正值加到零件测量结果中，从而得到修正的测量结果。

误差修正法在高准确度测量中，应用比较广泛，此时所使用的测量仪器（如各类坐标测量机）的示值，均有误差修正表，以便在测量时对误差进行修正。

② 误差抵偿法　实践中有的误差修正值难于获得，但通过分析发现，在有的测量结果中包含的系统误差值和另一个测量结果中包含的系统误差值的大小相等，符号则相反。因此，可用此两测量结果相加取平均值，即可抵消其系统误差。

例如，在度盘测量中，由于度盘安装偏心的存在，使度盘分度值的测量产生系统误差，此系统误差值随度盘转过角度的不同而呈周期性变化。此时，如果在度盘相距180°的转角位置上，装上两个读数头，由两个读数头读出的角度值相加取平均，则能抵消由偏心引起的系统误差。误差抵偿法还常用在螺纹测量中，测量螺纹时，被测螺纹在安装中，其轴心与仪器纵向导轨移动方向不平行，则在测量螺纹的中径、螺距和牙型半角时均可能出现系统误差。为了消除这些误差，可采用在螺牙的左、右牙侧上进行测量或在轴线两侧螺牙的左、右牙侧上进行测量，取相应的测量值的平均值。

③ 误差分离法　误差分离法就是将形状误差与所用的仪器的误差分离开，从而得到精确的测量结果。常用在形状误差测量中。例如，在圆度仪上测量零件的圆度误差和在大型加工机床上测量大型轴类零件的圆度误差时，圆度仪主轴的回转轴系和机床主轴的轴系误差，均可带入被测零件的测量结果而产生测量的系统误差，这种误差可采用误差分离法（例如：反向法、多步法和多测头法）将测量结果中的回转轴系误差分离开，从而获得准确的测量结果。

(3) 粗大误差的处理

粗大误差是指超出在规定条件下预计的测量误差值的测量误差，它明显地歪曲了测量结果。粗大误差是由主观和客观原因造成的，主观原因如测量人员疏忽造成读数误差和记录误差。客观原因如外界突然振动引起的误差等。

粗大误差常用 3σ 准则，即拉依达准则来判断。它主要用于测量次数多于10次，且服从正态分布的误差。所谓 3σ 准则，是指在测量值数列中，凡是测量值与算术平均值之差即残

余误差 v_i 的绝对值大于标准偏差 σ 的 3 倍的，都认为该测量值具有粗大误差，应从测量列中将其剔除。

3.4 测量器具的选择

3.4.1 验收极限

为了防止误收（把废品作为合格品验收），保证产品质量，国家标准《光滑工件尺寸的检验》（GB/T 3177—1997）规定：工件尺寸的验收极限应分别从它们的最大与最小极限尺寸向尺寸公差带内移动一个安全裕度 A，如图 3-9 所示。图中 K_s 和 K_i 分别表示上、下验收极限，L_{max} 和 L_{min} 分别表示最大和最小极限尺寸，其关系式为

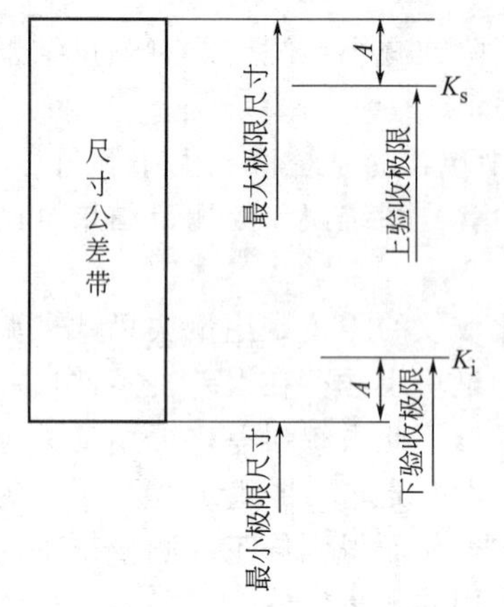

图 3-9 尺寸公差带及验收极限

$$K_s = L_{max} - A$$
$$K_i = L_{min} + A$$

按上述验收极限来验收工件，会出现误废。但是，从统计规律来看，与总产量相比误废量是极少数。生产中，对于尺寸精度要求不高的工件，允许按最大与最小极限尺寸验收。

安全裕度 A 按被测工件尺寸公差的大小确定，约占工件尺寸公差的 5%～10%，如表 3-8 所示。

表 3-8 安全裕度 A 及测量器具不确定度允许值 U_1 mm

工件公差		安全裕度	测量器具不确定度	工件公差		安全裕度	测量器具不确定度
大于	小于	A	允许值 U_1	大于	小于	A	允许值 U_1
0.009	0.018	0.001	0.0009	0.180	0.320	0.018	0.016
0.018	0.032	0.002	0.0018	0.320	0.580	0.032	0.029
0.032	0.058	0.003	0.0027	0.580	1.000	0.060	0.054
0.058	0.100	0.006	0.0054	1.000	1.800	0.100	0.090
0.100	0.180	0.010	0.009	1.800	3.200	0.180	0.160

3.4.2 测量器具的选择

（1）不确定度与安全裕度的关系

在测量中，由于测量误差的存在而使被测量值不能肯定的程度，用不确定度（U）来表示。测得的实际尺寸分散范围越大，测量误差越大，即不确定度越大。

按测量误差的来源，测量的不确定度 U 是由测量器具的不确定度 U_1 和测量条件引起的不确定度 U_2 组成。U_1 由测量器具的内在误差引起，U_2 由测量中温度、工件形状误差与压陷效应及测量方法误差等因素引起，两者都是随机变量，因此，其综合结果也是随机变量，并且应不超出安全裕度 A。

按独立随机变量合成规则，$U=\sqrt{U_1^2+U_2^2}$。U_1 与 U_2 对 U 的影响不同，一般按 2∶1 的关系处理，取 $U_1=0.9A$，$U_2=0.45A$，则有

$$U=\sqrt{U_1^2+U_2^2}=\sqrt{(0.9A)^2+(0.45A)^2}\approx 1.00A$$

（2）测量器具的选择

要测量零件上某一尺寸，可以选择不同的计量器具。计量器具的选择主要取决于计量器

具的参数、特性和经济指标。在综合考虑这些指标时，应满足以下要求。

① 选择计量器具时，应考虑与被测工件的外形、相互位置和被测尺寸的大小相适应。所选择的计量器具的测量范围应能满足这些要求。

② 选择计量器具应考虑与被测工件的尺寸公差相适应。所选择的计量器具的极限误差既要保证测量准确度，又要符合经济性的要求。

选用测量器具时，主要应根据工件尺寸公差的大小，按表 3-8 查得对应的安全裕度 A 和测量器具不确定度允许值 U_1，再按表 3-9～表 3-11 所列的普通测量器具的不确定度数值选择具体的测量器具，其不确定度 U_1' 应小于或等于允许值 U_1。

表 3-9　千分尺和游标卡尺的不确定度 U_1'　mm

<table>
<tr><th colspan="2" rowspan="2">尺寸范围</th><th colspan="4">计量器具类型</th></tr>
<tr><th>分度值 0.01
外径千分尺</th><th>分度值 0.01
内径千分尺</th><th>分度值 0.02
游标卡尺</th><th>分度值 0.05
游标卡尺</th></tr>
<tr><th>大于</th><th>至</th><th colspan="4">不确定度</th></tr>
<tr><td>0</td><td>50</td><td>0.004</td><td rowspan="3">0.008</td><td rowspan="13">0.020</td><td rowspan="4">0.050</td></tr>
<tr><td>50</td><td>100</td><td>0.005</td></tr>
<tr><td>100</td><td>150</td><td>0.006</td></tr>
<tr><td>150</td><td>200</td><td>0.007</td><td rowspan="3">0.013</td></tr>
<tr><td>200</td><td>250</td><td>0.008</td><td rowspan="8">0.100</td></tr>
<tr><td>250</td><td>300</td><td>0.009</td></tr>
<tr><td>300</td><td>350</td><td>0.010</td><td rowspan="3">0.020</td></tr>
<tr><td>350</td><td>400</td><td>0.011</td></tr>
<tr><td>400</td><td>450</td><td>0.012</td></tr>
<tr><td>450</td><td>500</td><td>0.013</td><td>0.025</td></tr>
<tr><td>500</td><td>600</td><td rowspan="3"></td><td rowspan="3">0.030</td></tr>
<tr><td>600</td><td>700</td></tr>
<tr><td>700</td><td>1000</td><td></td></tr>
</table>

注：1. 当采用比较测量时，千分尺的不确定度可小于本表规定的数值。

2. 当所选用的计量器具达不到 GB/T 3177—1982 规定的 U_1 值时，在一定范围内，可以采用大于 U_1 的数值，此时需按下式重新计算出相应的安全裕度（A'值），再由最大实体尺寸和最小实体尺寸分别向公差带内移动 A'值，定出验收极限（A'不超过工件公差的 15%）。$A'=\frac{1}{0.9}U_1'$。

表 3-10　比较仪的不确定度 U_1'　mm

<table>
<tr><th colspan="2" rowspan="2">尺寸范围</th><th colspan="4">所使用的计量器具</th></tr>
<tr><th>分度值为 0.0005
（相当于放大倍数 2000 倍）
的比较仪</th><th>分度值为 0.001
（相当于放大倍数 1000 倍）
的比较仪</th><th>分度值为
0.002 的比较仪</th><th>分度值为
0.005 的比较仪</th></tr>
<tr><th>大于</th><th>至</th><th colspan="4">不确定度</th></tr>
<tr><td></td><td>25</td><td>0.0006</td><td rowspan="2">0.0010</td><td>0.0017</td><td rowspan="6">0.0030</td></tr>
<tr><td>25</td><td>40</td><td>0.0007</td><td rowspan="3">0.0018</td></tr>
<tr><td>40</td><td>65</td><td>0.0008</td><td rowspan="2">0.0011</td></tr>
<tr><td>65</td><td>90</td><td>0.0008</td></tr>
<tr><td>90</td><td>115</td><td>0.0009</td><td>0.0012</td><td rowspan="2">0.0019</td></tr>
<tr><td>115</td><td>165</td><td>0.0010</td><td>0.0013</td></tr>
<tr><td>165</td><td>215</td><td>0.0012</td><td>0.0014</td><td>0.0020</td><td rowspan="3">0.0035</td></tr>
<tr><td>215</td><td>265</td><td>0.0014</td><td>0.0016</td><td>0.0021</td></tr>
<tr><td>265</td><td>315</td><td>0.0016</td><td>0.0017</td><td>0.0022</td></tr>
</table>

注：测量时，使用的标准器由 4 块 1 级（或 4 等）量块组成。

表 3-11　指示表的不确定度 U_1'　　　　mm

尺寸范围		所使用的计量器具			
		分度值为 0.001mm 的千分表(0 级在全程范围内,1 级在 0.2mm 内),分度值为 0.002mm 千分表(在一转范围内)	分度值为 0.001mm、0.002mm、0.005mm 的千分表(1 级在全程范围内),分度值为 0.01mm 的百分表(0 级在任意 1mm 内)	分度值为 0.01mm 的百分表(0 级在全程范围内,1 级在任意 1mm 内)	分度值为 0.01mm 的百分表(1 级在全程范围内)
大于	至	不确定度			
	25	0.005	0.010	0.018	0.030
25	40				
40	65				
65	90				
90	115				
115	165				
165	215				
215	265				
265	315				

注：测量时，使用的标准器具由 4 块 1 级（或 4 等）量块组成。

【例 3-2】　被测工件为 $\phi 30\text{h}8\ (^{\ 0}_{-0.033})$，试确定其验收极限并选择适当的测量器具。

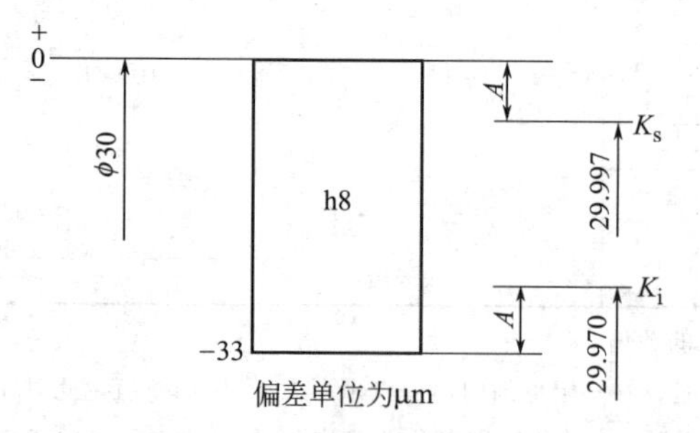

图 3-10　工件公差带及验收极限

解：① 根据 ϕ30h8 的轴的尺寸公差，查表 3-8 确定安全裕度 A 和测量器具的不确定度 U_1。

$T_h = 0.033\text{mm}$，$A = 0.003\text{mm}$，$U_1 = 0.0027\text{mm}$

② 选择测量器具。按被测工件的基本尺寸 ϕ30mm 和所要求的测量器具的不确定度允许值 $U_1 = 0.0027\text{mm}$，从表 3-10 选取分度值为 0.002mm 的比较仪，其不确定度 $U_1' = 0.0018$，$U_1' < U_1$，满足使用要求。

③ 确定验收极限。

上验收极限 $K_s = d_{max} - A = (30 - 0.003)\text{mm} = 29.997\text{mm}$

下验收极限 $K_i = d_{min} + A = (29.967 + 0.003)\text{mm} = 29.970\text{mm}$

ϕ30h8 轴的尺寸公差带及验收极限如图 3-10 所示。

习　　题

3-1　测量的定义是什么？一个几何量的完整测量过程包含哪几个方面的要素？

3-2　量块按“级”使用与按“等”使用有何区别？按“等”使用时，如何选择量块并处理数据？

3-3　举例说明什么是绝对测量和相对测量、直接测量和间接测量。

3-4　“刻度值”和“刻度间隔”有何区别？试分别以机械式手表的时针、分针及秒针为例加以说明。

3-5　测量误差按性质可分为哪几类？各有什么特征？

3-6　随机误差的极限误差是什么？随机误差怎样进行处理？

3-7　粗大误差能剔除吗？怎样进行处理？

3-8　测量精度分为哪几类？试以打靶为例加以理解和说明。

3-9 尺寸 29.765mm 和 38.995mm 按照 83 块一套的量块应如何选择？

3-10 测量 80 和 150 长度量值，其绝对测量误差的绝对值分别为 6μm 和 8μm，请问两者的测量精度哪个较高？

3-11 用千分尺对某一零件的尺寸进行 10 次测量，测得值为：23.31、23.45、23.46、23.18、23.70、23.21、23.65、23.55、23.46、23.35，请计算其测量结果。

3-12 被测工件为 ϕ25f8 的轴，试选择适当的测量器具，并确定验收极限。

4　形状和位置公差及检测

4.1　概述

由于机床夹具、刀具及工艺操作水平等因素的影响，经过机械加工后，零件的尺寸、形状及表面质量均不能做到完全理想而出现加工误差，归纳起来除了有尺寸误差外，还会出现形状误差、位置误差和表面粗糙度等。

零件在加工过程中，形状和位置误差（简称形位误差）是不可避免的。工件在机床上的定位误差、切削力、夹紧力等因素都会造成各种形位误差。钻孔时钻头移动方向与工作台面不垂直，会造成孔的轴线对定位基面的垂直度误差。

形位误差不仅会影响机械产品的质量（如工作精度、连接强度、运动平稳性、密封性、耐磨性、噪声和使用寿命等），还会影响零件的互换性。平面的形状误差，会减少配合零件的实际接触面积，增大单位面积压力，从而增加变形。再如，轴承盖上螺钉孔的位置不正确（属位置误差），会使螺钉装配不上；在齿轮传动中，两轴承孔的轴线平行度误差（也属位置误差）过大，会降低轮齿的接触精度，影响使用寿命。

为了满足零件的使用要求，保证零件的互换性和制造的经济性，设计时不仅要控制尺寸误差和表面粗糙度，还必须合理控制零件的形位误差，即对零件规定形状和位置公差。

有关形位公差的国家标准如下：

GB/T 1182—1996《形状和位置公差　通则、定义、符号和图样表示法》；

GB/T 1184—1996《形状和位置公差　未注公差值》；

GB/T 4249—1996《公差原则》；

GB/T 16671—1996《形状和位置公差　最大实体要求、最小实体要求和可逆要求》；

GB/T 1958—2004《产品几何量技术规范　形状和位置公差　检测规定》。

4.1.1　要素的概念

形位公差的研究对象就是构成零件几何特征的点、线、面，统称为几何要素，简称要素。如图 4-1 所示的零件，可以分解成球面、球心、中心线、圆锥面、端平面、圆柱面、圆锥顶点（锥顶）、素线、轴线等要素。要素可从不同角度分类。

（1）按存在状态分

① 理想要素　具有几何学意义，没有任何误差的要素，设计时在图样上表示的要素均为理想要素。理想要素可分为轮廓要素和中心要素。

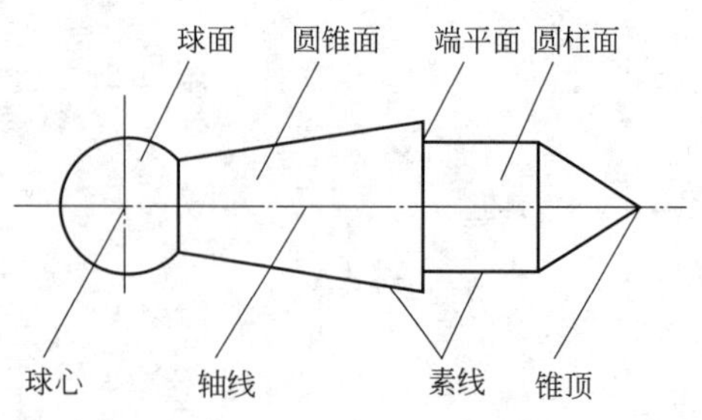

图 4-1　几何要素

② 实际要素　零件在加工后实际存在、有误差的要素。它通常由测得要素来代替。由于测量误差的存在，测得要素并非该要素的真实情况。实际要素可分为轮廓要素和中心要素。

（2）按几何特征分

① 轮廓要素　构成零件轮廓的可直接触及的点、线、面。如图 4-1 所示的圆锥顶点、素线、圆柱面、圆锥面、端平面、球面等。

② 中心要素　不可触及的，轮廓要素对称中心所示的点、线、面。如图 4-1 所示的球心、轴线等。

中心要素和轮廓要素均有理想与实际两种情况。

（3）按在形位公差中所处的地位分

① 被测要素　零件图中给出了形状或（和）位置公差要求，即需要检测的要素。

② 基准要素　用以确定被测要素的方向或位置的要素，简称基准。

被测要素和基准要素可以是中心要素，也可以是轮廓要素，它们均有理想和实际两种情况。

（4）按被测要素的功能关系分

① 单一要素　仅对其本身给出形状公差要求的要素。

② 关联要素　对其他要素有功能关系的要素，即规定位置公差的要素。

4.1.2　形位公差项目及符号

国家标准规定了 14 项形位公差项目。其项目的名称和符号见表 4-1。

表 4-1　形位公差的项目及其符号

公差		特征项目	符号	有或无基准要求
形状	形状	直线度	—	无
		平面度	⏥	无
		圆度	○	无
		圆柱度	⌭	无
形状或位置	轮廓	线轮廓度	⌒	有或无
		面轮廓度	⌓	有或无
位置	定向	平行度	//	有
		垂直度	⊥	有
		倾斜度	∠	有
	定位	位置度	⌖	有或无
		同轴(同心)度	◎	有
		对称度	⌯	有
	跳动	圆跳动	↗	有
		全跳动	⌰	有

4.1.3　形位公差的标注方法

按形位公差国家标准的规定，在图样上标注形位公差时，应采用代号标注。无法采用代号标注时，允许在技术条件中用文字加以说明。形位公差项目的符号、框格、指引线、公差数值、基准符号以及其他有关符号构成了形位公差的代号。

（1）公差框格

形位公差的框格由两格或多格组成。第一格填写公差项目的符号；第二格填写公差值及有关符号；第三、四、五格填写代表基准的字母及有关符号，示例见图 4-2。

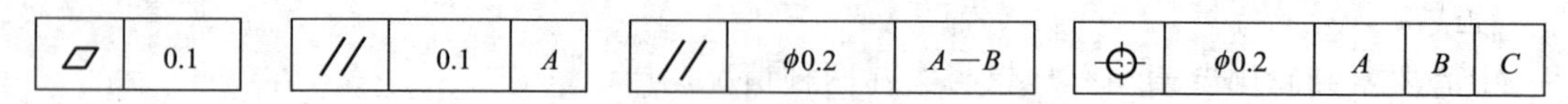

图 4-2 公差框格示例

公差框格中填写的公差值必须以 mm 为单位，当公差带形状为圆、圆柱和球形时，应分别在公差值前面加注“ϕ”和“$S\phi$”。

(2) 框格指引线

标注时指引线可由公差框格的一端引出，并与框格端线垂直，箭头指向被测要素，箭头的方向是公差带宽度方向或直径方向，见图 4-3。

当被测要素为轮廓要素时，指引线的箭头应指在轮廓线或其延长线上，并应与尺寸线明显地错开；当被测要素为中心要素时，指引线箭头应与该要素的尺寸线对齐或直接标注在轴线上，如图 4-3 所示。而当被测要素为圆锥体母线时，指引线箭头应与圆锥体母线成法线方向。

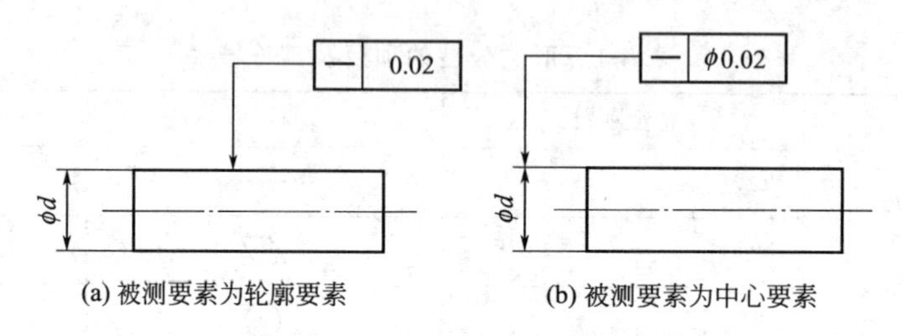

(a) 被测要素为轮廓要素　(b) 被测要素为中心要素

图 4-3 指引线箭头指向被测要素位置

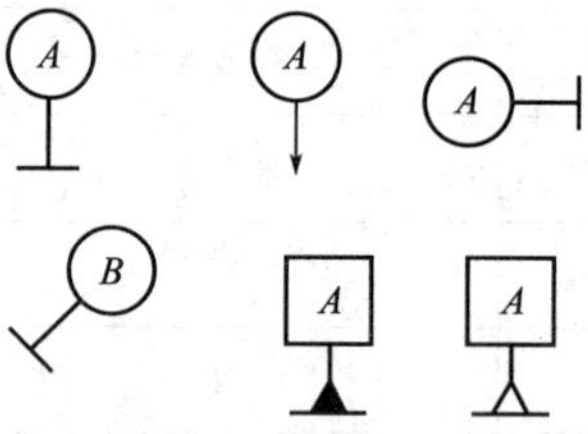

图 4-4 基准符号与基准代号示例

(3) 基准

基准符号与基准代号如图 4-4 所示。

基准代号的字母采用大写拉丁字母，为避免混淆，标准规定不采用 E、I、J、M、O、P、L、R、F 等字母。基准的顺序在公差框格中是固定的，第三格填写第一基准代号，之后依次填写第二、第三基准代号，当两个要素组成公共基准时，用横线隔开两个大写字母，并将其标在第三格内。应该注意的是，无论基准符号在图样上的方向如何，圆圈内的字母要水平书写。

与指引线的位置同理，当基准要素为轮廓要素时，基准符号应在轮廓线或其延长线上，并应与尺寸线明显地错开，见图 4-5(a)；当基准要素为中心要素时，基准符号一定要与该要素的尺寸线对齐，见图 4-5(b)。

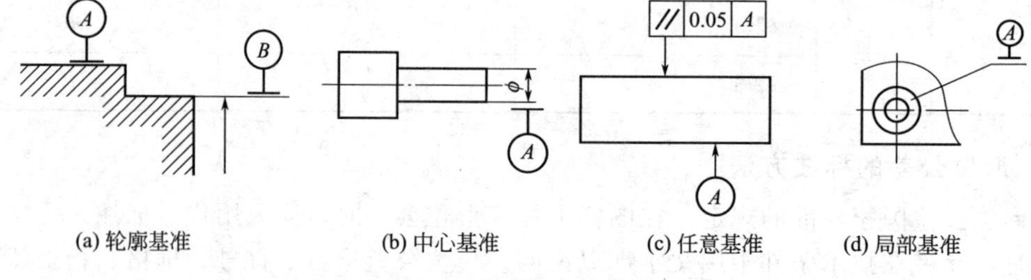

(a) 轮廓基准　(b) 中心基准　(c) 任意基准　(d) 局部基准

图 4-5 基准的标注方法

若基准要素和被测要素为任选基准（任意选择可以互换）时，标法见图 4-5(c)。

若基准要素（或被测要素）为视图上的局部表面时，可将基准符号（公差框格）标注在带圆点的参考线上，圆点标于基准面（被测面）上，见图 4-5(d)。

（4）形位公差标注的简化

在不影响读图或引起误解的前提下，可采用简化标注方法。

① 当结构相同的几个要素有相同的形位公差要求时，可只对其中的一个要素标注出，并在框格上方标明。如 4 个要素，则注明“4×ϕ”或“4 槽”等，如图 4-6(a) 所示。

② 当同一要素有多个公差要求时，只要被测部位和标注表达方法相同，可将框格重叠，如图 4-6(b) 所示。

③ 当多个要素有同一公差要求时，可用一个公差框，自框格一端引出多根指引线指向被测要素，如图 4-6(c) 所示；若要求各被测要素具有共同的公差带，应在公差框格上方注明“共面”或“共线”，如图 4-6(d) 所示。

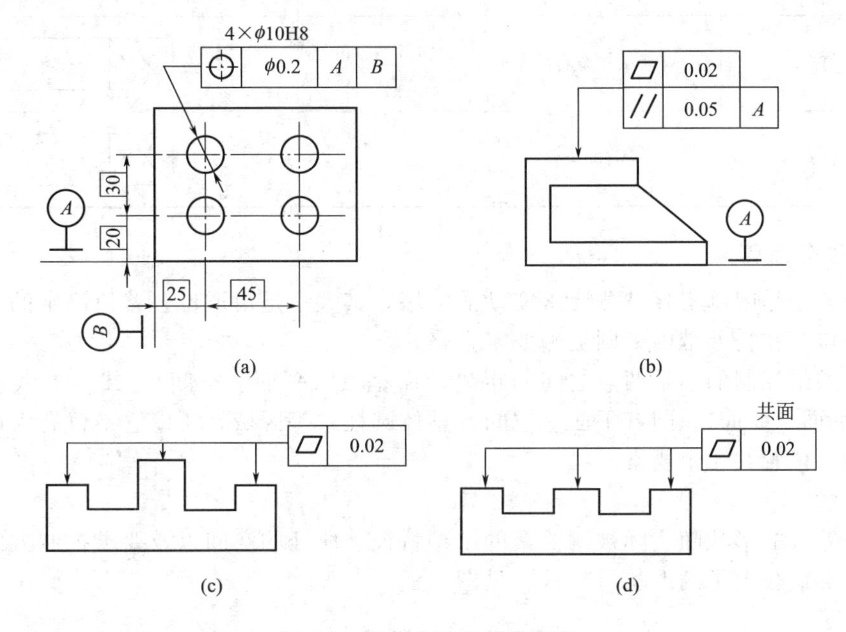

图 4-6　形位公差的简化标注

（5）其他标注

① 如果对被测要素任意局部范围内提出公差要求，则应将该局部范围的尺寸（长度、边长或直径）标注在形位公差值的后面，用斜线相隔，如图 4-7(a)、(b) 所示。

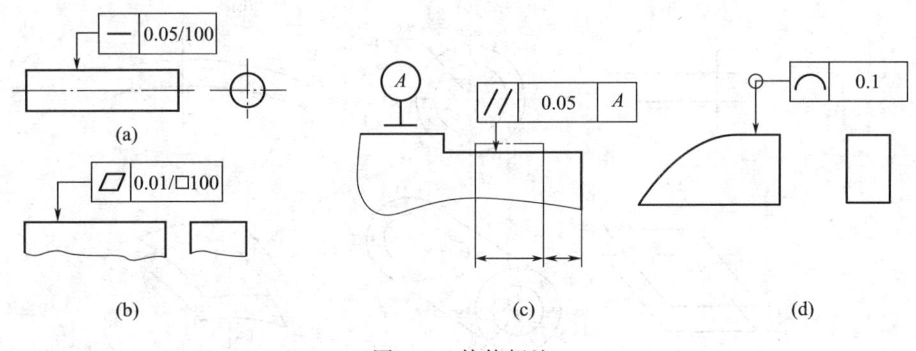

图 4-7　其他标注

② 如果仅对要素的某一部分提出公差要求，则用粗点画线表示其范围，并加注尺寸，如图 4-7(c) 所示。同理，如果要求要素的某一部分作为基准，该部分也应用粗点画线表示，

并加注尺寸。

③ 如果要求在公差带内进一步限定被测要素的形状，则应在公差值后面加注符号，见表 4-2。

表 4-2 形位公差值的附加符号

符号	含 义	举 例
(−)	只许中间向材料内凹下	— | $t(-)$
(+)	只许中间向材料外凸起	▱ | $t(+)$
(▷)	只许从左至右减小	⌭ | t(▷)
(◁)	只许从右至左减小	⌭ | t(◁)

4.1.4 形位公差带

形位公差带是限制实际被测要素变动的区域，其大小是由形位公差值确定的。只要被测实际要素被包含在公差带内，则被测要素合格。

形位公差带控制的不是两点之间的距离，而是点（平面、空间）、线（素线、轴线、曲线）、面（平面、曲面）、圆（平面、空间、整体圆柱）等区域，所以它不仅有大小，还具有形状、方向、位置共 4 个要素。

（1）形状

形位公差带的形状随实际被测要素的结构特征、所处的空间以及要求控制方向的差异而有所不同，形位公差带的形状有 9 种，见图 4-8。

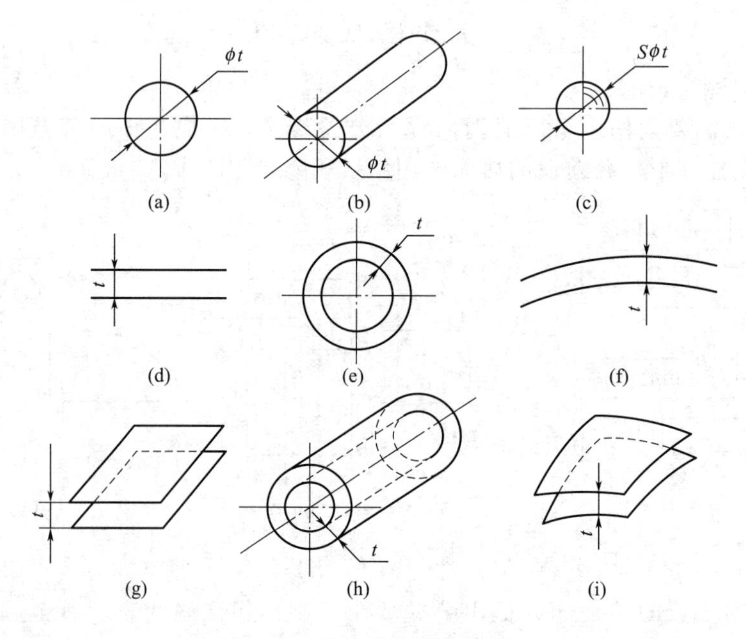

图 4-8 形位公差带的形状

（2）大小

形位公差带的大小有两种情况，即公差带区域的宽度（距离）t 或直径 $\phi t(S\phi t)$，它表示了形位精度要求的高低。

（3）方向

形位公差带的方向理论上应与图样上形位公差框格指引线箭头所指的方向垂直。

（4）位置

形位公差带的位置分为浮动和固定，有以下三种情况。

① 形状公差带（直线度、平面度、圆度、圆柱度）：具有大小和形状，其方向和位置是浮动的。

② 定向公差带（平行度、垂直度、倾斜度）：除具有大小、形状，相对于基准有方向要求，位置是浮动的。

③ 定位（同轴度、对称度、位置度）和跳动公差带：除具有大小、形状、方向外，相对于基准，其位置是固定的。

4.2　形状公差及检测

4.2.1　形状公差项目

形状公差（包括没有基准要求的线、面轮廓度）共有6项。随被测要素的结构特征和对被测要素的要求不同，直线度、线轮廓度、面轮廓度都有多种类型。表4-3列出了一些典型类型及意义和说明。

表4-3　形状公差项目的意义和说明

项目	图样示例	意　义	读图说明
直线度	0.01	圆柱表面上任一素线必须位于轴向平面内，距离为公差值0.01mm的两平行直线之间 0.01	箭头所指处无尺寸线且项目为直线度，可知被测要素为表面素线；图样规定了公差带的形状和大小特征 读法：圆柱素线的直线度公差为0.01mm
	φ0.04 φd	φd圆柱体轴线必须位于直径为公差值0.04mm的圆柱面内 φ0.04	指引线箭头与尺寸线对齐，可知被测要素为φd圆柱体轴线；公差值前有“φ”，可知公差带形状为圆柱面 读法：φd轴线的直线度公差为0.04mm
平面度	0.1	上表面必须位于距离为公差值0.1mm的两平行平面之间 0.1	被测要素是上表面；公差带（形状）为两平行平面区域 读法：上表面的平面度公差值为0.1mm

续表

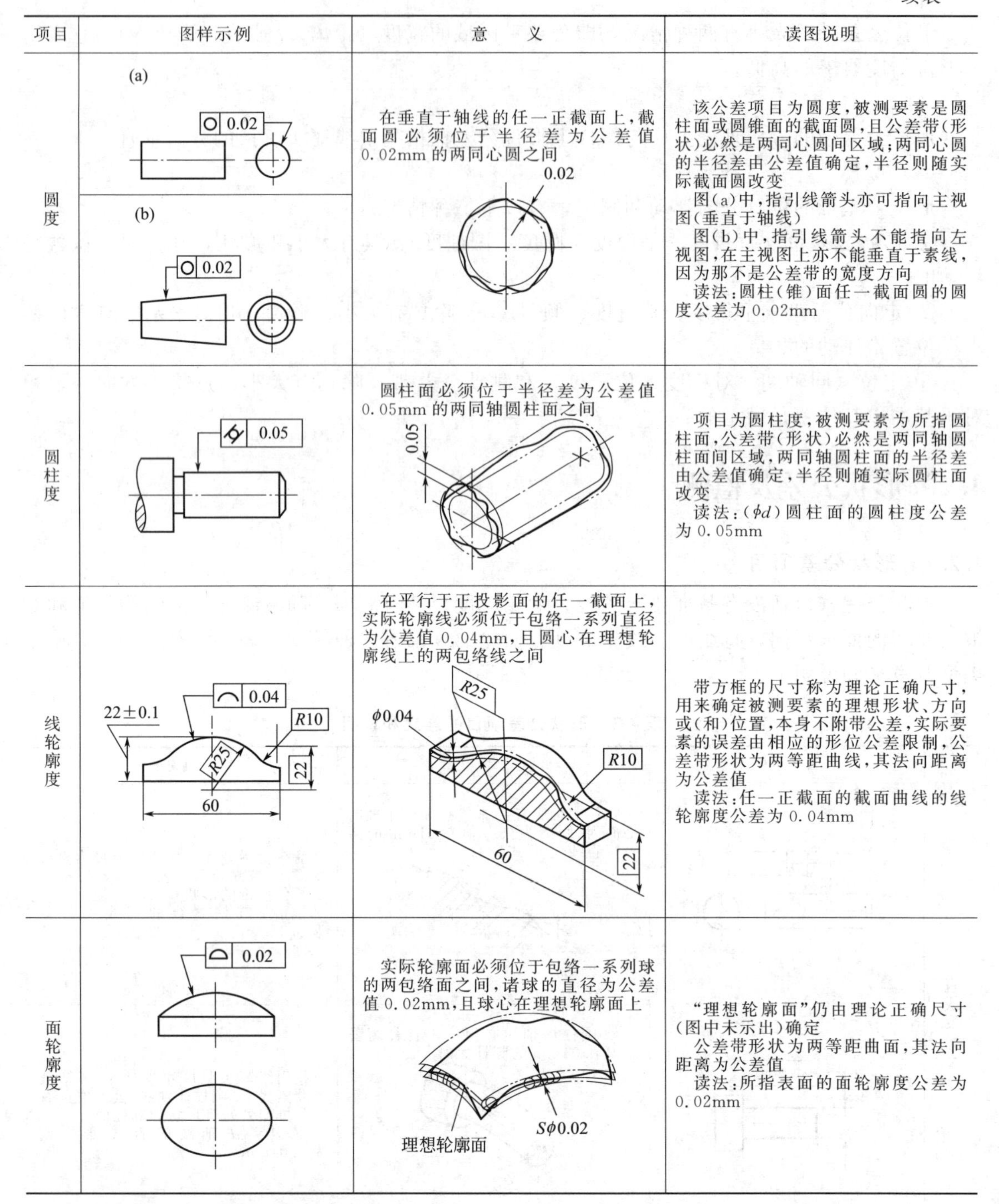

项目	图样示例	意　义	读图说明
圆度	(a) ○ 0.02 (b) ○ 0.02	在垂直于轴线的任一正截面上，截面圆必须位于半径差为公差值 0.02mm 的两同心圆之间 0.02	该公差项目为圆度，被测要素是圆柱面或圆锥面的截面圆，且公差带（形状）必然是两同心圆间区域；两同心圆的半径差由公差值确定，半径则随实际截面圆改变 图(a)中，指引线箭头亦可指向主视图（垂直于轴线） 图(b)中，指引线箭头不能指向左视图，在主视图上亦不能垂直于素线，因为那不是公差带的宽度方向 读法：圆柱（锥）面任一截面圆的圆度公差为 0.02mm
圆柱度	0.05	圆柱面必须位于半径差为公差值 0.05mm 的两同轴圆柱面之间 0.05	项目为圆柱度，被测要素为所指圆柱面，公差带（形状）必然是两同轴圆柱面间区域，两同轴圆柱面的半径差由公差值确定，半径则随实际圆柱面改变 读法：(ϕd)圆柱面的圆柱度公差为 0.05mm
线轮廓度	0.04 22±0.1 R10 R25 22 60	在平行于正投影面的任一截面上，实际轮廓线必须位于包络一系列直径为公差值 0.04mm，且圆心在理想轮廓线上的两包络线之间 R25 ϕ0.04 R10 60 22	带方框的尺寸称为理论正确尺寸，用来确定被测要素的理想形状、方向或（和）位置，本身不附带公差，实际要素的误差由相应的形位公差限制，公差带形状为两等距曲线，其法向距离为公差值 读法：任一正截面的截面曲线的线轮廓度公差为 0.04mm
面轮廓度	0.02	实际轮廓面必须位于包络一系列球的两包络面之间，诸球的直径为公差值 0.02mm，且球心在理想轮廓面上 Sϕ0.02 理想轮廓面	“理想轮廓面”仍由理论正确尺寸（图中未示出）确定 公差带形状为两等距曲面，其法向距离为公差值 读法：所指表面的面轮廓度公差为 0.02mm

4.2.2　形状误差的评定

（1）形状误差和形状公差

形状误差是指单一被测要素对其理想要素的变动量。形状公差是指单一被测要素的形状所允许的变动全量，是为限制形状误差而设置的。形状公差带的共同特点是：位置不固定，方向浮动，没有基准。

形状误差与形状公差项目相对应，包括设有基准要求的线、面轮廓度，共有 6 种形状误差，即：直线度误差、平面度误差、圆度误差、圆柱度误差、线轮廓度误差和面轮廓度误差。

判断零件形状误差的合格条件为：形状误差值（f）小于或等于其相应的形状公差值（t），即，$f \leqslant t$ 或 $\phi f \leqslant \phi t$。

（2）最小条件与最小区域

最小条件是指被测要素相对于理想要素的最大变动量为最小，是评定形状误差的基本原则。

将被测要素与其理想要素进行比较检测形状误差时，理想要素相对于被测实际要素的位置不同，测得的形状误差值就不同。

① 对于轮廓要素，如图 4-9(a) 所示，测直线度误差时，理想要素分别处于位置 A_1-B_1、A_2-B_2、A_3-B_3 时，直线度误差值分别是 h_1、h_2、h_3。显然，$h_1 < h_2 < h_3$。为了使形状误差测得值具有唯一性，同时又能最大限度地避免工件误废，国家标准规定，评定形状误差时，理想要素相对于被测实际要素的位置必须按最小条件确定，即理想要素的位置应使被测实际要素对该理想要素的最大变动量为最小。图 4-9 中的三个位置，只有位置 A_1-B_1 满足最小条件要求，h_1 即为测得的直线度误差值。从图中可以看出，h_1 也是包容实际被测要素的两理想要素所构成的最小区域的宽度，即 $f = h_1$。

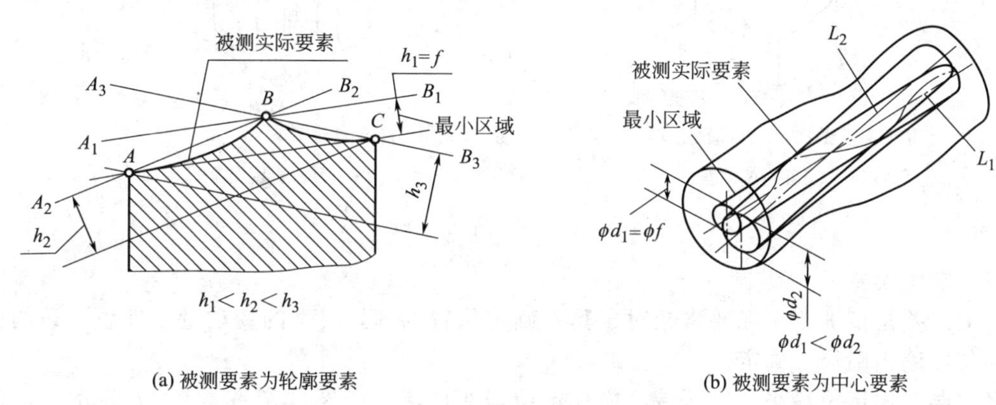

图 4-9　最小条件和最小区域

② 对于中心要素，符合最小条件的理想要素穿过实际中心要素，使实际要素对它的最大变动量为最小。如图 4-9(b) 所示，符合最小条件的理想轴线为 L_1，最小直径为 $\phi f = \phi d_1$。

所以形状误差值是用最小包容区域的宽度或直径表示的。最小包容区域是指包容被测实际要素，且具有最小宽度或直径的两理想要素之间的区域，简称最小区域。最小包容区域的形状、方向、位置与各自的形状公差带的形状、方向、位置相同，只是其大小（宽度或直径）等于形状误差值，由被测要素确定。而公差带的大小等于公差值，由设计给定。例如，平面度误差的最小包容区域是距离为平面度误差值 f，且包容实际被测平面的两平行平面之间的区域，如图 4-10 所示。

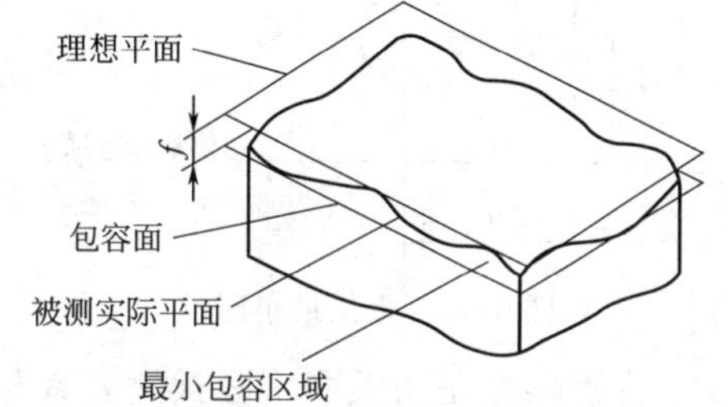

图 4-10　平面度误差的最小区域

4.3　位置公差及检测

4.3.1　位置误差和位置公差

（1）定向误差

定向误差是指实际被测要素相对于具有确定方向的理想要素的变动量，该理想要素的方向由基准及理论正确角度确定。

定向误差值用定向最小包容区域（简称定向最小区域）的宽度 f 或直径 ϕf 表示。定向最小区域是与公差带形状相同，具有确定的方向，并满足最小条件的区域。

图 4-11(a) 所示为评定被测实际平面对基准平面的平行度误差，理想要素首先要平行于基准平面，然后再按理想要素的方向来包容实际要素，按此形成最小包容区域，即定向最小区域。定向最小区域的宽度 f，即为被测平面对基准平面的平行度误差。

图 4-11(b) 所示为关联实际被测轴线对基准平面的垂直度误差。包容实际轴线的定向最小包容区域为一圆柱体，该圆柱体的轴心线为垂直于基准平面的理想轴心线，圆柱体的直径 ϕf 为实际轴线对基准平面的垂直度误差值。

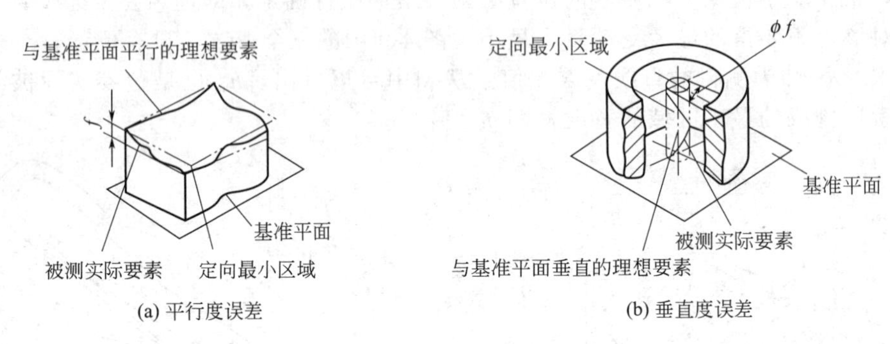

图 4-11 定向最小区域

（2）定位误差

定位误差是指被测实际要素相对于具有确定位置的理想要素的变动量。理想要素的位置由基准及理论正确尺寸确定。

定位误差用定位最小包容区域（简称定位最小区域）的宽度 f 或直径 ϕf 表示。定位最小区域是与公差带形状相同，具有确定的位置，并满足最小条件的区域。

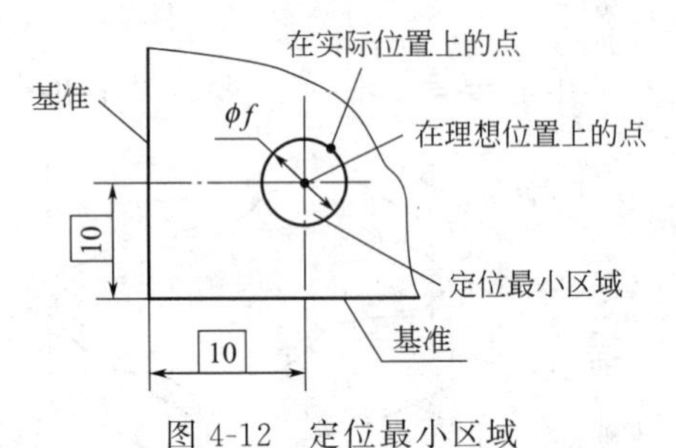

图 4-12 定位最小区域

图 4-12 所示为由基准和理论正确尺寸所确定的理想点的位置。在理想点已确定的条件下，使被测实际点对其最大变动为最小，即以最小包容区域（一个圆）来包容实际要素。定位最小区域的直径 ϕf，即为该点的位置度误差值。

（3）位置误差与公差

位置误差是指关联实际被测要素相对于其理想要素的变动量。位置公差是指关联实际被测要素的位置相对于基准所允许的变动全量。

4.3.2 基准

（1）基准的建立

基准是具有正确形状的理想要素，是确定被测要素方向或位置的依据，在规定位置公差时，一般都要注出基准。实际应用时，基准由实际基准要素来确定。

由于实际基准要素存在形位误差，因此由实际基准要素建立理想基准要素（基准）时，应先对实际基准要素作最小包容区域，然后确定基准。

图样上标出的基准可归纳为三种。

① 单一基准　由单个要素构成、单独作为某被测要素的基准，这种基准称为单一基准。

当实际轴线建立基准轴线时，基准轴线为穿过基准实际轴线，且符合最小条件的理想轴线，见图 4-13(a)。

由实际表面建立基准平面时，基准平面为处于材料之外并与基准实际表面接触、符合最小条件的理想平面，见图 4-13(c)。

② 组合基准（公共基准）　由两个或两个以上要素构成（理想情况下这些要素共线或共面），起单一基准作用的基准称为组合基准。如图 4-13(b) 所示。

③ 基准体系（三基面体系）　当单一基准或组合基准不能对关联要素提供完整的走向或定位时，就有必要采用基准体系。基准体系即三基面体系，它由三个互相垂直的基准平面构成，由实际表面所建立的三基面体系如图 4-13(d) 所示。

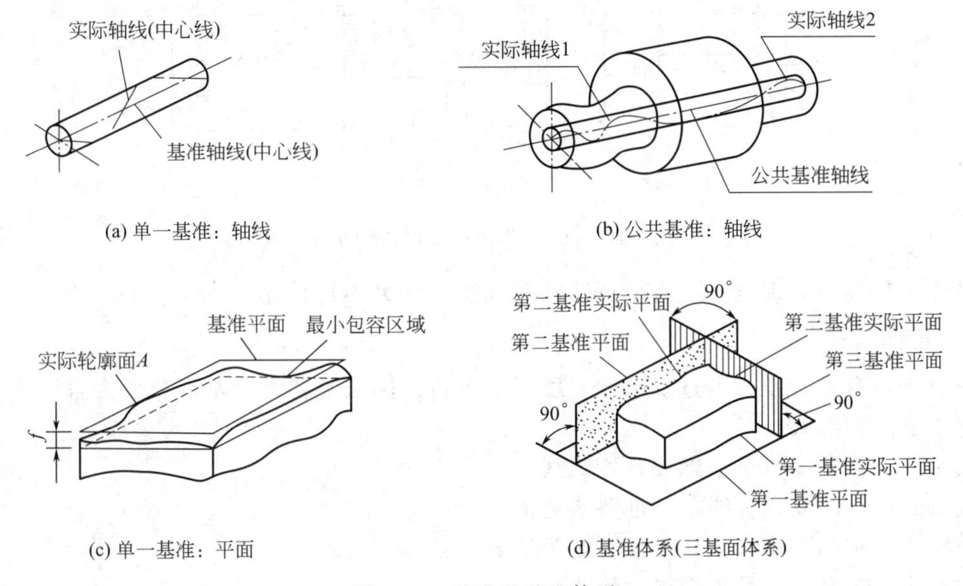

图 4-13　基准和基准体系

应用三基面体系时，设计者在图样上标注基准应特别注意基准的顺序，在加工或检验时，不得随意更换这些基准顺序。填在框格第三格的称为第一基准，其后依次为第二、第三基准。基准顺序重要性的原因在于实际基准要素自身存在形状误差，实际基准要素之间存在方向误差，改变基准顺序可能造成零件加工工艺（包括工装）的改变，也会影响到零件的功能。

④ 任选基准　任选基准是指有相对位置要求的两要素中，基准可以任意选定。它主要用于两要素的形状、尺寸和技术要求完全相同的零件，或在设计要求中，各要素之间的基准有可以互换的条件，从而使零件无论上下、反正或颠倒装配仍能满足互换性要求，见图 4-5(c)。

（2）基准的体现

建立基准的基本原则是基准应符合最小条件，但在实际应用中，允许在测量时用近似方法体现。基准的常用体现方法有模拟法和直接法。

① 模拟法　通常采用具有足够形位精度的表面来体现基准平面和基准轴线。用平板表面体现基准平面，见图 4-14；用芯轴表面体现内圆柱面的轴线，见图 4-15；用 V 形块表面体现外圆柱面的轴线，见图 4-16。

② 直接法　当基准实际要素具有足够形状精度时，可直接作为基准。若在平板上测量零件，可将平板作为直接基准。

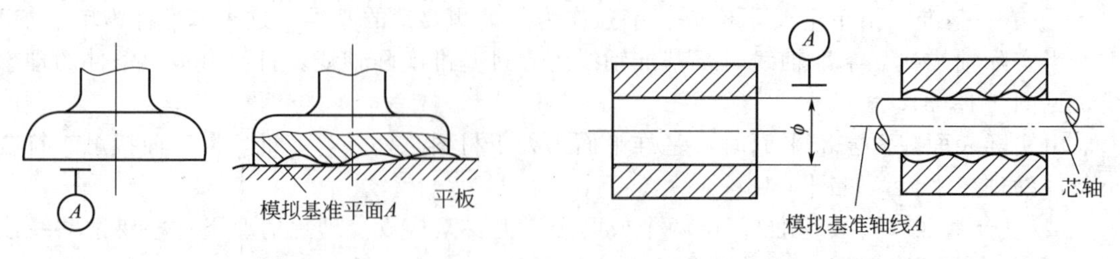

图 4-14　用平板表面体现基准平面　　　图 4-15　用芯轴表面体现基准轴线

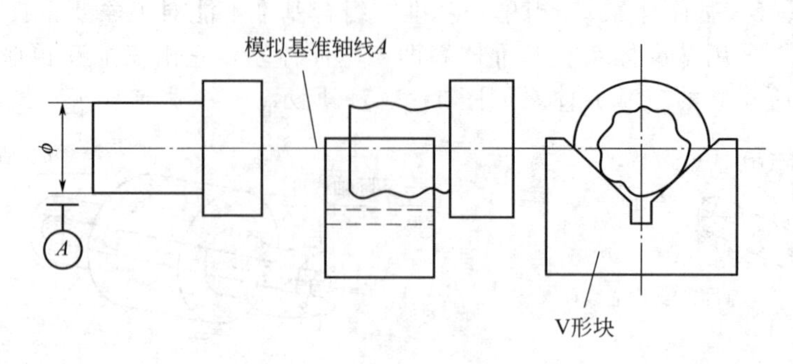

图 4-16　用 V 形块表面体现基准轴线

另外，基准的体现方法还有分析法和目标法，此处不再赘述。

4.3.3　定向公差

定向公差有平行度、垂直度和倾斜度三个项目。随被测要素和基准要素为直线或平面划分，有以下四种形式。

线对线：被测要素及基准要素均为线。

线对面：被测要素为线，基准要素为面。

面对线：被测要素为面，基准要素为线。

面对面：被测要素及基准要素均为面。

定向公差带有如下特点：相对于基准有方向要求（平行、垂直或倾斜）；在满足方向要求的前提下，公差带的位置可浮动；能综合控制被测要素的形状误差，即若被测要素的定向误差 f 不超过定向公差 t，其自身的形状也不超过 t，因此，当对某一被测要素给出定向公差后，通常不再对该要素给出形状公差，如果在功能上需要对形状精度作进一步要求，则可同时给出形状公差，当然，形状公差值一定小于定向公差值。

定向公差的若干典型类型及其意义和说明见表 4-4。

定向误差值用定向最小包容区域（简称定向最小区域）的宽度或直径表示。定向最小区域是指按公差带要求的方向来包容被测实际要素时，具有最小宽度 f 或直径 ϕf 的包容区域，它的形状与公差带一致，宽度或直径由被测实际要素本身决定。

4.3.4　定位公差

定位公差有同轴度、对称度和位置度三个项目。定位公差带有如下特点：相对于基准有位置要求，方向要求包含在位置要求之中；能综合控制被测要素的方向和形状误差，当对某一被测要素给出定位公差后，通常不再对该要素给出定向和形状公差，如果在功能上对方向和形状有进一步要求，则可同时给出定向或形状公差。

定位公差的若干典型类型及其意义和说明见表 4-5。

表 4-4 定向公差项目的意义和说明

项目	图样示例	意 义	读图说明
平行度	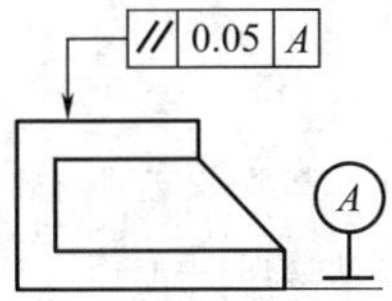	上表面必须位于距离为公差值0.05mm，且平行于基准平面 A 的两平行平面之间 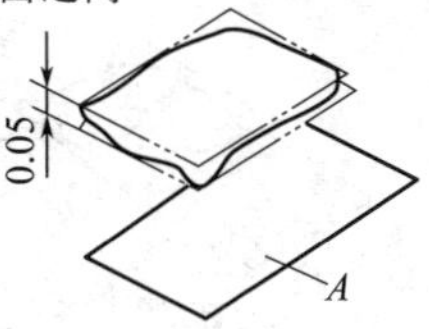	单一基准；"面对面"；公差带有确定的形状、大小和方向，位置随实际零件上、下表面间的尺寸移动 读法：上表面对基准平面 A 的平行度公差为 0.05mm
	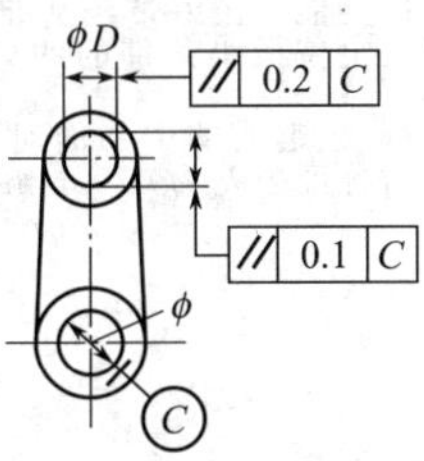	ϕD 的轴线必须位于正截面为公差值 0.1mm×0.2mm 且平行于基准轴线 C 的四棱柱内 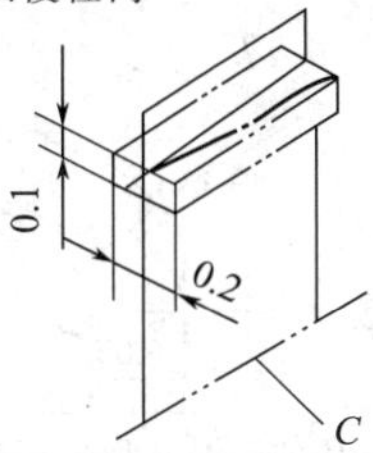	单一基准；"线对线"；指引线箭头须如图以表明公差带的宽度方向，被测要素是中心要素，又需两个框格，因而有一空白尺寸线 读法：ϕD 轴线对基准轴线中心距方向的平行度公差为 0.1mm，垂直于中心距方向的平行度公差为 0.2mm
垂直度	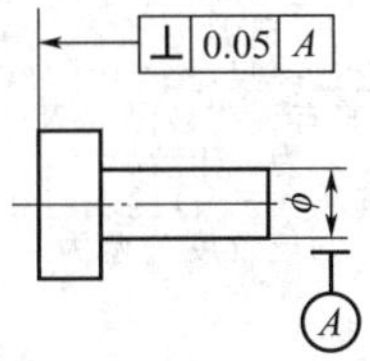	左端面必须位于距离为公差值0.05mm，且垂直于基准轴线 A 的两平行平面之间 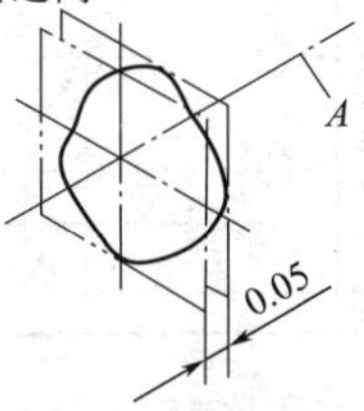	单一基准；"面对线"；公差带有确定的形状、大小和方向 读法：左端面对 ϕd 轴线的垂直度公差为 0.05mm
倾斜度	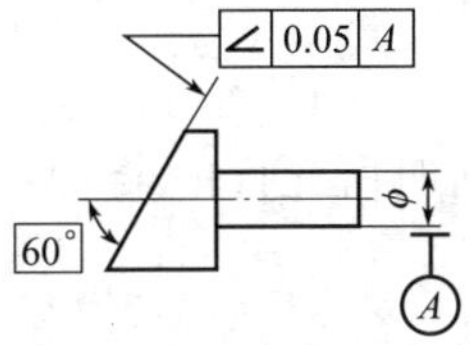	斜表面必须位于距离为公差值0.05mm，且与基准轴线 A 成 60°角的两平行平面之间 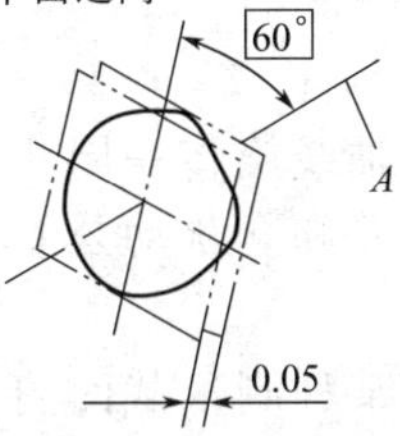	用理论正确角度对公差带的方向提出了要求 读法：斜表面对 ϕd 轴线的倾斜度公差为 0.05mm

表 4-5 定位公差项目的意义和说明

项目	图样示例	意 义	读图说明
同轴度	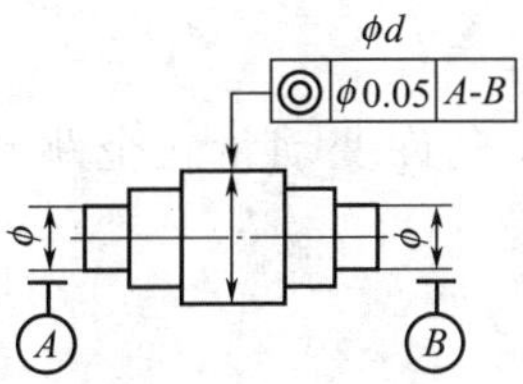	ϕd 圆柱面的轴线必须位于直径为公差值 0.05mm，且与公共基准轴线同轴的圆柱面内 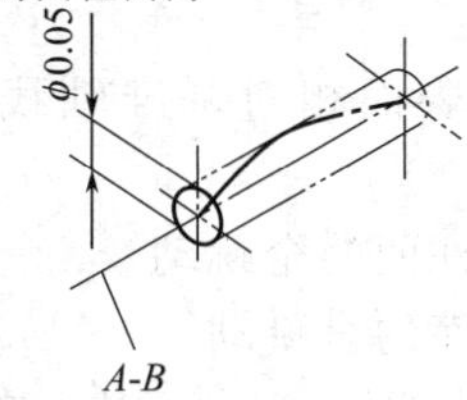	组合基准；公差带有确定的形状、大小、位置，位置要求中包含了方向要求 读法：ϕd 圆柱面的轴线对公共基准轴线 A-B 的同轴度公差为 0.05mm

续表

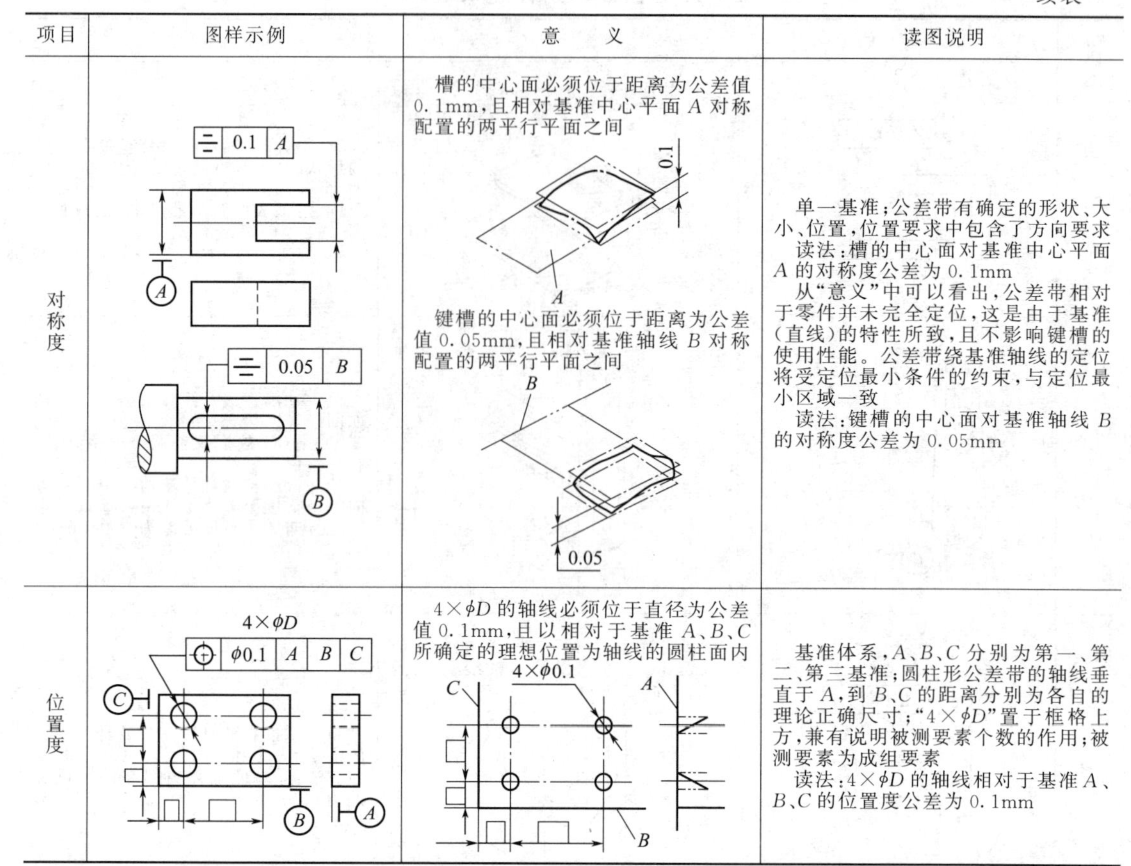

项目	图样示例	意　义	读图说明
对称度	0.1 A；0.05 B	槽的中心面必须位于距离为公差值0.1mm，且相对基准中心平面A对称配置的两平行平面之间 键槽的中心面必须位于距离为公差值0.05mm，且相对基准轴线B对称配置的两平行平面之间	单一基准；公差带有确定的形状、大小、位置，位置要求中包含了方向要求 读法：槽的中心面对基准中心平面A的对称度公差为0.1mm 从“意义”中可以看出，公差带相对于零件并未完全定位，这是由于基准（直线）的特性所致，且不影响键槽的使用性能。公差带绕基准轴线的定位将受定位最小条件的约束，与定位最小区域一致 读法：键槽的中心面对基准轴线B的对称度公差为0.05mm
位置度	4×ϕD；ϕ0.1 A B C	4×ϕD的轴线必须位于直径为公差值0.1mm，且以相对于基准A、B、C所确定的理想位置为轴线的圆柱面内	基准体系，A、B、C分别为第一、第二、第三基准；圆柱形公差带的轴线垂直于A，到B、C的距离分别为各自的理论正确尺寸；“4×ϕD”置于框格上方，兼有说明被测要素个数的作用；被测要素为成组要素 读法：4×ϕD的轴线相对于基准A、B、C的位置度公差为0.1mm

定位误差值用定位最小包容区域（简称定位最小区域）的宽度或直径表示。定位最小区域是指按要求的位置来包容被测要素时，具有最小宽度 f 或直径 ϕf 的包容区域，它的形状与公差带一致，宽度或直径由被测实际要素本身决定。

4.3.5　跳动公差

跳动公差是关联实际要素绕基准轴线旋转一周或若干次旋转时所允许的最大跳动量。按被测要素旋转情况，可分为圆跳动公差和全跳动公差。

（1）圆跳动公差

圆跳动公差是指被测实际要素在某种测量截面内相对于基准轴线的最大允许变动量。根据测量截面的不同，圆跳动分以下三类。

① 径向圆跳动：测量截面为垂直于轴线的正截面。

② 端面圆跳动：也称轴向圆跳动，测量截面为与基准同轴的圆柱面。

③ 斜向跳动：测量截面为素线与被测锥面的素线垂直或成一指定角度、轴线与基准轴线重合的圆锥面。

（2）全跳动公差

全跳动公差是指整个被测实际表面相对基准轴线的最大允许变动量。全跳动分以下两类。

① 径向全跳动：被测表面为圆柱面的全跳动。

② 端面全跳动：被测表面为平面的全跳动。

跳动公差的若干类型及其意义和说明见表4-6，其中意义分别从测量和公差带角度给出。

表 4-6 跳动公差项目的意义和说明

项目	图样示例	意　义	读图说明
圆跳动	(1)径向圆跳动 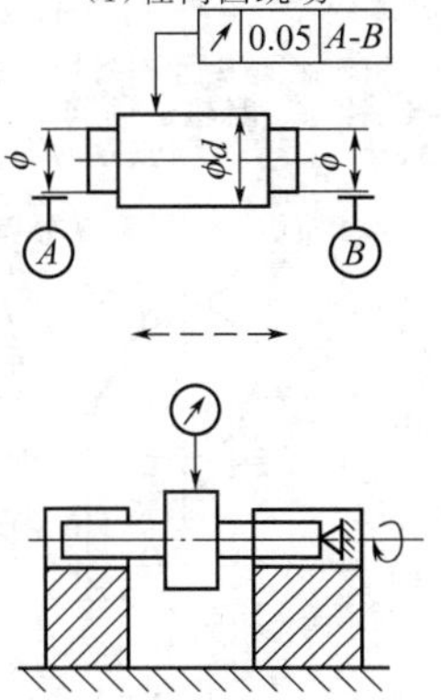	ϕd 圆柱面绕基准轴线作无轴向移动的回转时,在任一测量平面内的径向跳动量均不得大于公差值 在垂直于基准轴线的任一测量平面上,截面圆必须位于半径差为公差值,且圆心在基准轴线上的两同心圆之间	指示器触头的相对运动轨迹即为截面圆,截面圆上各点到基准线的最大与最小距离之差即为径向跳动量,意义的两种表述是一致的 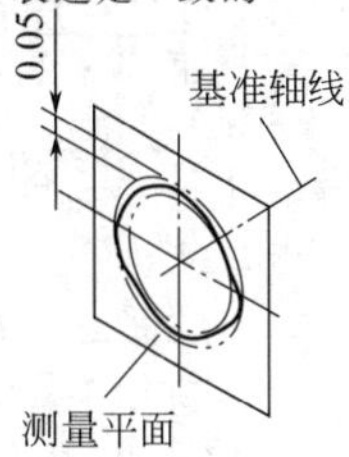
	(2)端面圆跳动 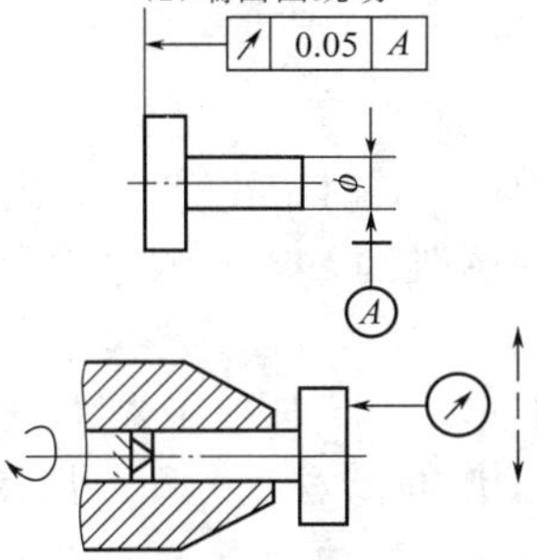	当零件绕基准轴线作无轴向移动的回转时,在被测端面上任一测量直径处的轴向跳动量均不得大于公差值 与基准轴线同轴的任一直径位置的测量圆柱面与被测表面的交线必须在测量圆柱面沿母线方向宽度为公差值的圆柱面上	指示器触头的相对运动轨迹即为交线,交线上各点到一与基准线垂直的平面的最大与最小距离之差即为轴向跳动量 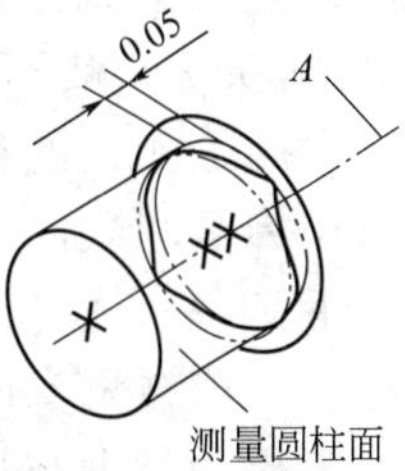
	(3)斜向跳动 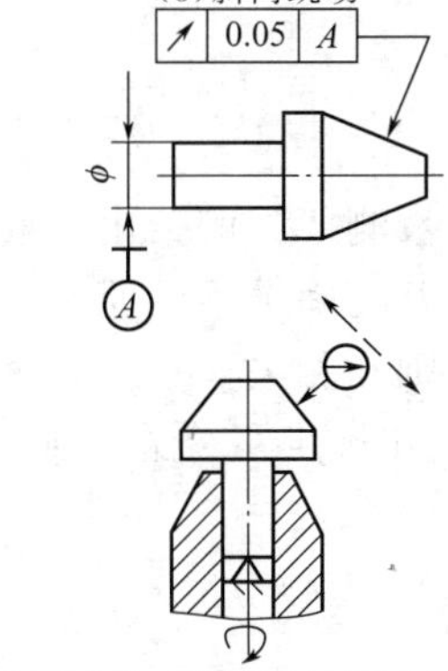	圆锥表面绕基准轴线作无轴向移动的回转时,在任一测量圆锥面上的跳动量均不得大于公差值 与基准轴线同轴的任一测量圆锥面与被测锥面的交线必须在测量圆锥面沿母线方向宽度为公差值的圆锥面上	指示器触头的相对运动轨迹即为交线,交线上各点到测量圆锥锥顶的最大与最小距离之差即为跳动量 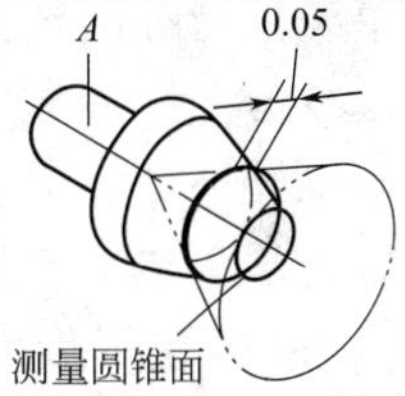
全跳动	(1)径向全跳动 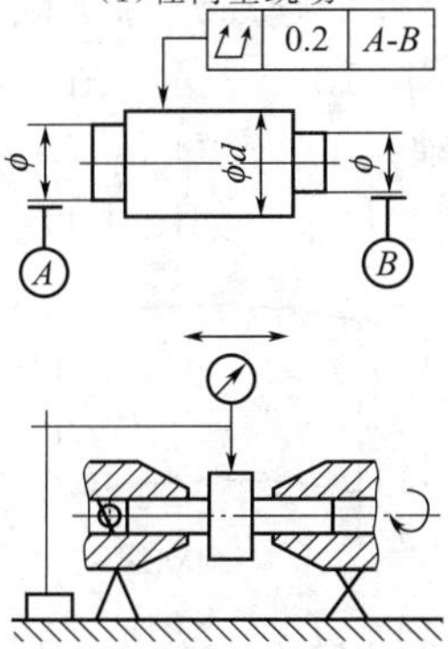	ϕd 表面绕基准轴线作无轴向移动的连续回转,同时,指示器作平行于基准轴线的直线移动。在 ϕd 整个表面上的跳动量不得大于公差值 ϕd 表面必须位于半径差为公差值,且与基准轴线同轴的两同轴圆柱面之间	指示器触头的相对运动轨迹即为 ϕd 表面(忽略轨迹的间隔),表面上各点到基准线的最大与最小距离之差即为跳动量 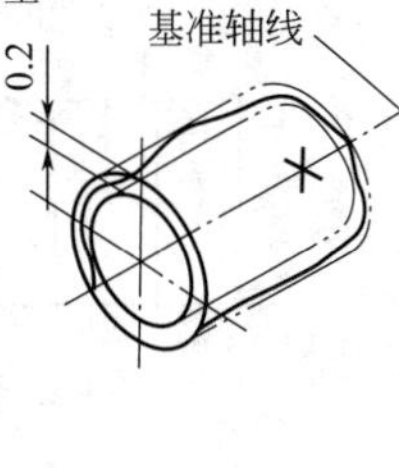

续表

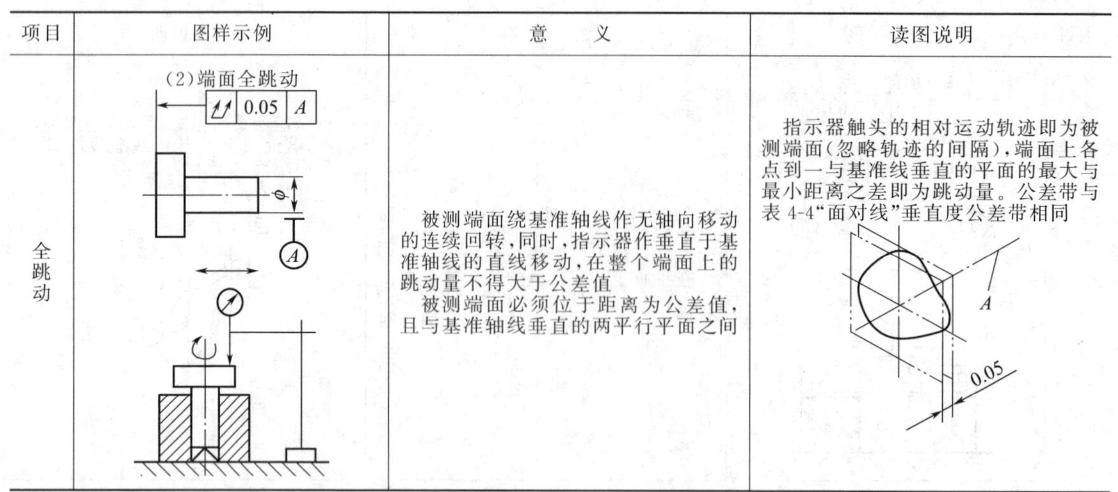

项目	图样示例	意　　义	读图说明
全跳动	(2)端面全跳动	被测端面绕基准轴线作无轴向移动的连续回转，同时，指示器作垂直于基准轴线的直线移动，在整个端面上的跳动量不得大于公差值 被测端面必须位于距离为公差值，且与基准轴线垂直的两平行平面之间	指示器触头的相对运动轨迹即为被测端面(忽略轨迹的间隔)，端面上各点到一与基准线垂直的平面的最大与最小距离之差即为跳动量。公差带与表 4-4“面对线”垂直度公差带相同

(3) 跳动误差

跳动误差通常简称为跳动，直接从测量角度定义如下。

① 圆跳动——被测实际要素绕基准轴线无轴向移动地回转一周时，由位置固定的指示器在给定方向上测得的最大与最小读数之差称为该测量面上的圆跳动，取各测量面上圆跳动的最大值作为被测表面的圆跳动。

② 全跳动——被测实际要素绕基准轴线作无轴向移动的回转，同时指示器沿理想要素线连续移动（或被测实际要素每回转一周，指示器沿理想素线作间断移动），由指示器在给定方向上测得的最大与最小读数之差。

4.4 公差原则与公差要求

为了满足零件的功能和互换性要求，有时需要对零件的同一被测要素既给出尺寸公差又给出形位公差。公差原则就是用来确定和处理尺寸公差与形位公差之间关系的原则。

按照尺寸公差和形位公差有无关系，将公差原则分为独立原则和相关要求。相关要求又分为包容要求、最大实体要求和最小实体要求。GB/T 4249—1996 规定了公差原则，GB/T 16671—1996 规定了最大实体要求、最小实体要求及可逆要求。

4.4.1 有关术语和定义

(1) 实体状态和实体尺寸

① 最大实体状态和最大实体尺寸　实际要素在给定长度上处处位于尺寸极限之内，并具有实体最大（即材料最多）时的状态，称为最大实体状态，用 MMC 表示。在最大实体状态下的极限尺寸称为最大实体尺寸，用 MMS 表示。外表面（轴）的最大实体尺寸是其最大极限尺寸 d_{max}；内表面（孔）的最大实体尺寸是其最小极限尺寸 D_{min}。如图 4-17 所示。

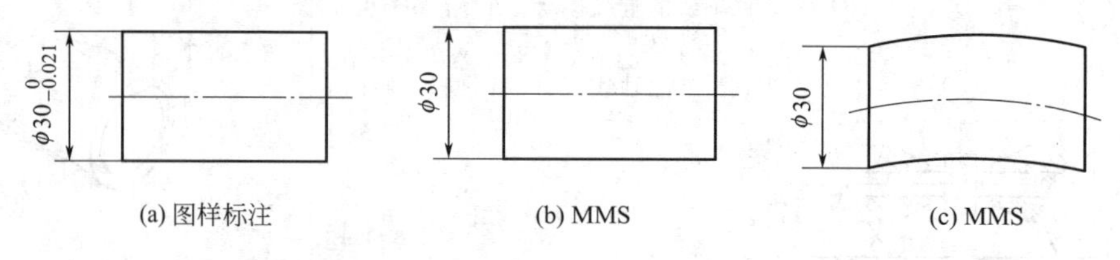

图 4-17　轴最大实体状态 MMC（最大实体尺寸：MMS$=d_{max}=\phi30$）

② 最小实体状态和最小实体尺寸　实际要素在给定长度上处处位于尺寸极限之内，并具有实体最小（即材料最少）时的状态，称为最小实体状态，用 LMC 表示。在最小实体状态下的极限尺寸称为最小实体尺寸，用 LMS 表示。外表面（轴）的最小实体尺寸是其最小极限尺寸 d_{min}；内表面（孔）的最小实体尺寸是其最大极限尺寸 D_{max}。如图 4-18 所示。

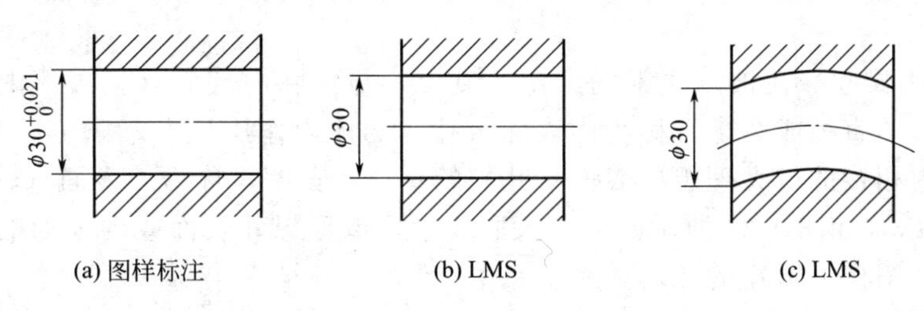

图 4-18　孔最小实体状态 LMC（最小实体尺寸：LMS＝D_{max}＝ϕ30.021）

（2）作用尺寸

① 体外作用尺寸　在被测要素的给定长度上，与实际内表面（孔）体外相接的最大理想外表面（轴）的直径或宽度，称为内表面（孔）的体外作用尺寸，以 D_{fe} 表示；在被测要素的给定长度上，与实际外表面（轴）体外相接的最小理想内表面（孔）的直径或宽度，称为外表面（轴）的体外作用尺寸，以 d_{fe} 表示。如图 4-19 所示。

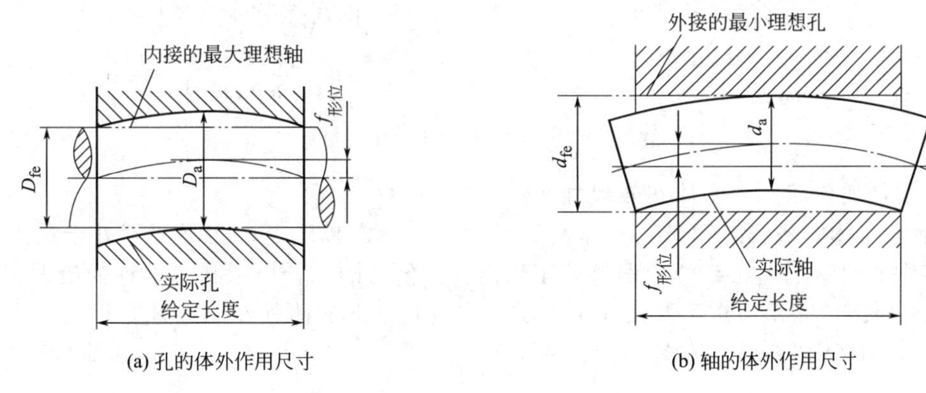

图 4-19　单一要素的体外作用尺寸

对于关联要素，该理想外（内）表面的轴线或中心面必须与基准保持图样上给定的几何关系。如图 4-20 所示。图中，最小理想孔的轴线必须垂直于基准面 A。

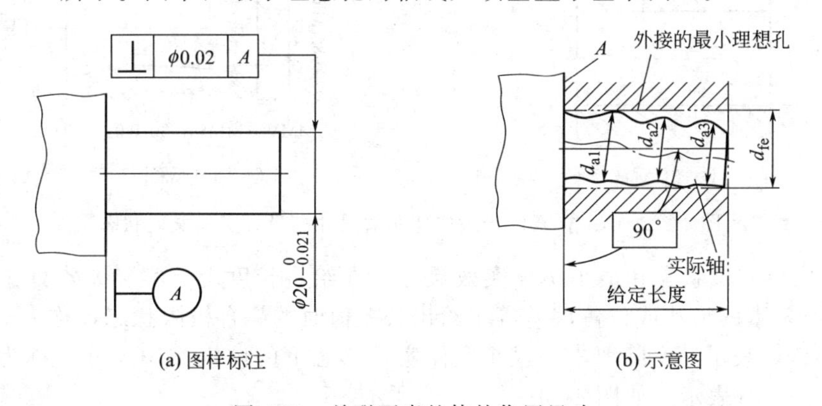

图 4-20　关联要素的体外作用尺寸

由图 4-19 和图 4-20 可以直观地看出，内外表面的体外作用尺寸 D_{fe}、d_{fe} 与其实际尺寸

D_a、d_a 以及形位误差 $f_{形位}$ 之间的关系为

内表面：$$D_{fe}=D_a-f_{形位}$$

外表面：$$d_{fe}=d_a+f_{形位}$$

即：体外作用尺寸的大小由其实际尺寸和形位误差共同确定。体外作用尺寸实际上是对配合起作用的尺寸。

② 体内作用尺寸　在被测要素的给定长度上，与实际内表面（孔）体内相接的最小理想外表面（轴）的直径或宽度，称为内表面（孔）的体内作用尺寸，以 D_{fi} 表示；与实际外表面（轴）体内相接的最大理想内表面（孔）的直径或宽度，称为外表面（轴）的体内作用尺寸，以 d_{fi} 表示，如图 4-21 所示。对于关联要素，该理想外表面或内表面的轴线或中心面必须与基准保持图样上给定的几何关系。

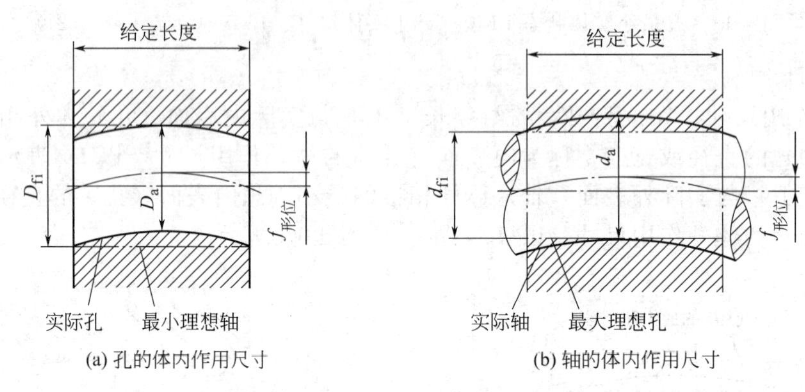

图 4-21　单一要素的体内作用尺寸

（3）实体实效状态和实体实效尺寸

① 最大实体实效状态和最大实体实效尺寸　在给定长度上，实际要素处于最大实体状态，且其中心要素的形状或位置误差等于给出公差值时的综合极限状态，称为最大实体实效状态，以 MMVC 表示。实际要素在最大实体实效状态下的体外作用尺寸，称为最大实体实效尺寸，以 MMVS 表示。见图 4-22、图 4-23。

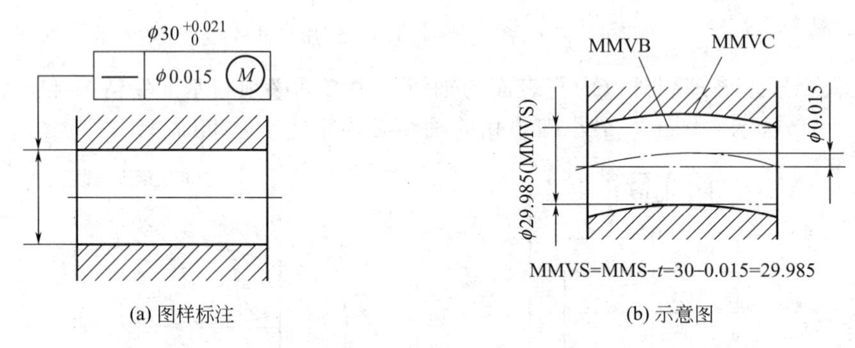

图 4-22　单一要素的最大实体实效尺寸和最大实体实效状态

② 最小实体实效状态和最小实体实效尺寸　在给定长度上，实际要素处于最小实体状态，且其中心要素的形状或位置误差等于给出公差值时的综合极限状态，称为最小实体实效状态，以 LMVC 表示。实际要素在最小实体实效状态下的体内作用尺寸，称为最小实体实效尺寸，以 LMVS 表示。如图 4-24、图 4-25 所示。

（4）边界

由设计给定的具有理想形状的极限包容面，称为边界。这里所说的包容面，既包括孔，

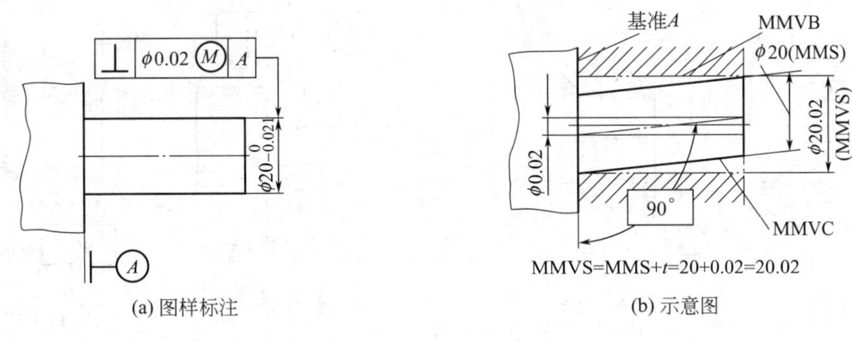

(a) 图样标注　　(b) 示意图

图 4-23　关联要素的最大实体实效尺寸和最大实体实效状态

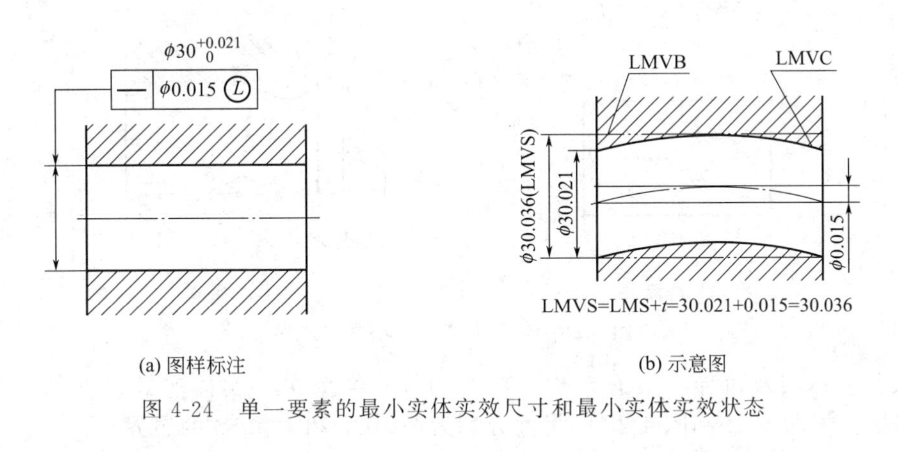

(a) 图样标注　　(b) 示意图

图 4-24　单一要素的最小实体实效尺寸和最小实体实效状态

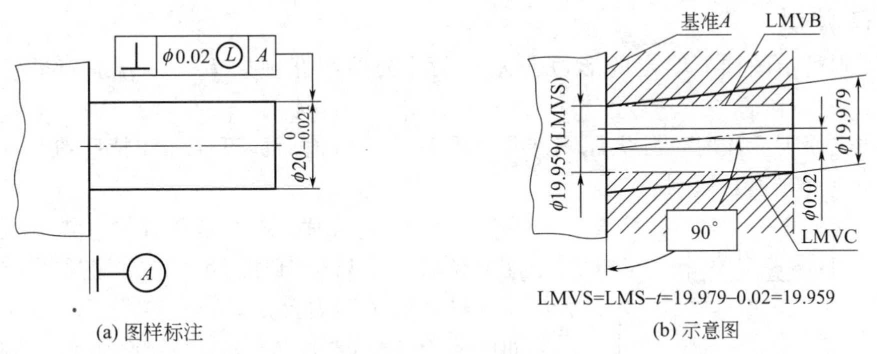

(a) 图样标注　　(b) 示意图

图 4-25　关联要素的最小实体实效尺寸和最小实体实效状态

也包括轴。边界尺寸是指极限包容面的直径或距离。当极限包容面为圆柱面时，其边界尺寸为直径；当极限包容面为两平行平面时，其边界尺寸是距离。

① 最大实体边界　具有理想形状且边界尺寸为最大实体尺寸的包容面，以 MMB 表示。

单一要素的最大实体边界，具有确定的形状和大小，但其方向和位置是不确定的。如图 4-26 所示。关联要素的最大实体边界，不仅有确定的形状和大小，而且其中心要素与相应的基准保持图样上给定的方向或位置关系。如图 4-27 所示。

② 最小实体边界　具有理想形状且边界尺寸为最小实体尺寸的包容面，以 LMB 表示。如图 4-28 所示。

③ 最大实体实效边界　具有理想形状且边界尺寸为最大实体实效尺寸的包容面，以 MMVB 表示。如图 4-22 和图 4-23 中尺寸分别为 29.985 和 20.02 的边界。

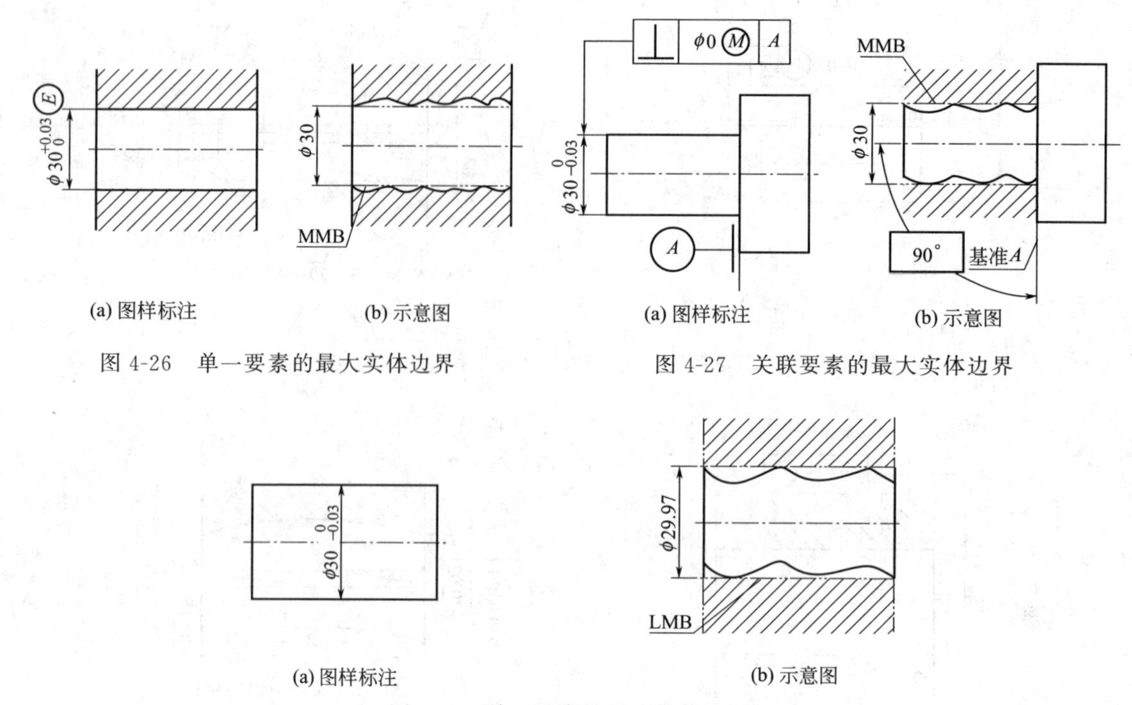

图 4-26　单一要素的最大实体边界

图 4-27　关联要素的最大实体边界

图 4-28　单一要素的最小实体边界

④ 最小实体实效边界　具有理想形状且边界尺寸为最小实体实效尺寸的包容面，以LMVB表示。如图 4-24 和图 4-25 中尺寸分别为 30.036 和 19.959 的边界。

4.4.2　独立原则

独立原则是指图样上给定的形位公差与尺寸公差相互独立无关，分别满足各自要求的原则。

采用独立原则标注时，独立原则在尺寸和形位公差值后面不需加注特殊符号。图样上的绝大多数公差遵守独立原则。

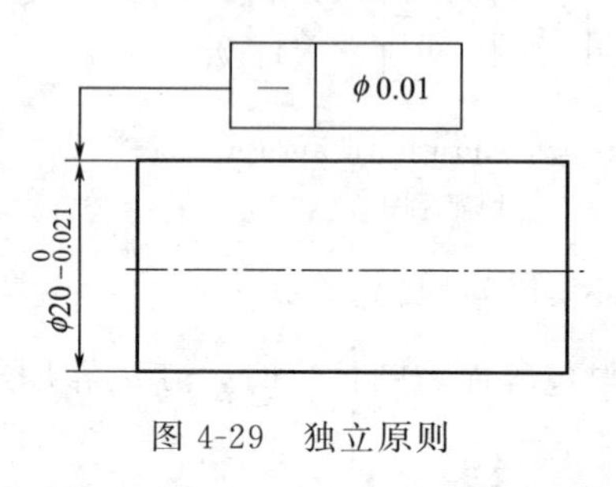

图 4-29　独立原则

判断采用独立原则的要素是否合格，需分别检测实际尺寸与形位公差。只有同时满足尺寸公差和形状公差的要求，该零件才能被判为合格。

如图 4-29 所示，尺寸 $\phi20_{-0.021}^{0}$ 遵循独立原则，实际尺寸的合格范围是 $\phi19.979$～$\phi20$，不受轴线直线度公差带控制；轴线的直线度误差不大于 $\phi0.01$，不受尺寸公差带控制。

独立原则主要用于以下三种情况。

① 应用于零件的形状公差或位置公差要求较高，而对尺寸公差要求又相对较低的场合。例如：传统印刷机械的滚筒，其尺寸公差要求不高，但对滚筒的圆柱度公差要求较高，以保证滚筒相对滚碾过程中，圆柱素线紧密贴合，使印刷清晰。因此，按独立原则给出注出形状公差，而其尺寸公差则按未注公差处理。

② 影响要素使用性能的主要是形状误差或主要是尺寸误差，采用独立原则能经济合理地满足要求。

如图 4-30 所示，箱体上的通油孔不与其他零件配合，只需控制孔的尺寸大小就能保证一定的流量，而孔轴线的弯曲并不影响功能要求，可以采用独立原则。

③ 对于非配合要素或未注尺寸公差的要素，它们的尺寸和形位公差应遵循独立原则，如倒角、退刀槽、轴肩等。

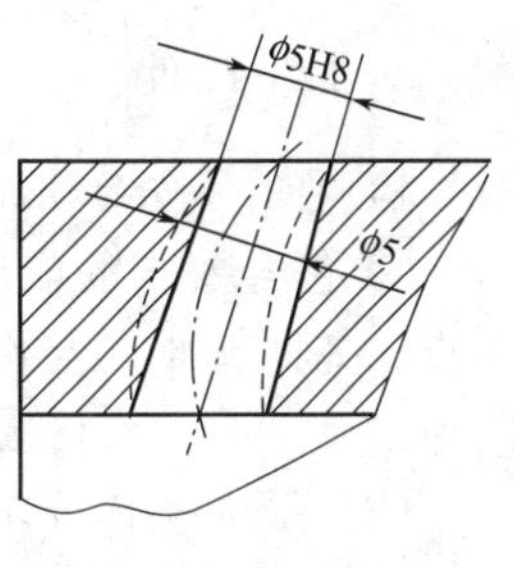

图 4-30　独立原则标注示例

4.4.3　相关要求

相关要求是指图样上给定的尺寸公差和形位公差相互有关的公差要求。相关要求分为包容要求、最大实体要求（包括可逆要求应用于最大实体要求）和最小实体要求（包括可逆要求应用于最小实体要求）。

（1）包容要求

① 包容要求的含义和图样标注　包容要求是指实际要素遵守其最大实体边界，且其局部实际尺寸不得超出其最小实体尺寸的一种公差要求。也就是说，无论实际要素的尺寸误差和形位误差如何变化，其实际轮廓不得超越其最大实体边界，即其体外作用尺寸不得超越其最大实体边界尺寸，且其实际尺寸不得超越其最小实体尺寸。

采用包容要求时，必须在图样上尺寸公差值后面加注符号Ⓔ，如图 4-31(a) 所示，该标注表示轴的尺寸 $\phi50_{-0.025}^{\ 0}$ 采用包容要求。该轴应同时满足下列要求：

a. $\phi50_{-0.025}^{\ 0}$ 轴的实际轮廓不允许超出其最大实体边界（即尺寸为 ϕ50 的边界）。

b. 轴的实际尺寸必须在 ϕ49.975～50 之间。

当该轴的实际尺寸处处为其最大实体尺寸 ϕ50 时，其轴线有任何形位误差都将使其 $\phi50_{-0.025}^{\ 0}$ 实际轮廓超出最大实体边界，如图 4-31(b) 所示。所以，此时该轴的形位公差值应为 ϕ0，如图 4-31(c) 所示；当轴的实际尺寸为 ϕ49.990 时，轴的形位误差只有在 ϕ0～0.010 之间，实际轮廓才不会超出最大实体边界，即此时其形位公差值应为 ϕ0.010，如图 4-31(d) 所示；当轴的实际尺寸为最小实体尺寸 ϕ49.975 时，其形位误差只有在 ϕ0～0.025 之间，实际轮廓才不会超出最大实体边界，即此时轴的形位公差值应为 ϕ0.025，如图 4-31(e) 所示。

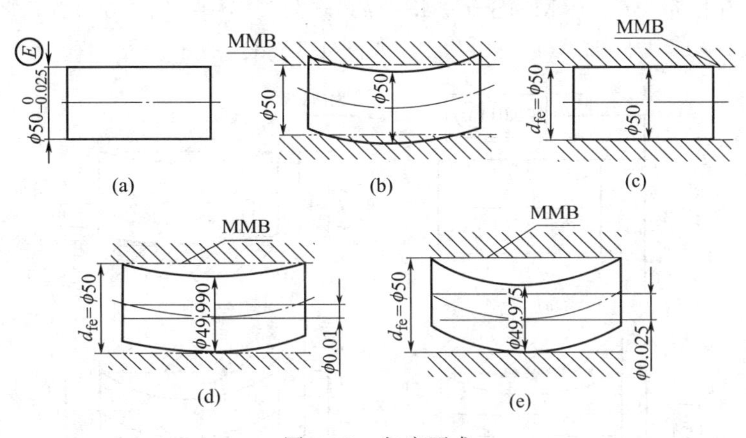

图 4-31　包容要求

可见，遵守包容要求的尺寸要素，当其实际尺寸达到最大实体尺寸时，形位公差只能为 0，当其实际尺寸偏离最大实体尺寸而不超越最小实体尺寸时，允许形位公差获得一定的补偿值，补偿值的大小在其尺寸公差以内，当实际尺寸为最小实体尺寸时，形位公差有最大补偿量，其大小为其尺寸公差值。

② 遵守包容要求要素的合格条件

对于内表面 $\begin{cases} D_a \leqslant LMS \text{（局部实际尺寸不得超出最小实体尺寸）} \\ D_{fe} \geqslant MMS \text{（被测实际轮廓处处不得超越最大实体边界）} \end{cases}$

对于外表面$\begin{cases} d_a \geqslant LMS \text{（局部实际尺寸不得超出最小实体尺寸）} \\ d_{fe} \leqslant MMS \text{（被测实际轮廓处处不得超越最大实体边界）} \end{cases}$

检验时，按泰勒原则用光滑极限量规检验实际要素是否合格。

③ 包容要求的应用　包容要求仅用于单一尺寸要素，主要用于保证单一要素间的配合性质。如回转轴颈与滑动轴承、滑块与滑块槽以及间隙配合中的轴孔或有缓慢移动的轴孔结合等。

（2）最大实体要求

① 最大实体要求的含义和图样标注　最大实体要求是指被测要素的实际轮廓应遵守其最大实体实效边界，且当其实际尺寸偏离其最大实体尺寸时，允许其形位误差值超出图样上（在最大实体状态下）给定的形位公差值的一种要求。

最大实体要求应用于被测要素时，应在图样上相应的形位公差值后面加注符号Ⓜ，如图4-32(a) 所示。该标注表示$\phi30_{-0.021}^{\ 0}$的轴线直线度公差采用最大实体要求，此时被测要素的实际轮廓被控制在其最大实体实效边界以内。

当轴的实际尺寸超越其最大实体尺寸而向最小实体尺寸偏离时，允许将超出值补偿给形位公差，即此时可将给定的直线度公差$t_{形位}$扩大。例如，当轴的实际直径d_a为其最大实体尺寸$\phi30$时（即实际轴处于 MMC 时），轴线的直线度公差为图样上的给定值，即$t_{形位}=\phi0.01$，如图 4-32（b）所示；当轴的实际直径d_a小于$\phi30$时，如$d_a=\phi29.980$时，其轴线直线度公差可以大于图样上的给定值$\phi0.01$，但必须保证被测要素的实际轮廓不超出其最大实体实效边界，即其体外作用尺寸不超出其最大实体实效尺寸，即$d_{fe} \leqslant MVS=\phi30+\phi0.01=\phi30.01$，所以，此时该轴轴线的直线度公差值获得一补偿量$\Delta t=MMS-d_a=\phi30-\phi29.98=\phi0.02$，直线度公差值为$t_{形位}=\phi0.01+\phi0.02=\phi0.03$，如图 4-32(c) 所示。

显然，当轴的实际直径为其最小实体尺寸$\phi29.979$（即处于 LMC）时，其轴线直线度公差可获得最大补偿量$\Delta t_{max}=MMS-LMS=\phi30-\phi29.979=T_d=0.021$，此时直线度公差获得最大值$t_{形位}=\phi0.01+\phi0.021=\phi0.031$，如图 4-32(d) 所示。

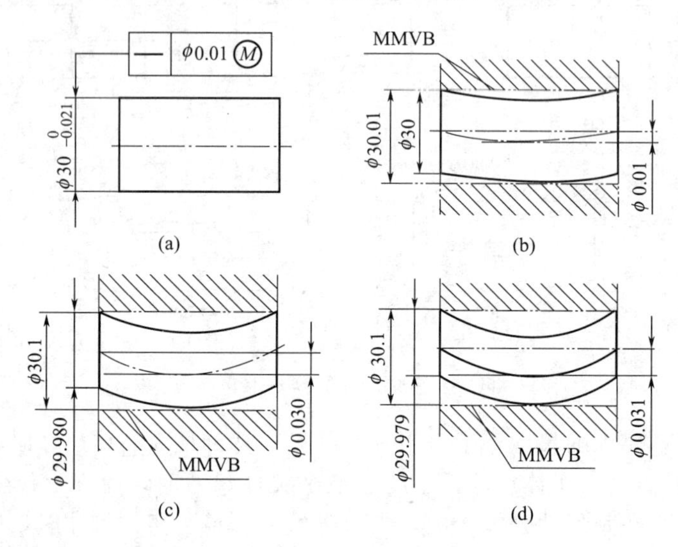

图 4-32　单一要素的最大实体要求示例

图 4-33 为最大实体要求应用于关联被测要素的示例。

图 4-33(a) 表示$\phi80_{\ 0}^{+0.12}$孔的轴线对基准平面A的任意方向的垂直度公差采用最大实体要求。当该孔处于最大实体状态，即孔的实际直径为其最大实体尺寸$\phi80$时，垂直度公差值

为图样上的给定值 $\phi0.04$，如图 4-33(b) 所示；当实际孔偏离其最大实体状态，即其实际直径大于其最大实体尺寸而向其最小实体尺寸方向偏离，如 $D_a=\phi80.05$ 时，其垂直度公差可大于图样上的给定值，但必须保证孔的体外作用尺寸不小于其最大实体实效尺寸，即 $D_{fe}\geqslant MMVS=MMS-t_{形位}=\phi80-\phi0.04=\phi79.96$，垂直度公差获得补偿值 $t=D_a-MMS=\phi80.05-\phi80=\phi0.05$，垂直度公差值为 $t_{形位}=\phi0.04+\phi0.05=\phi0.09$，如图 4-33(c) 所示；显然，当孔处于其最小实体状态时，即 $D_a=LMS=\phi80.12$ 时，垂直度公差可获得最大补偿值 $\Delta t_{max}=T_D=0.12$，此时，垂直度公差值为 $t_{形位}=\phi0.04+\phi0.12=\phi0.16$，如图 4-33(d) 所示。

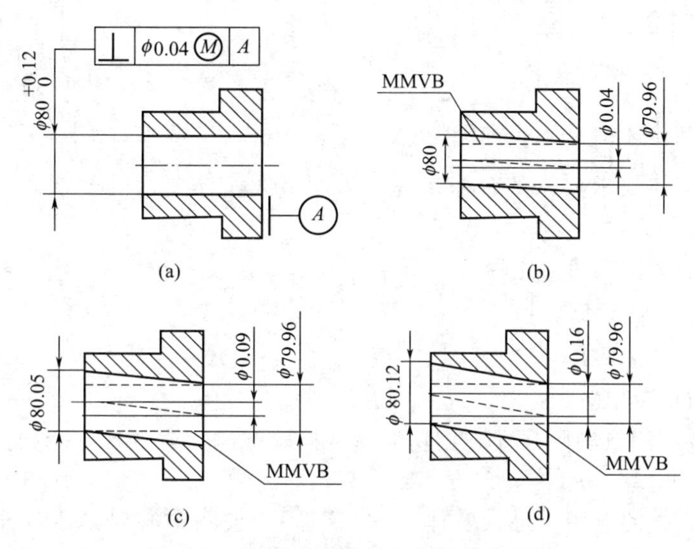

图 4-33　关联要素的最大实体要求示例

最大实体要求用于被测要素时，应特别注意以下两点。

a. 当采用最大实体要求的被测关联要素的形位公差值标注为“0”或“$\phi0$”时，如图 4-34所示，其遵守的边界不再是最大实体实效边界，而是最大实体边界，这种情况称为最大实体要求的零形位公差。

b. 当对被测要素的形位公差有进一步要求时，应采用图 4-35 所示的方法标注，该标注表示轴 $\phi20_{-0.021}^{\ 0}$ 的轴线直线度公差采用最大实体要求，该直线度公差不允许超过公差框格中给定值 $\phi0.02$。当轴的实际直径超出其最大实体尺寸向最小实体尺寸方向偏离时，允许将偏离量补偿给直线度公差，但该直线度公差不得大于 $\phi0.02$。

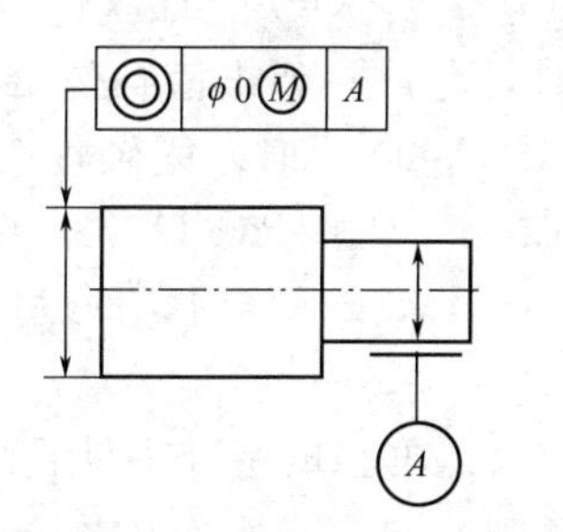

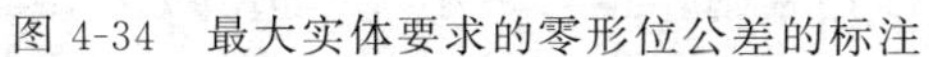

图 4-34　最大实体要求的零形位公差的标注

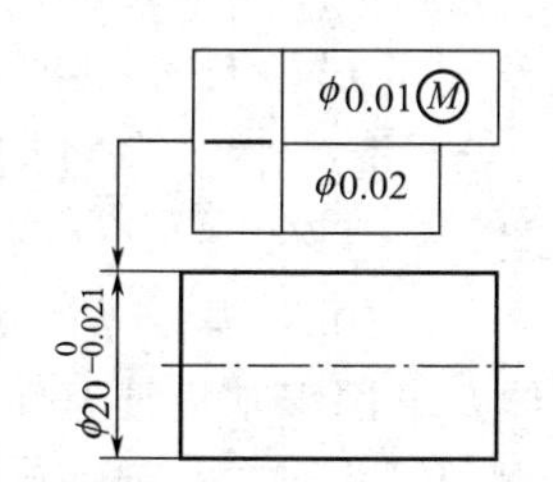

图 4-35　对形位公差有进一步要求时的标注

最大实体要求应用于基准要素时，应在图样上相应的形位公差框格的基准字母后面加注符号“Ⓜ”，如图 4-36 所示；基准要素本身作为被测要素采用最大实体要求时，应将基准符号直接标注在相应的形位公差框格下面，如图 4-37 所示。该标注表示基准 A（$\phi25_{-0.1}^{\ 0}$ 轴线）本身采用最大实体要求。$4\times\phi8_{\ 0}^{+0.1}$ 四孔轴线相对于基准 A 任意方向的位置度公差也采用最大实体要求，并且最大实体要求也应用于基准 A（AⓂ）。

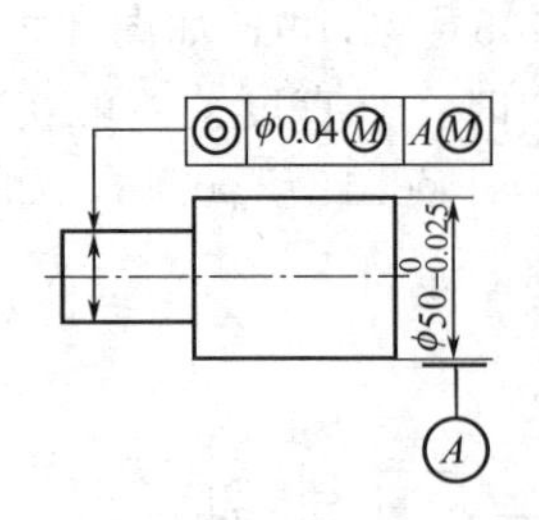

图 4-36 最大实体要求应用于基准要素

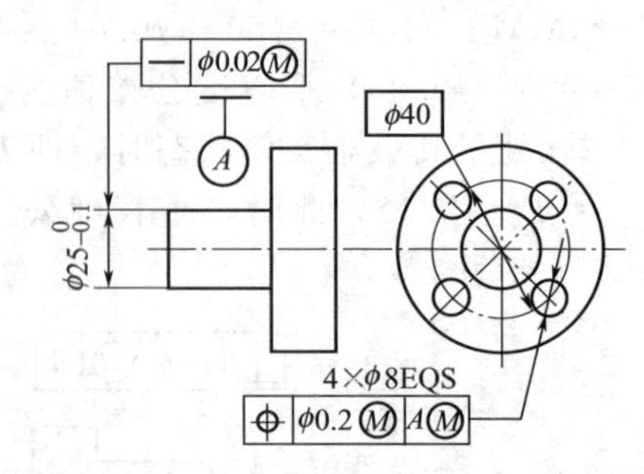

图 4-37 基准要素本身采用最大实体要求

② 采用最大实体要求要素的合格条件 采用最大实体要求的要素遵守最大实体实效边界，其合格条件为：

对于外表面 $\begin{cases}\mathrm{LMS}\leqslant d_a\leqslant \mathrm{MMS}\\ d_{fe}\leqslant \mathrm{MMVS}\end{cases}$ 或 $\begin{cases}d_{min}\leqslant d_a\leqslant d_{max}\\ d_{fe}\leqslant d_{max}+t_{形位}\end{cases}$

对于内表面 $\begin{cases}\mathrm{MMS}\leqslant D_a\leqslant \mathrm{LMS}\\ D_{fe}\geqslant \mathrm{MMVS}\end{cases}$ 或 $\begin{cases}D_{min}\leqslant D_a\leqslant D_{max}\\ D_{fe}\geqslant D_{min}-t_{形位}\end{cases}$

检验时用两点法测量实际尺寸，用功能量规检验被测要素的实际轮廓是否超越最大实体实效边界。

③ 最大实体要求的应用 最大实体要求只能用于被测中心要素或基准中心要素，主要用于保证零件的可装配性。例如，用螺栓连接的法兰盘，螺栓孔的位置度公差采用最大实体要求。

（3）最小实体要求

① 最小实体要求的含义和图样标注 最小实体要求指被测要素的实际轮廓应遵守最小实体实效边界，当其实际尺寸偏离其最小实体尺寸时，允许其形位误差值超出图样上（在最小实体状态下）给定值的一种公差要求。

最小实体要求应用于被测要素时，应在图样上该要素公差框格的公差值后面加注符号"Ⓛ"，如图 4-38(a) 所示。该标注表示 $\phi20_{\ 0}^{+0.1}$ 孔轴线对基准 A 的同轴度公差采用最小实体要求，此时，被测要素的实际轮廓被控制在最小实体实效边界内，即该孔的体内作用尺寸不得超越其最小实体实效尺寸，该孔的实际尺寸不得超越其最大实体尺寸和最小实体尺寸。当孔的实际尺寸超越最小实体尺寸而向最大实体尺寸偏离时，允许将超出值补偿给形位公差，即将图样上给定的形位公差值扩大。例如，当 $D_a=\mathrm{LMS}=\phi20.1$ 时，同轴度公差 $t_{形位}=\phi0.08$；当 $D_a=\phi20.05$ 时，同轴度公差获得补偿值 $\Delta t=\mathrm{LMS}-D_a=\phi20.1-\phi20.05=\phi0.05$，即同轴度公差 $t_{形位}=\phi0.08+\phi0.05=\phi0.13$；显然，当 $D_a=\mathrm{MMS}=\phi20$ 时，同轴度公差有最大值，即 $t_{形位}=\phi0.08+T_D=\phi0.08+0.1=\phi0.18$。

最小实体要求用于基准要素时，应在图样上相应形位公差框格的基准字母后面加注符号"Ⓛ"，如图 4-38(b) 所示（此时基准 A 本身采用独立原则，遵守最小实体边界）。图 4-39 表示基准（D）本身采用最小实体要求，其遵守的边界为最小实体实效边界。

同样地，当采用最小实体要求的关联要素的形位公差值标注为"0"或"$\phi0$"时，称为最小实体要求的零形位公差，此时该要素遵守最小实体边界。

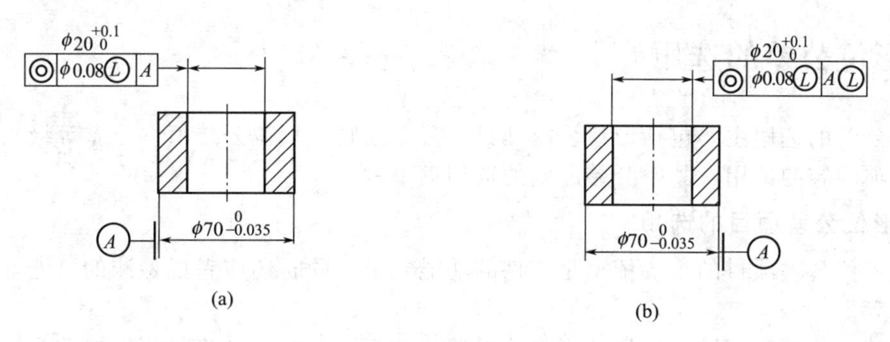

图 4-38　最小实体要求的标注

② 采用最小实体要求要素的合格条件：

对于外表面 $\begin{cases} LMS \leqslant d_a \leqslant MMS \\ d_{fi} \geqslant LMVS \end{cases}$　或　$\begin{cases} d_{min} \leqslant d_a \leqslant d_{max} \\ d_{fi} \geqslant d_{min} - t_{形位} \end{cases}$

对于内表面 $\begin{cases} MMS \leqslant D_a \leqslant LMS \\ D_{fi} \leqslant LMVS \end{cases}$　或　$\begin{cases} D_{min} \leqslant D_a \leqslant D_{max} \\ D_{fi} \leqslant D_{max} + t_{形位} \end{cases}$

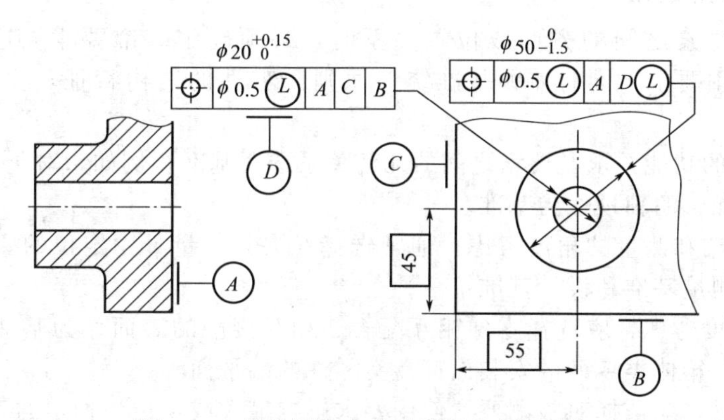

图 4-39　基准要素本身采用最小实体要求

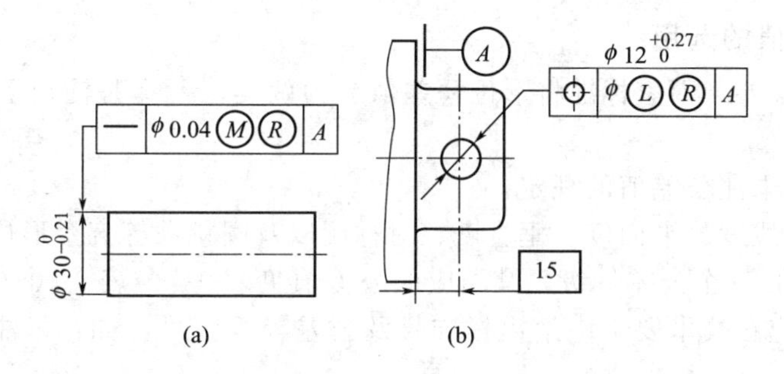

图 4-40　可逆要求用于最大、最小实体要求

③ 最小实体要求的应用　最小实体要求只能用于被测中心要素或基准中心要素，主要用来保证零件的强度和最小壁厚。

（4）可逆要求

可逆要求是指中心要素的形位误差值小于给出的形位公差值时，允许在满足零件功能要求的前提下扩大尺寸公差的一种公差要求。可逆要求通常用于最大实体要求和最小实体要求，其图样标注如图 4-40 所示，在相应的公差框格中符号Ⓜ 或Ⓛ 后面再加注符号“R”。

4.5 形位公差的选用

形位公差的选用主要包括形位公差项目、公差原则、形位公差值（公差等级）以及基准要素等四项内容的选用，其中公差原则的选用见本章4.4。

4.5.1 形位公差项目的选用

选择形位公差项目的主要依据是零件的功能要求，同时还应考虑检测的可能性、方便性和经济性等。

零件的功能要求不同，选择的形位公差项目也不同。例如，为保证气缸盖和缸体的连接强度和密封性要求，应对其结合面规定平面度公差；为了保证机床工作台的运动精度和运动平稳性，应对机床导轨规定直线度和平面度公差等。

在保证功能要求的前提下，可以采用易于检测的公差项目代替检测难度较大的公差项目。例如对于轴类零件，可以用径向全跳动公差代替圆柱度公差和同轴度公差；用端面全跳动公差代替端面对轴线的垂直度公差等。

4.5.2 基准要素的选用

在确定关联要素之间的方向或位置关系时，必须确定基准要素。选择基准要素时，应根据设计和使用要求，同时兼顾基准统一原则和零件的结构特征，主要从以下几个方面考虑。

① 根据零件的功能要求及要素之间的几何关系选择基准。例如，对于旋转的轴类零件，通常选择与轴承配合的轴颈作为基准。

② 从加工工艺和测量的角度考虑，通常选择在夹具、量具中定位的要素作为基准，以便使工艺基准、测量基准和设计基准统一。

③ 从装配角度考虑，应选择零件相互配合、相互接触的表面作为基准，以保证零件的正确装配。例如，箱体类零件的安装面、盘类零件的端平面等。

采用多基准时，应选择对被测要素使用要求影响最大或定位最稳定的表面作为第一定位基准。

4.5.3 形位公差值的选用

《形状和位置公差》国家标准将形位公差值分为两类，一类是注出公差，一类是未注公差（即一般公差）。

（1）形位公差未注公差值的规定

国家标准对直线度、平面度、垂直度、对称度以及圆跳动等五个形位公差项目的未注公差规定了H、K、L三个公差等级，其相应的公差值见表4-7～表4-10（摘自GB/T 1184—1996）。选用时，应在技术要求中给出标准号及公差等级代号，如：未注形位公差按“GB/T 1184-K”。

表4-7　直线度和平面度的未注公差值

公差等级	基本长度范围/mm					
	≤10	>10～30	>30～100	>100～300	>300～1000	>1000～3000
H	0.02	0.05	0.1	0.2	0.3	0.4
K	0.05	0.1	0.2	0.4	0.6	0.8
L	0.1	0.2	0.4	0.8	1.2	1.6

表 4-8 垂直度的未注公差值

公差等级	基本长度范围/mm			
	≤100	>100～300	>300～1000	>1000～3000
H	0.2	0.3	0.4	0.5
K	0.4	0.6	0.8	1
L	0.6	1	1.5	2

表 4-9 对称度的未注公差值

公差等级	基本长度范围/mm			
	≤100	>100～300	>300～1000	>1000～3000
H	0.5			
K	0.6		0.8	1
L	0.6	1	1.5	2

表 4-10 圆跳动的未注公差值

公差等级	圆跳动公差值/mm
H	0.1
K	0.2
L	0.5

（2）形位公差注出公差值的规定

除了线轮廓度、面轮廓度和位置度三个公差项目之外，国家标准 GB/T 1184—1996 对其余 11 个形位公差项目的注出公差都规定了公差等级，其中对圆度、圆柱度注出公差值规定了 0～12 共 13 个公差等级，对其余 9 个公差项目都规定了 1～12 共 12 个公差等级。各公差项目的注出公差值分别见表 4-11～表 4-14（摘自 GB/T 1184—1996）。

表 4-11 直线度、平面度公差值

主参数 L/mm	公差等级											
	1	2	3	4	5	6	7	8	9	10	11	12
≤10	0.2	0.4	0.8	1.2	2	3	5	8	12	20	30	60
>10～16	0.25	0.5	1	1.5	2.5	4	6	10	15	25	40	80
>16～25	0.3	0.6	1.2	2	3	5	8	12	20	30	50	100
>25～40	0.4	0.8	1.5	2.5	4	6	10	15	25	40	60	120
>40～63	0.5	1	2	3	5	8	12	20	30	50	80	150
>63～100	0.6	1.2	2.5	4	6	10	15	25	40	60	100	200
>100～160	0.8	1.5	3	5	8	12	20	30	50	80	120	250

注：主参数 L 系轴、直线、平面的长度。

表 4-12 圆度、圆柱度公差值

主参数 d/mm	公差等级												
	0	1	2	3	4	5	6	7	8	9	10	11	12
	公差值/μm												
≤3	0.1	0.2	0.3	0.5	0.8	1.2	2	3	4	6	10	14	25
>3～6	0.1	0.2	0.4	0.6	1	1.5	2.5	4	5	8	12	18	30

续表

主参数 d/mm	公差等级												
	0	1	2	3	4	5	6	7	8	9	10	11	12
	公差值/μm												
>6～10	0.12	0.25	0.4	0.6	1	1.5	2.5	4	6	9	15	22	36
>10～18	0.15	0.25	0.5	0.8	1.2	2	3	5	8	11	18	27	43
>18～30	0.2	0.3	0.6	1	1.5	2.5	4	6	9	13	21	33	52
>30～50	0.25	0.4	0.6	1	1.5	2.5	4	7	11	16	25	39	62
>50～80	0.3	0.5	0.8	1.2	2	3	5	8	13	19	30	46	74
>80～120	0.4	0.6	1	1.5	2.5	4	6	10	15	22	35	54	87

注：主参数 d（D）系轴或孔的直径。

表 4-13 平行度、垂直度、倾斜度公差值

主参数 L 或 d/mm	公差等级											
	1	2	3	4	5	6	7	8	9	10	11	12
	公差值/μm											
≤10	0.4	0.8	1.5	3	5	8	12	20	30	50	80	120
>10～16	0.5	1	2	4	6	10	15	25	40	60	100	150
>16～25	0.6	1.2	2.5	5	8	12	20	30	50	80	120	200
>25～40	0.8	1.5	3	6	10	15	25	40	60	100	150	250
>40～63	1	2	4	8	12	20	30	50	80	120	200	300
>63～100	1.2	2.5	5	10	15	25	40	60	100	150	250	400
>100～160	1.5	3	6	12	20	30	50	80	120	200	300	500

注：主参数 L 为给定平行度时轴线或平面的长度，或给定垂直度、倾斜度时被测要素的长度；主参数 d（D）为给定面对线垂直度时被测要素轴（孔）的直径。

表 4-14 同轴度、对称度、圆跳动、全跳动公差值

主参数 d、B 或 L/mm	公差等级											
	1	2	3	4	5	6	7	8	9	10	11	12
	公差值/μm											
≤1	0.4	0.6	1	1.5	2.5	4	6	10	15	25	40	60
>1～3	0.4	0.6	1	1.5	2.5	4	6	10	20	40	60	120
>3～6	0.5	0.8	1.2	2	3	5	8	12	25	50	80	150
>6～10	0.6	1	1.5	2.5	4	6	10	15	30	60	100	200
>10～18	0.8	1.2	2	3	5	8	12	20	40	80	120	250
>18～30	1	1.5	2.5	4	6	10	15	25	50	100	150	300
>30～50	1.2	2	3	5	8	12	20	30	60	120	200	400
>50～120	1.5	2.5	4	6	10	15	25	40	80	150	250	500

注：主参数 d（D）为给定同轴度时轴的直径，或给定圆跳动、全跳动时轴（孔）直径；圆锥体斜向圆跳动公差的主参数为平均直径；主参数 B 为给定对称度时槽的宽度；主参数 L 为给定两孔对称度时的孔中心距。

国家标准对位置度只规定了公差值数系，而未规定公差等级，如表 4-15 所示（摘自 GB/T 1184—1996）。

表 4-15 位置度公差值数系

优先数系	1	1.2	1.6	2	2.5	3	4	5	6	8
	1×10^n	1.2×10^n	1.5×10^n	2×10^n	2.5×10^n	3×10^n	4×10^n	5×10^n	6×10^n	8×10^n

注：n 为整数。

（3）形位公差值的选择原则

形位公差值的选择原则是：在满足零件功能要求的前提下，尽可能选用较低的公差等级，同时还应考虑经济性和零件的结构、刚性等。

形位公差值的选择通常有计算法和类比法两种。计算法是根据零件的功能和结构特点，通过计算确定公差值。该方法多用于形位精度要求较高的零件。类比法是根据长期积累的实践经验及有关资料，参考同类产品、类似零件的技术要求选择形位公差值的一种方法。该方法简单易行，在实际设计中应用较为广泛。

采用类比法确定形位公差值时，应注意以下问题。

① 平行度公差值应小于其相应的距离尺寸公差值。

② 圆柱形零件的形状公差值（轴线的直线度除外），一般情况下应小于其尺寸公差值。

③ 对于刚性较差的零件（如细长轴、薄壁套）和结构特殊的要素（如跨距较大的孔），在满足功能要求的前提下，其形位公差等级可适当降低 1～2 级。

④ 线对线和线对面相对于面对面的平行度或垂直度公差等级可适当降低 1～2 级。

4.6 形位公差值的检测原则

形位公差项目多达 14 种，即使是同一公差项目，因被测零件的结构形状、尺寸、精度要求以及生产批量等不同，其相应误差的检测方法也不尽相同。为了能够正确地测量形位误差，选择合理的检测方案，国家标准 GB/T 1958—1980 规定了形位误差的五种检测原则。GB/T 1958—1980 已被最新标准 GB/T 1958—2004 所代替，但因该标准涉及 GB/T 18780.1—2002 中有关几何要素的定义，故在此仍采用 GB/T 1958—1980。

（1）与理想要素比较原则

与理想要素比较原则是将被测实际要素与其理想要素进行比较，从而测得形位误差值。该原则是根据形位误差的定义提出来的，根据该原则进行检测，可以得到与形位误差定义一致的误差值。因此，该原则是检测形位误差的基本原则。

（2）测量坐标值原则

测量坐标值原则是利用坐标测量装置，测出被测实际要素上一系列坐标值，经过数据处理后，获得形位误差值。

（3）测量特征参数原则

测量特征参数原则是先测量被测实际要素上的特征参数，然后用这些特征参数的变动评定形位误差值。特征参数是指被测实际要素上能够直接反映形位误差具有代表性的参数。按该原则测量形位误差的测量方法容易实现，且不需繁琐的数据计算，但所得误差值与定义不符，是近似值。

（4）测量跳动原则

测量跳动原则是指在被测实际要素绕其基准轴线回转过程中，用其相对于某参考点或参考线的变化量来表示跳动值的一种原则。该原则主要用于测量跳动误差，其测量方法简便易行，在生产中有较广泛的应用。

（5）控制实效边界原则

控制实效边界原则是指使用光滑极限量规或综合量规检验被测实际要素是否超过实效边界，从而判断被测实际要素的形位误差和实际尺寸的综合结果是否合格。遵循最大实体要求和包容要求的被测要素，应采用该原则来检测。

习　　题

4-1 判断题：

（1）基准要素为中心要素时，基准符号应该与该要素的轮廓要素尺寸线错开。（　　）

（2）对同一要素既有位置公差要求，又有形状公差要求时，形状公差值应大于位置公差值。（　　）

（3）最大实体状态就是尺寸最大时的状态。（　　）

（4）包容要求是要求实际要素处处不超过最小实体边界的一种公差要求。（　　）

4-2 填空题：

（1）形位公差带有________等四方面的因素。

（2）直线度公差带的形状有________等几种形状，具有这几种形状的位置公差项目有________。

（3）既能控制中心要素又能控制轮廓要素的形位公差项目符号有________。

（4）最小实体实效尺寸是________与________的综合尺寸。

4-3 如图 4-41 所示，说明图中各项形位公差标注的含义，并填于下表中。

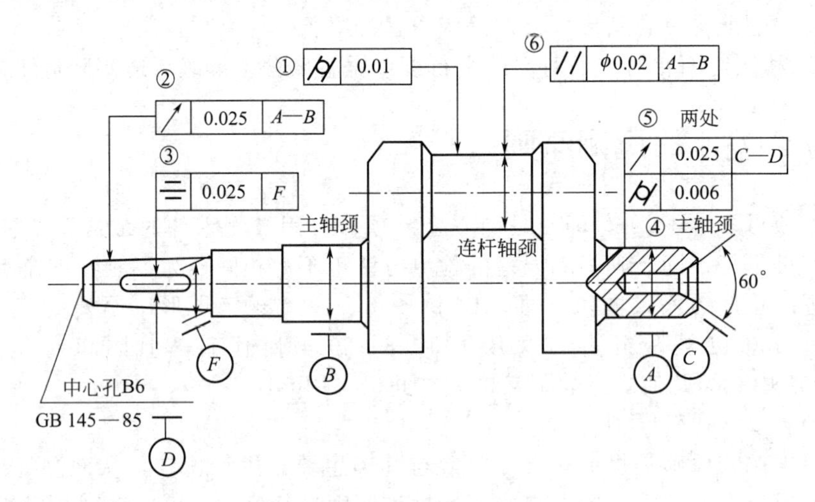

图 4-41　题 4-3 图

序号	公差项目名称	公差带形状	公差带大小	解释(被测要素、基准要素及要求)
①				
②				
③				
④				
⑤				
⑥				

4-4 解释图 4-42 所示零件中 a、b、c、d 各要素分别属于什么要素（被测要素、基准要素、单一要素、关联要素、轮廓要素和中心要素）。

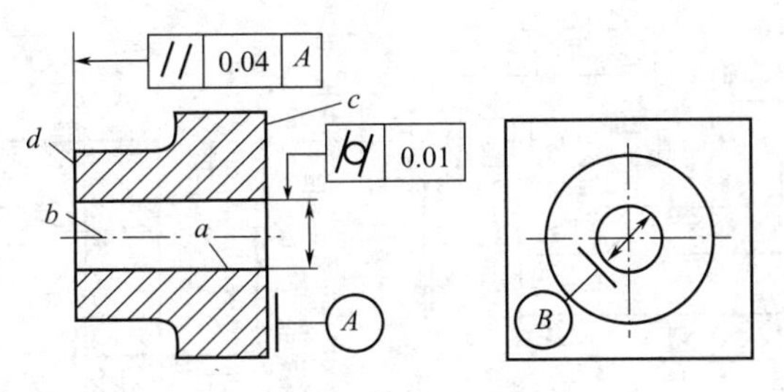

图 4-42 题 4-4 图

4-5 下列形位公差项目的公差带有何不同点？

（1）圆度和径向圆跳动公差带。

（2）圆柱度和径向全跳动公差带。

（3）端面对轴线的垂直度和端面全跳动公差带。

4-6 将下列各项形位公差要求标注在图 4-43 上。

（1）$\phi 40_{-0.03}^{\ 0}$ 圆柱面对 $2\times\phi 25_{-0.021}^{\ 0}$ 公共轴线的圆跳动公差为 0.015；

（2）$2\times\phi 25_{-0.021}^{\ 0}$ 轴颈的圆度公差为 0.01；

（3）$\phi 40_{-0.03}^{\ 0}$ 左、右端面对 $2\times\phi 25_{-0.021}^{\ 0}$ 公共轴线的端面圆跳动公差为 0.02；

（4）键槽 $10_{-0.036}^{\ 0}$ 中心平面对 $\phi 40_{-0.03}^{\ 0}$ 轴线的对称度公差为 0.015。

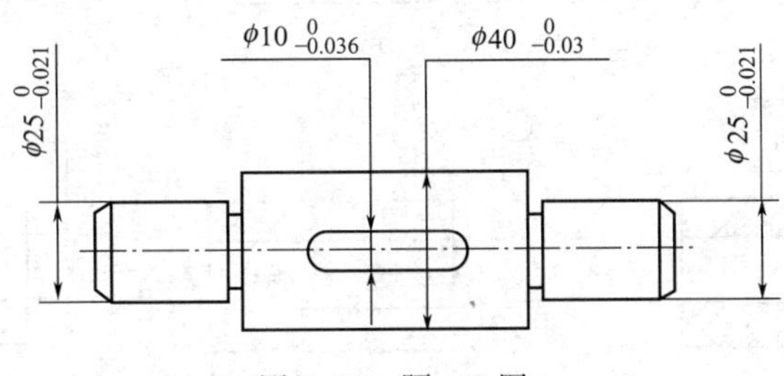

图 4-43 题 4-6 图

4-7 将下列各项形位公差要求标注在图 4-44 上。

（1）$\phi 5_{-0.03}^{+0.05}$ 孔的圆度公差为 0.004，圆柱度公差为 0.006；

（2）B 面的平面度公差为 0.008，B 面对 $\phi 5_{-0.03}^{+0.05}$ 孔轴线的端面圆跳动公差为 0.02，B 面对 C 面的平行度公差为 0.03；

（3）平面 F 对 $\phi 5_{-0.03}^{+0.05}$ 孔轴线的端面圆跳动公差为 0.02；

（4）$\phi 18_{-0.10}^{-0.05}$ 的外圆柱面轴线对 $\phi 5_{-0.03}^{+0.05}$ 孔轴线的同轴度公差为 0.08；

（5）90°30″密封锥面 G 的圆度公差为 0.0025，G 面的轴线对孔轴线的同轴度公差为 0.012；

（6）$\phi 12_{-0.26}^{-0.15}$ 外圆柱面轴线对 $\phi 5_{-0.03}^{+0.05}$ 孔轴线的同轴度公差为 0.08。

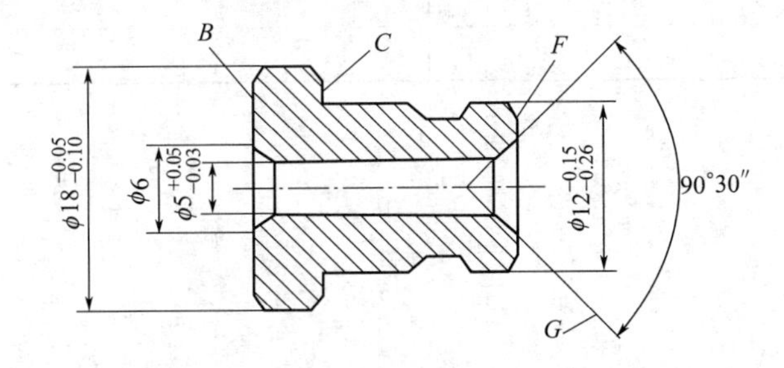

图 4-44 题 4-7 图

4-8 改正图 4-45 中形位公差标注的错误（不改变形位公差项目）。

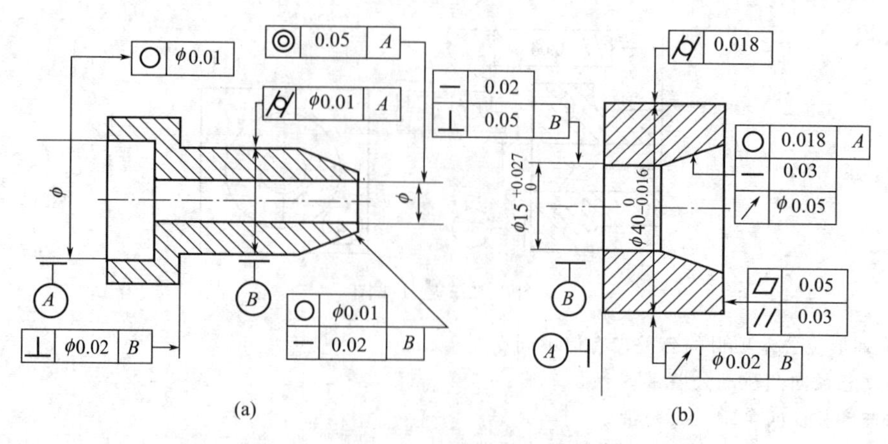

图 4-45　题 4-8 图

4-9　根据图 4-46 中的形位公差要求填写下表。

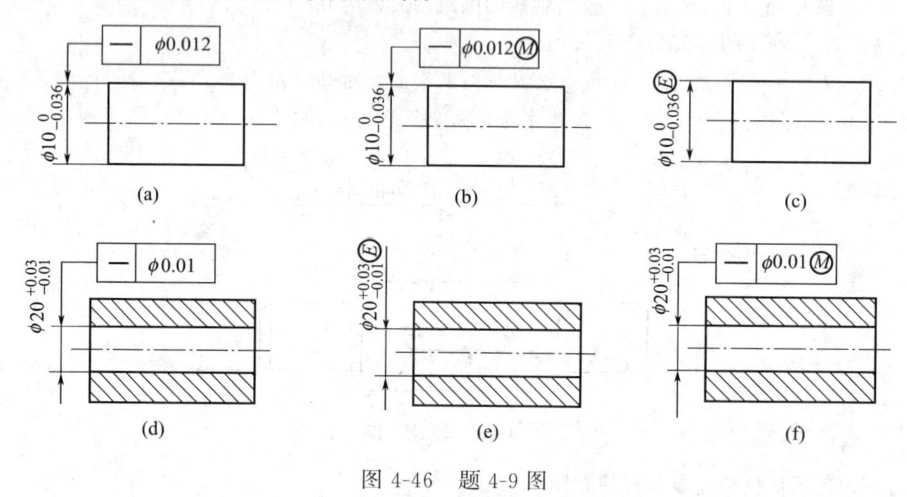

图 4-46　题 4-9 图

分图号	采用的公差原则	理想边界名称	理想边界尺寸	MMC 时的形位公差值	LMC 时的形位公差值
(a)					
(b)					
(c)					
(d)					
(e)					
(f)					

5　表面粗糙度及其检测

5.1　概述

5.1.1　表面粗糙度的概念

机械加工所形成的零件表面一般呈非理想状态，按照从微观到宏观的认识顺序，其表面特征可分为表面粗糙度、表面波纹度、表面形状误差，如图 5-1 所示。

(1) 表面粗糙度　是零件表面所具有的微小峰谷的不平程度，其波长和波高之比一般小于 50。

(2) 表面波纹度　零件表面峰谷的波长和波高之比等于 50～1000 的不平程度称为波纹度。

(3) 形状误差　零件表面峰谷的波长和波高之比大于 1000 的不平程度属于形状误差。

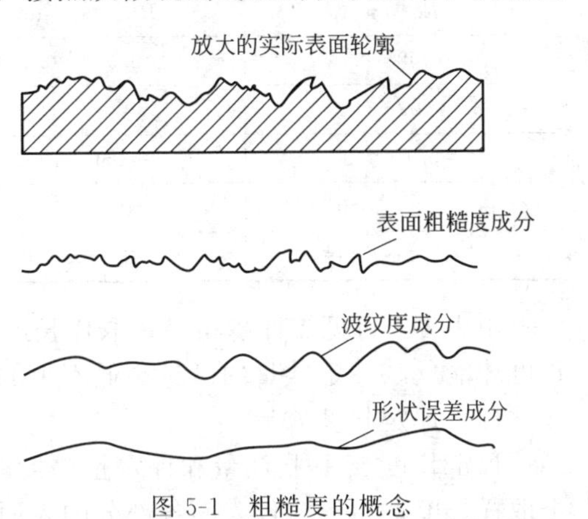

图 5-1　粗糙度的概念

表面粗糙度的形成原因主要有：加工过程中在工件表面留下的刀痕，工件表层的塑性变形，刀具与零件表面之间的摩擦，切削残留物，工艺系统的高频振动等。

5.1.2　表面粗糙度对零件使用性能的影响

表面粗糙度对机械零件的使用性能和寿命都有很大的影响，尤其是对在高温、高压和高速条件下工作的机械零件影响更大，其影响主要表现在以下几个方面。

① 对摩擦和磨损的影响：具有微观几何形状误差的两个表面只能在轮廓的峰顶发生接触使磨损加剧。

② 对配合性能的影响：对于间隙配合，相对运动的表面因其粗糙不平而迅速磨损，致使间隙增大；对于过盈配合，表面轮廓峰顶在装配时容易被挤平，使实际有效过盈量减小，致使连接强度降低。

③ 对抗腐蚀性的影响：粗糙的表面，易使腐蚀性物质存积在表面的微观凹谷处，并渗入到金属内部，致使腐蚀加剧。

④ 对疲劳强度的影响：零件表面越粗糙，凹痕就越深，当零件承受交变荷载时，对应力集中很敏感，易导致零件表面产生裂纹而损坏。

⑤ 对接触刚度的影响：表面越粗糙，零件表面受力后局部变形越大，接触刚度也越低，接触刚度影响零件的工作精度和抗振性。

⑥ 对结合面密封性的影响：粗糙的表面结合时，两表面只在局部点上接触，中间有缝隙，影响密封性。因此，降低表面粗糙度，可提高其密封性。

⑦ 对零件其他性能的影响：表面粗糙度对零件其他性能如测量精度、流体流动的阻力及零件外形的美观等都有很大的影响。

5.2 表面粗糙度的评定

5.2.1 主要术语及定义

（1）取样长度 l_r

为了减弱表面波纹度及形状误差的影响，国家标准规定了取样长度 l_r、l_r 是测量或评定表面粗糙度时所规定的一段基准线长度，它至少包含 5 个以上的轮廓的波峰和波谷，取样长度的方向与轮廓总的走向一致。国标规定的取样长度 l_r 见表 5-1。

表 5-1 取样长度与评定长度的数值（摘自 GB/T 1031—2009）

$Ra/\mu m$	Rz 与 $Ry/\mu m$	l_r/mm	l_n/mm
≥0.008～0.02	≥0.025～0.10	0.08	0.4
>0.02～0.1	>0.10～0.50	0.25	1.25
>0.1～2.0	>0.50～10.0	0.8	4.0
>2.0～10.0	>10.0～50.0	2.5	12.5
>10.0～80.0	>50.0～320	8.0	40.0

由表 5-1 可见表面越粗糙，取样长度越大，因为表面越粗糙，波距也越大，较大的取样长度才能反映一定数量的微量高低不平的痕迹。

（2）评定长度 l_n

评定长度 l_n 是指测量和评定粗糙度时所规定的一段最小长度。评定长度包括一个或几个取样长度，由于零件表面各部分的表面粗糙不一定很均匀，在一个取样长度上往往不能合理地反映某一表面粗糙度特征，故需在表面上取几个取样长度来评定表面粗糙度（如图 5-2 所示）。一般情况下，取 $l_n=5l_r$。如被测表面均匀性较好，可选用小于 $5l_r$ 的评定长度；若均匀性较差，可选用大于 $5l_r$ 的评定长度。

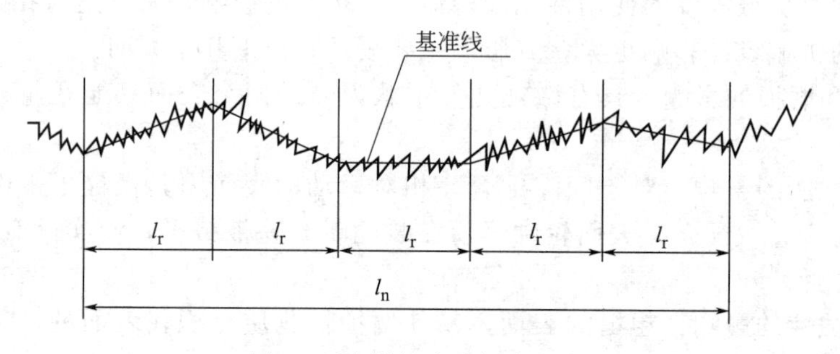

图 5-2 取样长度及评定长度

（3）基准线

基准线是评定表面粗糙度参数值大小的一条参考线。基准线有下列两种：轮廓算术平均中线、轮廓最小二乘中线。

① 轮廓算术平均中线 在取样长度 l_r 内划分实际轮廓为上下两部分，且使上部分所围面积之和与下部分所围面积之和相等的基准线，就是轮廓算术平均中线，如图 5-3 所示。

即：

$$\sum_{i=1}^{n} F_i = \sum_{i=1}^{n} F'_i$$

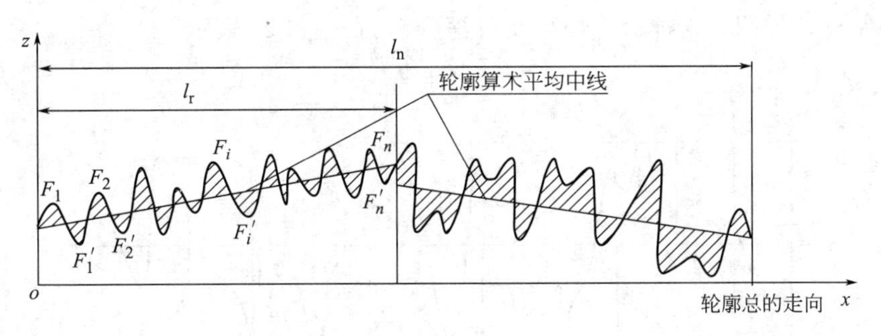

图 5-3　轮廓算术平均中线

② 轮廓最小二乘中线（简称中线）　在取样长度 l_r 内，使轮廓线上各点至一条基准线的距离的平方和为最小，此基准线就是轮廓最小二乘中线，如图 5-4 所示，即

$$\int_0^l y^2 \mathrm{d}x = \min$$

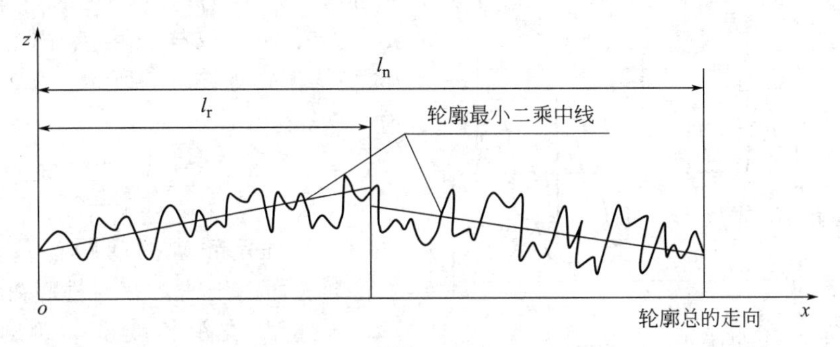

图 5-4　轮廓最小二乘中线

5.2.2　表面粗糙度评定参数

（1）基本参数——轮廓的幅度参数

① 轮廓算术平均偏差 Ra　轮廓算术平均偏差是指在一个取样长度内，轮廓偏距 $z(x)$ 绝对值的算术平均值，用 Ra 表示，如图 5-5 所示。用公式表示为

$$Ra = \frac{1}{l_r}\int_0^{l_r} |z(x)| \mathrm{d}x \tag{5-1}$$

或近似表示为

$$Ra = \frac{1}{n}\sum_{i=1}^{n} |z_i| \tag{5-2}$$

Ra 越大则表面越粗糙，但不宜用来评定过于粗糙或过于光滑的表面。

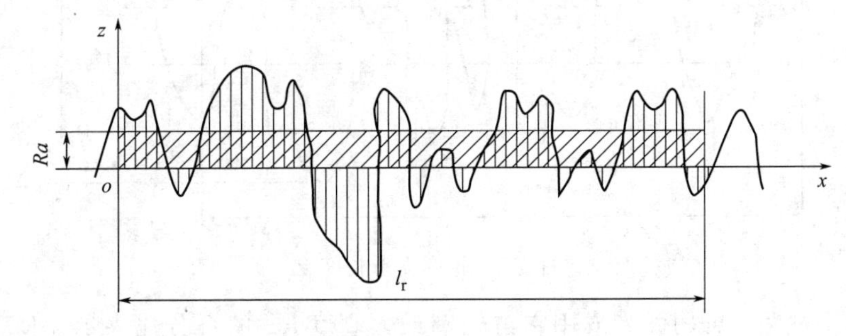

图 5-5　轮廓算术平均偏差

② 轮廓最大高度　轮廓最大高度 Rz 是指在一个取样长度 l_r 内，轮廓峰顶线和轮廓谷

底线之间的距离，如图 5-6 所示，峰高及谷深分别用 z_p 和 z_v 表示。

即

$$Rz = z_p + z_v$$

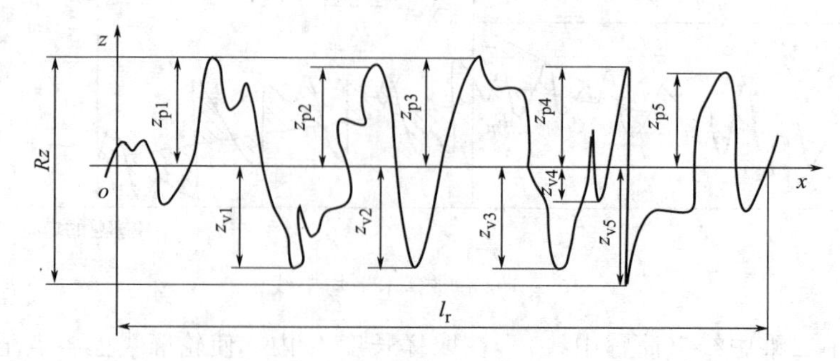

图 5-6 轮廓最大高度

（2）附加参数

① 轮廓单元的平均宽度 Rsm 轮廓单元是轮廓峰轮廓谷的组合。轮廓单元的平均宽度 Rsm 是指在一个取样长度 l_r 内轮廓单元宽度 X_s 的平均值，如图 5-7 所示。Rsm 用公式可表示为

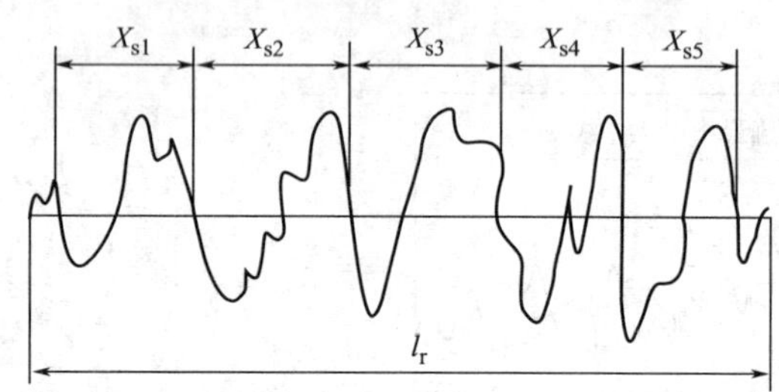

图 5-7 轮廓单元宽度 Rsm

$$Rsm = \frac{1}{m}\sum_{i=1}^{m} X_{Si} \tag{5-3}$$

Rsm 是评定轮廓的间距参数，其值越小，表示轮廓表面越细密。密封性越好。

② 轮廓的支承长度率 轮廓支承长度率 $Rmr(c)$ 是指在给定水平位置 c 上轮廓的实体材料长度 $Ml(c)$ 与评定长度的比率，用公式表示为

$$Rmr(c) = \frac{Ml(c)}{l_n} \tag{5-4}$$

轮廓的实体材料长度 $Ml(c)$ 是指在评定长度内，一平行于 X 轴的直线从峰顶线向下移一水平截距 c 时，与轮廓相截所得的各段截线长度之和，如图 5-8 所示。用公式表示为

$$Ml(c) = \sum_{i=1}^{n} b_i \tag{5-5}$$

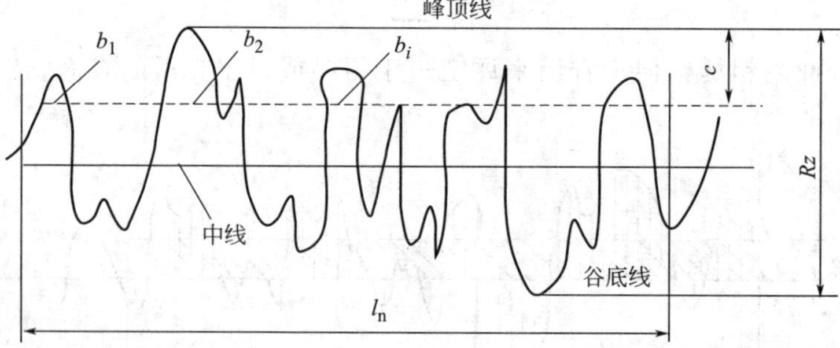

图 5-8 轮廓支承长度率

轮廓的水平截距 c 可用微米或用它占轮廓最大高度 Rz 的百分比表示。$Rmr(c)$ 是表面耐磨性的度量指标。一般情况下，$Rmr(c)$ 值越大，支撑能力及耐磨性越好。

国家标准规定了表面粗糙度的参数值系列，见表 5-2～表 5-5。

表 5-2 ***Ra*** **的数值**（摘自 GB/T 1031—2009） μm

基本系列	补充系列	基本系列	补充系列	基本系列	补充系列	基本系列	补充系列
	0.008						
	0.010						
0.012			0.0125		1.25	12.5	
	0.016		0.160	1.60			16.0
	0.020	0.20			2.0		20
0.025			0.25		2.5	25	
	0.032		0.32	3.2			32
	0.040	0.40			4.0		40
0.050			0.50		5.0	50	
	0.063		0.63	6.3			63
	0.080	0.80			8.0		80
0.100			1.00		10.0	100	

表 5-3 ***Rz*** **的数值**（摘自 GB/T 1031—2009） μm

基本系列	补充系列	基本系列	补充系列	基本系列	补充系列	基本系列	补充系列	基本系列	补充系列
0.025			0.25		2.5		25		250
	0.032		0.32	3.2			32		320
	0.040	0.40			4.0		40	400	
0.050			0.50		5.0	50			500
	0.063		0.63	6.3			63		630
	0.080	0.80			8.0		80	800	
0.100			1.0		10.0	100			1000
	0.125		1.25	12.5			125		1250
	0.160	1.60			16.0		160	1000	
0.20			2.0		20	200			

表 5-4 ***Rsm*** **的数值**（摘自 GB/T 1031—2009） μm

基本系列	补充系列	基本系列	补充系列	基本系列	补充系列	基本系列	补充系列
	0.002	0.025			0.25		2.5
	0.003		0.032		0.32	3.2	
	0.004		0.040	0.40			4.0
	0.005	0.050			0.50		5.0
0.006			0.063		0.63	6.3	
	0.008		0.080	0.80			8.0
	0.010	0.100			1.00		10.0
0.0125			0.125		1.25	12.5	
	0.016		0.160	1.60			
	0.020	0.20			2.0		

表 5-5 ***Rmr*(*c*)(%) 的数值**（摘自 GB/T 1031—2009）

10	15	20	25	30	40	50	60	70	80	90

注：选用轮廓支承长度率 *Rmr*(*c*) 时，必须同时给出轮廓水平零度截距 *c* 值。*c* 值可用 μm 或 *Rz* 的百分数表示，其系列如下：*Rz* 的 5%，10%，15%，20%，30%，40%，50%，60%，70%，80%，90%。

5.3 表面粗糙度的参数选择和图样标注

表面粗糙度选择包括参数选择和参数值的选择。选择时，既要满足零件表面的功能要求，又要考虑经济性。

5.3.1　评定参数的选择

（1）高度评定参数的选用

一般情况下可从高度参数中任选一个，但在常用值范围内（Ra 为 0.025～6.3，Rz 为 0.1～25），应优先选用 Ra，因为 Ra 能较充分合理地反映零件表面的粗糙度特征。Ra 值通常用电动轮廓仪测量，测量效率高。

对于特别粗糙或特别光洁的表面，考虑到工作和检测条件，可以选用 Ra 或 Rz（Ra 与 Rz 不能同时选用）。

Rz 通常用双管显微镜和干涉显微镜测量，由于它只反映峰顶和谷底的几个点，反映出的信息不够全面，且测量效率较低。

Rz 常用于不允许有较深加工痕迹，如承受交变应力的表面。

（2）附加评定参数的选用

附加评定参数一般情况下不作为独立的参数选用，只有零件的表面有特殊使用要求时，仅用高度特征参数不能满足零件表面的功能要求，才在选用了高度参数的基础上，附加选用间距特征参数和形状特征参数。一般情况下，对密封性、光亮度有特殊要求的表面，应选用附加参数 Rsm；对耐磨性有特殊要求的表面，应选用附加参数 $Rmr(c)$。

5.3.2　评定参数值的选择

根据类比法初步确定表面粗糙度后，还须对比工作条件作适当调整，调整时应遵循下述一些原则。

① 在满足功能要求的前提下，尽量选用较大的表面粗糙度参数值，以降低加工成本。

② 在同一零件上，工作表面的粗糙度参数值应小于非工作表面的粗糙度参数值。

③ 摩擦表面比非摩擦表面的粗糙度参数值要小，滚动摩擦表面比滑动摩擦表面的粗糙度参数值要小。

④ 运动速度高、单位面积压力大的表面，受交变应力作用的重要零件上的圆角、沟槽的表面粗糙度参数值都应小些。

⑤ 配合零件的表面粗糙度应与尺寸及形状公差相协调，一般尺寸与形状公差要求越严，粗糙度值也就越小。

⑥ 配合精度要求高的配合表面（如小间隙配合的配合表面），受重荷载作用的过盈配合表面的粗糙度参数值也应小些。

⑦ 同一公差等级的零件，小尺寸比大尺寸、轴比孔的粗糙度参数值要小。

⑧ 凡有关标准已对表面粗糙度要求做出规定的，如与滚动轴承配合的轴颈和外壳孔的表面等，则应按相应的标准确定表面粗糙度参数值。

表 5-6、表 5-7 分别列出了表面粗糙度的表面特征、经济加工方法及应用举例，轴和孔的表面粗糙度参数推荐值，供选用时参考。

表 5-6　表面粗糙度的表面特征、经济加工方法及应用举例

表面特征	表面微观特征	$Ra/\mu m$	加工方法	应用举例
粗糙表面	微见刀痕	≤12.5	粗车、粗刨、粗铣、钻、毛锉、锯断	半成品粗加工过的表面，非配合的加工表面，如轴端面、倒角、钻孔、齿轮及皮带轮侧面、键槽底面、垫圈接触面
半光表面	可见加工痕迹	≤6.3	车、刨、铣、镗、钻、粗铰	轴上不安装轴承、齿轮处的非配合表面，紧固件的自由装配表面，轴和孔的退刀槽
	微见加工痕迹	≤3.2	车、刨、铣、镗、磨、拉、粗刮、滚压	半精加工表面，箱体、支架、盖面、套筒等和其他零件结合而无配合要求的表面等
	看不清加工痕迹	≤1.6	车、刨、铣、镗、磨、拉、刮、压、铣齿	接近于精加工表面，箱体上安装轴承的镗孔表面，齿轮的工作面

续表

表面特征	表面微观特征	Ra/μm	加工方法	应用举例
光表面	可辨加工痕迹方向	≤0.8	车、镗、磨、拉、刮、精铰、磨齿、滚压	圆柱销、圆锥销,与滚动轴承配合的表面,普通车床导轨面,内、外花键定心表面等
	微辨加工痕迹方向	≤0.4	精镗、磨、精铰、滚压、刮	要求配合性质稳定的配合表面,工作时受交变应力的重要零件,较高精度车床的导轨面
	不可辨加工痕迹方向	≤0.2	精磨、磨、研磨、超精加工	精密机床主轴锥孔、顶尖圆锥面,发动机曲轴、齿轮轴工作表面,高精度齿轮齿面
极光表面	暗光泽面	≤0.1	精磨、研磨、普通抛光	精密机床主轴颈表面,一般量规工作表面,气缸内表面,活塞销表面
	亮光泽面	≤0.05	超精磨、精抛光、镜面磨削	精密机床主轴颈表面,滚动轴承的滚珠,高压油泵中柱塞和柱塞套配合的表面
	镜状光泽面	≤0.02		
	镜面	≤0.01	镜面磨削、超精研	高精度量仪、量块的工作表面,光学仪器中的金属镜面

表 5-7　轴和孔的表面粗糙度参数推荐值　μm

<table>
<tr><td colspan="4">经常装拆的配合表面</td><td colspan="6">过盈配合的配合表面</td><td colspan="3">定心精度高的配合表面</td><td colspan="3">滑动轴承表面</td></tr>
<tr><td rowspan="3">公差等级</td><td rowspan="3">表面</td><td colspan="2">基本尺寸/mm</td><td colspan="2" rowspan="3">公差等级</td><td rowspan="3">表面</td><td colspan="3">基本尺寸/mm</td><td rowspan="3">径向跳动</td><td rowspan="2">轴</td><td rowspan="2">孔</td><td rowspan="3">公差等级</td><td rowspan="3">表面</td><td rowspan="3">Ra</td></tr>
<tr><td>~50</td><td>>50~500</td><td>~50</td><td>>50~120</td><td>>120~500</td></tr>
<tr><td colspan="2">Ra</td><td colspan="3">Ra</td><td colspan="2">Ra</td></tr>
<tr><td rowspan="2">IT5</td><td>轴</td><td>0.2</td><td>0.4</td><td rowspan="6">装配按机械压入法</td><td rowspan="2">IT5</td><td>轴</td><td>0.1~0.2</td><td>0.4</td><td>0.8</td><td>2.5</td><td>0.05</td><td>0.1</td><td rowspan="2">IT6至IT9</td><td>轴</td><td>0.4~0.8</td></tr>
<tr><td>孔</td><td>0.4</td><td>0.8</td><td>孔</td><td>0.2~0.4</td><td>0.8</td><td>0.8</td><td>4</td><td>0.1</td><td>0.2</td><td>孔</td><td>0.8~1.6</td></tr>
<tr><td rowspan="2">IT6</td><td>轴</td><td>0.4</td><td>0.8</td><td rowspan="2">IT6至IT7</td><td>轴</td><td>0.4</td><td>0.8</td><td>1.6</td><td>6</td><td>0.1</td><td>0.2</td><td rowspan="2">IT10至IT12</td><td>轴</td><td>0.8~3.2</td></tr>
<tr><td>孔</td><td>0.4~0.8</td><td>0.8~1.6</td><td>孔</td><td>0.8</td><td>1.6</td><td>1.6</td><td>10</td><td>0.2</td><td>0.4</td><td>孔</td><td>1.6~3.2</td></tr>
<tr><td rowspan="2">IT7</td><td>轴</td><td>0.4~0.8</td><td>0.8~1.6</td><td rowspan="2">IT8</td><td>轴</td><td>0.8</td><td>0.8~1.6</td><td>1.6~3.2</td><td>16</td><td>0.4</td><td>0.8</td><td rowspan="2">流体润滑</td><td>轴</td><td>0.1~0.4</td></tr>
<tr><td>孔</td><td>0.5</td><td>1.6</td><td>孔</td><td>1.6</td><td>1.6~3.2</td><td>1.6~3.2</td><td>20</td><td>0.8</td><td>1.6</td><td>孔</td><td>0.2~0.8</td></tr>
<tr><td rowspan="2">IT8</td><td>轴</td><td>0.8</td><td>1.6</td><td colspan="2" rowspan="2">热装法</td><td>轴</td><td colspan="3">1.6</td><td colspan="6" rowspan="2"></td></tr>
<tr><td>孔</td><td>0.8~1.6</td><td>1.6~3.2</td><td>孔</td><td colspan="3">1.6~3.2</td></tr>
</table>

5.3.3　表面粗糙度的标注

(1) 表面粗糙度基本符号

表面粗糙度是零件表面结构中的一项重要指标，GB/T 131—2006 对其符号及标注均做了新的规定，图 5-9 所示为 GB/T 131—2006 规定的表面结构的基本符号。一般情况下只标注出表面粗糙度高度参数代号及数值，即图中的 a、b 项，对零件表面功能有特殊要求时再加注表面特征的其他要求，如 c、d、e 项。表面粗糙度符号及意义见表 5-8。

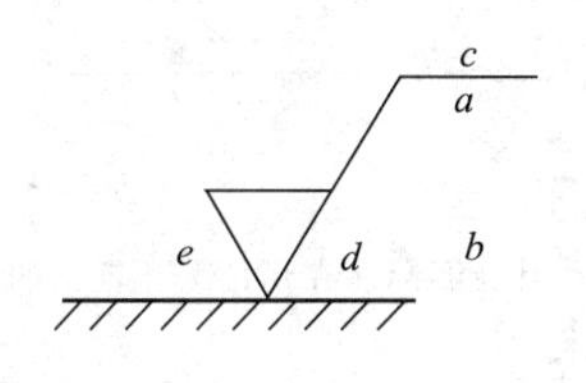

a：粗糙度高度参数代号及数值（μm）

b：粗糙度高度参数代号及数值（μm）（有要求时用）

c：加工方法、表面处理、涂层或其他加工工艺要求等，如"车"、"磨"、"镀"等

d：表面纹理和方向

e：加工余量（mm）

图 5-9　表面结构基本符号

表 5-8 表面粗糙度符号及意义

符号名称	符 号	含 义
基本图形符号		未指定工艺方法的表面，通过一个注释时可单独使用
扩展图形符号		用去除材料方法获得的表面；仅当其含义是"被加工表面"时可单独使用
		不去除材料的表面，也可用于表示保持上道工序形成的表面，不管这种状况是通过去除或不去除材料形成的
完整图形符号		在以上各种符号的长边上加一横线，以便注写对表面结构的各种要求

（2）粗糙度在图样中的注法

粗糙度在图样上的标注及说明见表 5-9。

表 5-9 粗糙度在图样上的标注

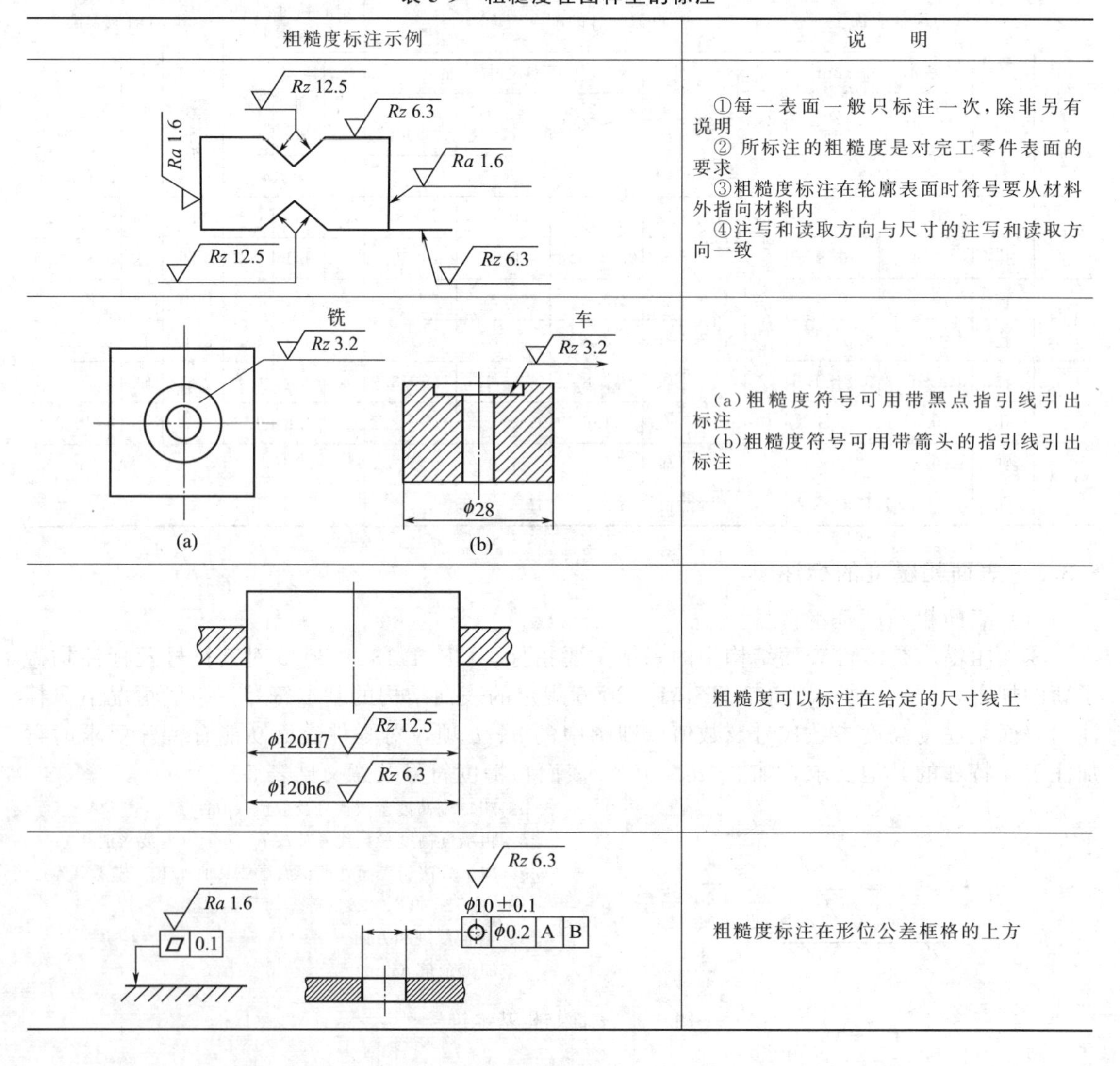

粗糙度标注示例	说 明
	①每一表面一般只标注一次，除非另有说明 ② 所标注的粗糙度是对完工零件表面的要求 ③粗糙度标注在轮廓表面时符号要从材料外指向材料内 ④注写和读取方向与尺寸的注写和读取方向一致
	(a)粗糙度符号可用带黑点指引线引出标注 (b)粗糙度符号可用带箭头的指引线引出标注
	粗糙度可以标注在给定的尺寸线上
	粗糙度标注在形位公差框格的上方

续表

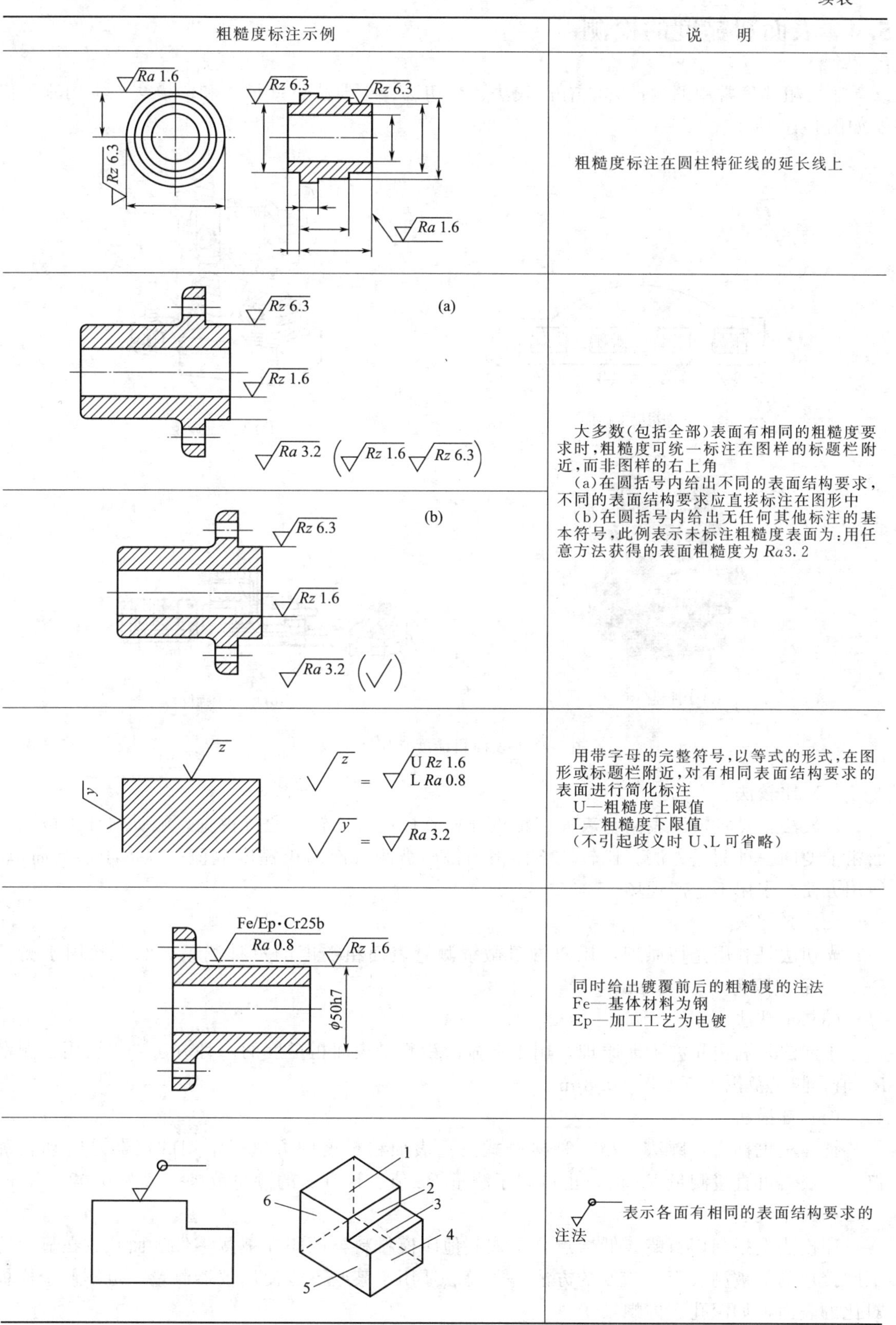

粗糙度标注示例	说　明
Ra 1.6　*Rz* 6.3　*Rz* 6.3　*Rz* 6.3　*Ra* 1.6	粗糙度标注在圆柱特征线的延长线上
(a) *Rz* 6.3　*Rz* 1.6　*Ra* 3.2 (*Rz* 1.6 *Rz* 6.3) (b) *Rz* 6.3　*Rz* 1.6　*Ra* 3.2 (√)	大多数(包括全部)表面有相同的粗糙度要求时,粗糙度可统一标注在图样的标题栏附近,而非图样的右上角 (a)在圆括号内给出不同的表面结构要求,不同的表面结构要求应直接标注在图形中 (b)在圆括号内给出无任何其他标注的基本符号,此例表示未标注粗糙度表面为:用任意方法获得的表面粗糙度为 *Ra*3.2
z　y　z = U *Rz* 1.6 L *Ra* 0.8　y = *Ra* 3.2	用带字母的完整符号,以等式的形式,在图形或标题栏附近,对有相同表面结构要求的表面进行简化标注 U—粗糙度上限值 L—粗糙度下限值 (不引起歧义时 U、L 可省略)
Fe/Ep·Cr25b *Ra* 0.8　*Rz* 1.6　ϕ50h7	同时给出镀覆前后的粗糙度的注法 Fe—基体材料为钢 Ep—加工工艺为电镀
1　2　3　4　5　6	表示各面有相同的表面结构要求的注法

5.4　表面粗糙度的检测

表面粗糙度常用的测量方法有比较法、光切法、干涉法、针描法和印模法。常用测量仪器如图5-10所示。

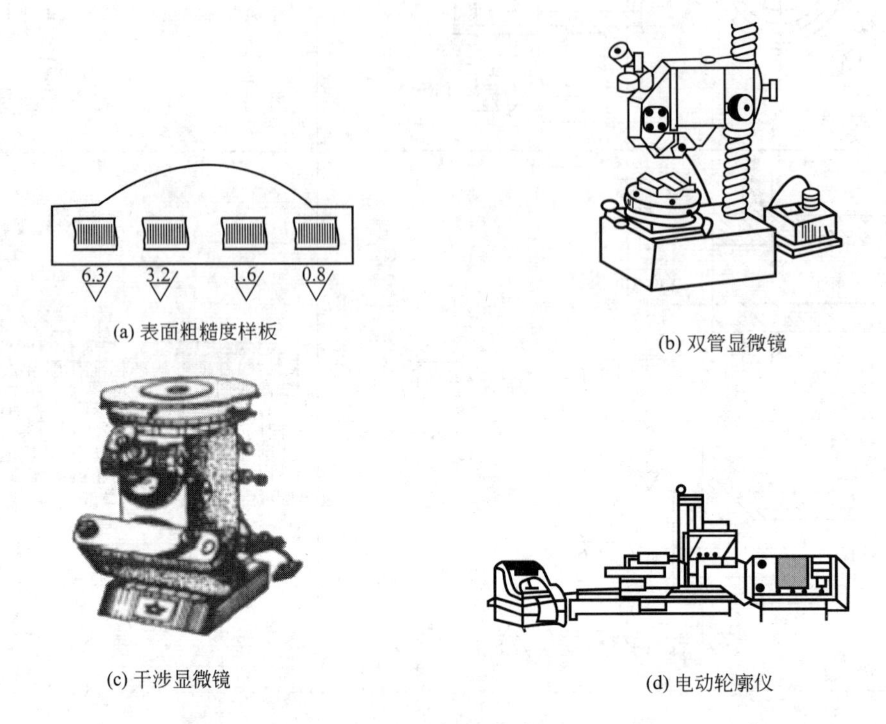

(a) 表面粗糙度样板　(b) 双管显微镜　(c) 干涉显微镜　(d) 电动轮廓仪

图5-10　表面粗糙度常用测量仪器

(1) 比较法

比较法就是将被测表面与表面粗糙度样板直接进行比较，通过视觉、触觉估计出被测表面粗糙度的一种测量方法。比较法不能精确得出被测表面的粗糙度数值，但由于器具简单、使用方便，多用于生产现场。

(2) 光切法

光切法是利用光切原理，用双管显微镜测量表面粗糙度的一种测量方法。常用于测量Rz，测量范围为0.5～60μm。

(3) 干涉法

干涉法是利用光波干涉原理，用干涉显微镜测量表面粗糙度的一种方法。主要用于测量Rz值，测量范围为0.032～0.8μm。

(4) 针描法

针描法也称为轮廓法，是一种接触式测量表面粗糙度的方法。常用的仪器是电动轮廓仪。该仪器可直接测量Ra值，也可用于测量Rz值。该方法的测量范围一般为0.02～5μm。

(5) 印模法

印模法是指利用石蜡、低熔点合金或其他印模材料，压印在被测零件表面，放在显微镜下间接地测量被测表面粗糙度的方法。印模法适用于某些不能使用仪器测量，也不便于样板对比的表面，如深孔、内螺纹等。

习　　题

5-1　表面粗糙度的主要评定参数有哪些？优先采用哪个评定参数？

5-2　规定取样长度和评定长度的目的是什么？

5-3　简述表面粗糙度对零件的使用性能有何影响。

5-4　将下列要求标注在图 5-11 上，各加工表面均采用去除材料法获得。

（1）直径为 ϕ50mm 的圆柱外表面粗糙度 Ra 的允许值为 3.2μm。

（2）左端面的表面粗糙度 Ra 的允许值为 1.6μm。

（3）直径为 ϕ50mm 的圆柱的右端面的表面粗糙度 Ra 的允许值为 1.6μm。

（4）内孔表面粗糙度 Ra 的允许值为 0.4μm。

（5）螺纹工作面的表面粗糙度 Rz 的最大值为 1.6μm，最小值为 0.8μm。

（6）其余各加工面的表面粗糙度 Ra 的允许值为 25μm。

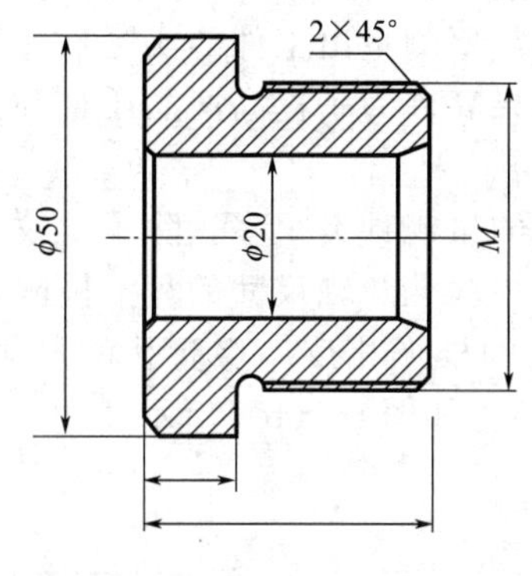

图 5-11　习题 5-4 图

6　光滑极限量规设计

6.1　量规概述

6.1.1　量规定义

量规是一种没有刻度、用以检验零件实际尺寸和形位误差综合结果的定值检验工具。一种规格的量规只能检验同种尺寸的工件，用量规检验合格的工件，其实际尺寸及形位误差都控制在给定的公差范围之内，不需要测量出工件的实际尺寸和形位公差的具体数值。量规结构简单，使用方便迅速，检验效果高，为了提高产品质量和检验效率，量规在机械制造行业大批量生产中得到了广泛使用。

目前在我国机械行业中使用的量规种类很多，除了螺纹量规、圆锥量规、花键量规及位置量规等之外，最常用的是用于检验孔、轴尺寸的光滑极限量规。

光滑极限量规与被检验对象的外形相反，检验孔的量规称为塞规，如图 6-1(a) 所示；检验轴的量规称为卡规（或环规），如图 6-1(b) 所示。

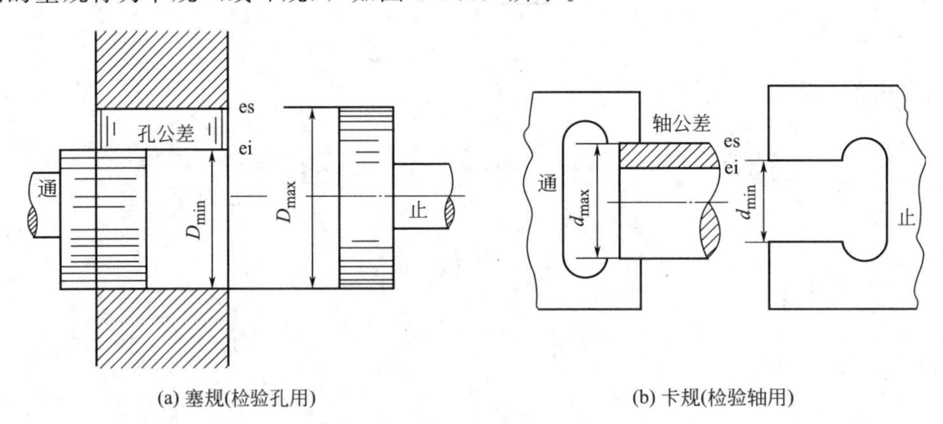

(a) 塞规(检验孔用)　　(b) 卡规(检验轴用)

图 6-1　光滑极限量规

塞规和卡规（或环规）统称量规，量规又有通规和止规之分。

① 通规：按工件的最大实体尺寸来制造，用来检验工件的孔或轴的作用尺寸是否超过最大实体尺寸，通规用于控制工件的作用尺寸。

② 止规：用来检验工件的孔或轴的实际尺寸是否超过最小实体尺寸，止规用于控制工件的实际尺寸。

检验工件时，如通规通过工件，而止规不通过工件，则该工件是合格的；否则该工件是不合格的。用量规检验工件时，通规和止规必须成对使用，才能判断被测工件的孔或轴的尺寸是否在给定的尺寸范围之内。

6.1.2　量规分类

量规按用途不同分为工作量规、验收量规、校对量规三种。

(1) 工作量规

工作量规是工件制造过程中生产操作者检验工件时所用的量规。操作者使用的量规应是新的或磨损较少的量规。工作量规的通规用“T”来表示，止规用“Z”来表示。

(2) 验收量规

验收量规是检验部门或用户代表在验收产品时所用的量规。验收量规一般不需另行设计和制造，是从磨损较多但未超过磨损极限的工作量规的通规中挑选出来的，止规应等于或接近工件的最小实体尺寸。这样操作，生产者用工作量规自检合格的工件，验收人员用验收量规验收时也应该合格。

(3) 校对量规

校对量规是用来检验工作量规的量规。由于孔用工作量规便于用精密量仪测量，所以国家标准规定，只对轴用工作量规使用校对量规。校对量规分为如下 3 种，见表 6-1。

表 6-1 轴用校对量规分类

量规形状	检验对象		量规名称	量规代号	功能	判断合格的标志
塞规	轴用工作量规	通规	校通—通	TT	防止通规制造尺寸过小	通过
		止规	校止—通	ZT	防止止规制造尺寸过小	通过
		通规	校通—损	TS	防止通规使用中磨损过大	不通过

①“校通—通”量规（代号 TT） 是检验轴用工作量规通端的校对量规。检验时，校对量规通过轴用工作量规的通端，该通端合格。该校对量规用于防止轴用工作量规的通规制造时尺寸过小。

②“校止—通”量规（代号 ZT） 是检验轴用工作量规止端的校对量规。检验时，校对量规通过轴用工作量规的止端，该止端合格。该校对量规用于防止轴用工作量规的止规制造时尺寸过小。

③“校通—损”量规（代号 TS） 是检验轴用工作量规的通端是否已达到或超过磨损极限的量规。该校对量规用于防止轴用工作量规的通规使用中尺寸磨损过大。

6.1.3 量规极限尺寸的判断原则

由于工件存在着形状尺寸误差，加工出来的孔或轴的实际形状尺寸不可能是一个理想的圆柱体。所以为了保证实际尺寸不仅在极限尺寸范围之内还能满足配合性质，从工件的验收方面来考虑，对要求遵守包容要求的孔和轴提出了极限尺寸的判断原则——泰勒原则。

泰勒原则是指遵守包容要求的单一要素孔或轴的实际尺寸和形状误差综合形成的体外作用尺寸不允许超过最大实体尺寸，在孔或轴的任何位置上的实际尺寸不允许超过最小实体尺寸。用公式表示如下

对于孔：$D_{fe} \geqslant D_M = D_{min}$　　$D_a \leqslant D_{max}$

对于轴：$d_{fe} \leqslant d_{max}$　　$d_a \geqslant d_{min}$

符合泰勒原则的光滑极限量规如下。

① 量规尺寸要求　通规的基本尺寸应等于工件的最大实体尺寸，止规的基本尺寸应等于工件的最小实体尺寸。

② 量规的形状要求　通规用来控制工件的作用尺寸，它的测量面应是与孔或轴形状相对应完整表面（通常称全形量规），且测量长度等于配合长度。止规用来控制工件的实际尺寸，它的测量面应是点状的（通常称不全形量规），且测量长度可以短些。

6.2　量规公差与量规公差带

6.2.1　工作量规的公差带

① 工作量规制造公差 T 按 GB/T 1957—2006 的规定取值。如表 6-2 所示。

② 通规公差带的位置 Z 是指量规制造公差 T 的中心线到工件最大实体尺寸线的距离(向工件公差带内缩一个 Z)。

③ 止规公差带的位置 $T/2$ 是指量规制造公差 T 的中心线到工件最小实体尺寸的距离(向工件公差带内缩一个 $T/2$)。

6.2.2　校对量规的公差带

① 校对量规公差 T_P。校对量规公差取值为 $T_P=T/2$。

② T_P的位置。对于 TT 规、ZT 规，T_P在 T 的中心线以下；对于 TS 规，T_P在轴工件公差的最大实体尺寸线以下。

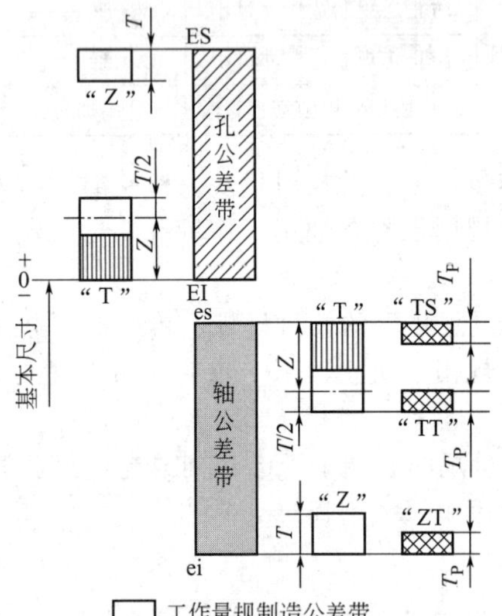

图 6-2　量规公差带分布

6.2.3　量规公差带

为了确保产品质量与互换性，防止产生误收，国标 GB/T 1957—2006 规定了量规的公差带位于孔、轴的公差带内。

孔用和轴用工作量规公差带分别如图 6-2 所示。

图中，T 为量规制造公差，Z 为通规尺寸公差带的中心到工件最大实体尺寸之间的距离，称为位置要素。通规在使用过程中会逐渐磨损。为了使它具有一定的寿命，需要留出适当的磨损量，即磨损极限，其磨损极限等于被检验工件的最大实体尺寸。因为止规不经常通过工件，磨损较少，所以在给定尺寸公差带内，不必留磨损量和另行规定磨损极限。

由图 6-2 可知，量规公差 T 和位置要素 Z 的数值大，对工件的加工不利；T 小则量规制造困难，Z 小则量规使用寿命短。因此，国家标准规定了量规制造公差 T 和公差带位置要素 Z 的数值，见表 6-2。

表 6-2　量规制造公差 T 和位置要素 Z 值（摘自 GB/T 1957—2006）　　μm

工件基本尺寸 /mm	IT6			IT7			IT8			IT9			IT10			IT11		
	IT6	T	Z	IT7	T	Z	IT8	T	Z	IT9	T	Z	IT10	T	Z	IT11	T	Z
～3	6	1	1	10	1.2	1.6	14	1.6	2	25	2	3	40	2.4	4	60	3	6
＞3～6	8	1.2	1.4	12	1.4	2	18	2	2.6	30	2.4	4	48	3	5	75	4	8
＞6～10	9	1.4	1.6	15	1.8	2.4	22	2.4	3.2	36	2.8	5	58	3.6	6	90	5	9
＞10～18	11	1.6	2	18	2	2.8	27	2.8	4	43	3.4	6	70	4	8	110	6	11
＞18～30	13	2	2.4	21	2.4	3.4	33	3.4	5	52	4	7	84	5	9	130	7	13
＞30～50	16	2.4	2.8	25	3	4	39	4	6	62	5	8	100	6	11	160	8	16
＞50～80	19	2.8	3.4	30	3.6	4.6	46	4.6	7	74	6	9	120	7	13	190	9	19

续表

工件基本尺寸/mm	IT6			IT7			IT8			IT9			IT10			IT11		
	IT6	T	Z	IT7	T	Z	IT8	T	Z	IT9	T	Z	IT10	T	Z	IT11	T	Z
>80～120	22	3.2	3.8	35	4.2	5.4	54	5.4	8	87	7	10	140	8	15	220	10	22
>120～180	25	3.8	4.4	40	4.8	6	63	6	9	100	8	12	160	9	18	250	12	25
>180～250	29	4.4	5	46	5.4	7	72	7	10	115	9	14	185	10	20	290	14	29
>250～315	32	4.8	5.6	52	6	8	81	8	11	130	10	16	210	12	22	320	16	32
>315～400	36	5.4	6.2	57	7	9	89	9	12	140	11	18	230	14	25	360	18	36
>400～500	40	6	7	63	8	10	97	10	14	155	12	20	250	16	28	400	20	40

6.3 光滑极限量规的设计

量规设计的任务就是根据工件的要求，设计出能够把工件尺寸控制在其公差范围内的适用的量具。量规设计包括结构形式的选择、结构尺寸的确定、工作尺寸的计算及量规工作图的绘制。

6.3.1 量规结构形式的选择

量规的结构形式分为全形规与非全形规两种。

全形规：即测量面应具有与被测件相应的完整表面，其长度理论上也应等于配合件的长度，以使它在检验时能与被测面全部接触，达到控制整个被测表面作用尺寸的目的。

非全形规：即量规测量面理论上应制成两点式的，以使它在检验时与被测面成两点式接触，从而控制被测面的局部实际尺寸。

量规测量面形式的选择，对零件的测量结果影响很大，为了保证被测零件的质量，光滑极限量规的结构形式应符合极限尺寸的判断原则。即：

孔和轴的作用尺寸不允许超过其 MMS；

孔和轴在任何位置上的实际尺寸不允许超过其 LMS。

量规通端的功能是控制被测件的作用尺寸的，故通规的基本尺寸应等于被测零件的 MMS，形状理论上应为全形规；止端的功能是控制被测件的局部实际尺寸，故其基本尺寸应等于被测件的 LMS，形状理论上应为非全形规。

在量规的实际应用中，由于量规制造和使用方面的原因，要求量规形状完全符合极限尺寸判断原则（泰勒原则）是有一定困难的。因此国家标准规定，在被检验工件的形状误差不影响配合性质的条件下，允许使用偏离泰勒原则的量规。例如，对于尺寸大于 100mm 的孔，为了不让量规过于笨重，通规很少制成全形轮廓。同样，为了提高检验效率，检验大尺寸轴的通规也很少制成全形环规。此外，全形环规不能检验已装夹在顶尖上的被加工零件以及曲轴零件等。

由于零件总是存在形状误差的，当量规测量面的形式不符合极限尺寸判断原则时，就有可能将不合格的零件误判为合格的。如图 6-3 所示。

孔的实际轮廓已超出尺寸公差带，应为不合格品。用全形量规检验时不能通过；而用点状止规检验，虽然沿 X 方向不能通过，但沿 Y 方向却能通过。于是，该孔被正确地判断为废品。反之，若用两点状通规检验，则可能沿 Y 轴方向通过，用全形止规检验，则不能通过。这样一来，由于量规的测量面形状不符合泰勒原则，结果导致把该孔误判为合格。为避免这种情况产生，国标规定：应在保证被测零件孔的形状误差（尤其是轴线的直线度、圆柱面的圆度误差）不致影响配合性质的条件下，才能使用偏离极限尺寸判断原则的量规结构形式。

国家标准推荐了量规形式的应用尺寸范围和使用顺序，如图 6-4 所示。

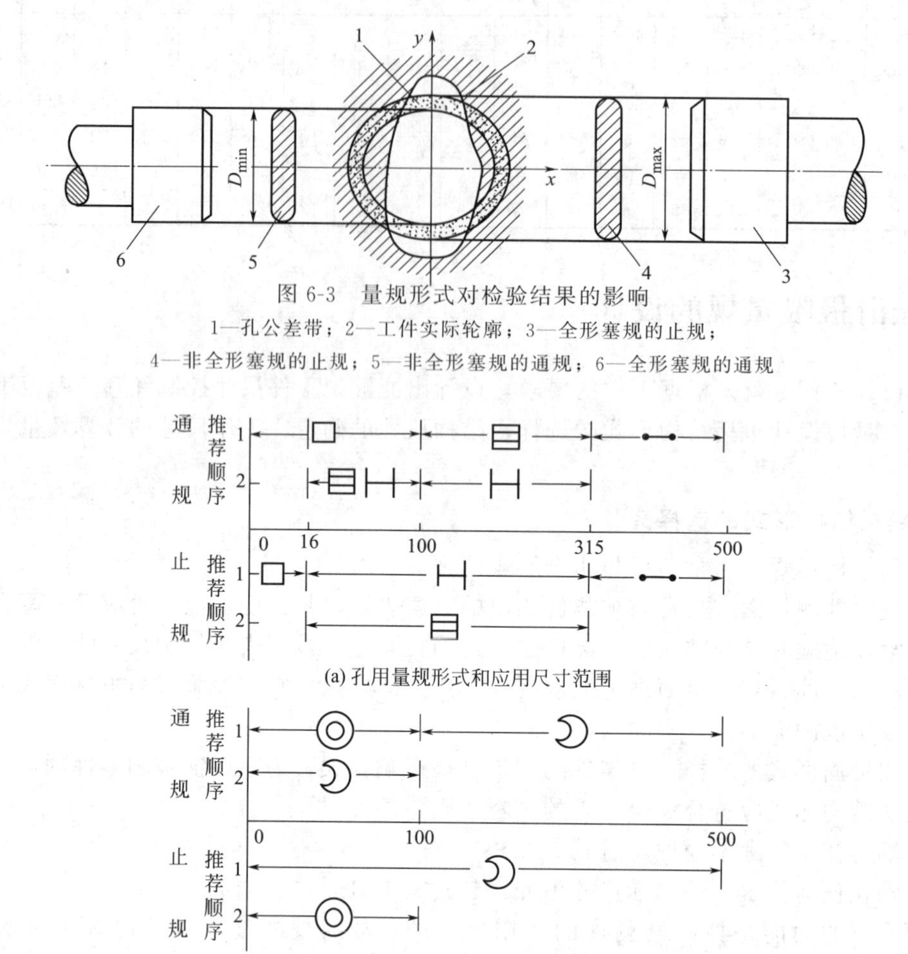

图 6-3　量规形式对检验结果的影响

1—孔公差带；2—工件实际轮廓；3—全形塞规的止规；
4—非全形塞规的止规；5—非全形塞规的通规；6—全形塞规的通规

图 6-4　量规形式及应用尺寸范围

6.3.2　量规的技术要求

（1）量规材料

量规测量面的材料与硬度对量规的使用寿命有一定的影响。量规可用合金工具钢（如 CrMn、CrMnW、CrMoV），碳素工具钢（如 T10A、T12A），渗碳钢（如 15 钢、20 钢）及其他耐磨材料（如硬质合金）等材料制造。手柄一般用 Q235 钢、LY11 铝等材料制造。量规测量面硬度为 58～65HRC，并应经过稳定性处理。

（2）形位公差

国家标准规定了 IT6～IT16 工件的量规公差。量规的形位公差一般为量规制造公差的 50%。考虑到制造和测量的困难，当量规的尺寸公差小于 0.002mm 时，其形位公差仍取 0.001mm。

（3）表面粗糙度

量规测量面不应有锈迹、毛刺、黑斑、划痕等明显影响外观和使用质量的缺陷。量规测量表面的表面粗糙度参数 Ra 值见表 6-3。

表 6-3　量规测量表面的表面粗糙度

工作量规	被检工件基本尺寸/mm		
	≤120	>120～315	>315～500
	表面粗糙度 Ra/μm		
IT6 级孔用量规	>0.02～0.04	>0.04～0.08	>0.08～0.16
IT6～IT9 级轴用量规 IT7～IT9 孔用量规	>0.04～0.08	>0.08～0.16	>0.16～0.32
IT10～IT12 级孔、轴用量规	>0.08～0.16	>0.16～0.32	>0.32～0.63
IT13～IT16 级孔、轴用量规	>0.16～0.32	>0.32～0.63	>0.32～0.63

6.3.3　量规工作尺寸的计算步骤

① 查出被检验工件的极限偏差。

② 查出工作量规的制造公差 T 和位置要素 Z 值，并确定量规的形位公差。

③ 画出工件和量规的公差带图。

④ 计算量规的极限偏差。

⑤ 计算量规的极限尺寸以及磨损极限尺寸。

6.3.4　量规设计应用举例

【例 6-1】　设计检验孔 ϕ30H8Ⓔ用的量规和检验轴 ϕ30g7Ⓔ用的工作量规。

解：（1）查标准公差数值表、孔轴基本偏差表，得

$\phi30\text{H}8\left(^{+0.033}_{\ \ 0}\right)$ mm

$\phi30\text{g}7\left(^{-0.007}_{-0.028}\right)$ mm

（2）查表 6-2 得：检验 ϕ30H8Ⓔ孔用的工作量规制造公差数值 $T=3.4\mu\text{m}$，$Z=5\mu\text{m}$；检验 ϕ30g7Ⓔ轴用的工作量规制造公差数值 $T=2.4\mu\text{m}$，$Z=3.4\mu\text{m}$。

（3）画出 ϕ30H8Ⓔ孔、ϕ30g7Ⓔ轴及其所用工作量规的公差带图，并计算其极限偏差值，如图 6-5 所示。

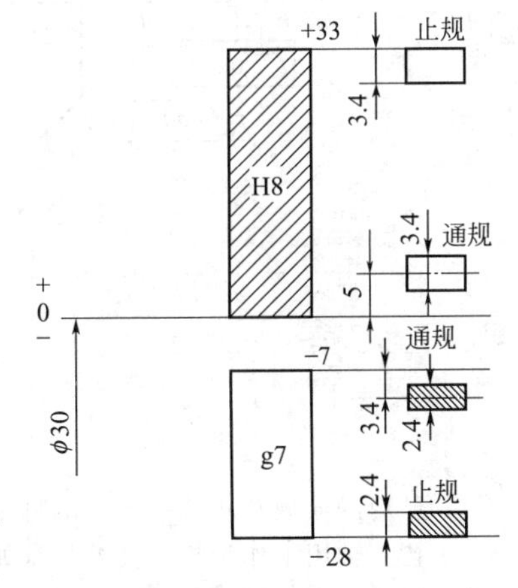

图 6-5　工作量规公差带图

以工件的基本尺寸为零线，计算量规的极限偏差和工作尺寸：

ϕ30H8 的通规：上偏差＝5＋1.7＝6.7（μm），下偏差＝5－1.7＝3.3（μm）

则通规尺寸为 $\phi30^{+0.0067}_{+0.0033}$ mm，即 $\phi30.0067^{\ \ 0}_{-0.0034}$ mm

ϕ30H8 的止规：上偏差＝33μm，下偏差＝33－3.4＝29.6（μm）

则止规尺寸为 $\phi30^{+0.0330}_{+0.0296}$ mm，即 $\phi30.0033^{\ \ 0}_{-0.0034}$ mm

ϕ30g7 的通规：上偏差＝－7－3.4＋1.2＝－9.2（μm），下偏差＝－7－3.4－1.2＝－11.6（μm）

则通规尺寸为 $\phi30^{-0.0092}_{-0.0116}$ mm，即 $\phi29.9884^{+0.0024}_{\ \ 0}$ mm

ϕ30g7 的止规：上偏差＝－28＋2.4＝－25.6（μm），下偏差＝－28μm

则止规尺寸为 $\phi30^{-0.0256}_{-0.028}$ mm，即 $\phi29.972^{+0.0024}_{\ \ 0}$ mm

（4）绘制 ϕ30H8Ⓔ的塞规和 ϕ30g7Ⓔ的卡规工作图并标注各项技术要求，如图 6-6(a) 和图 6-6(b) 所示。

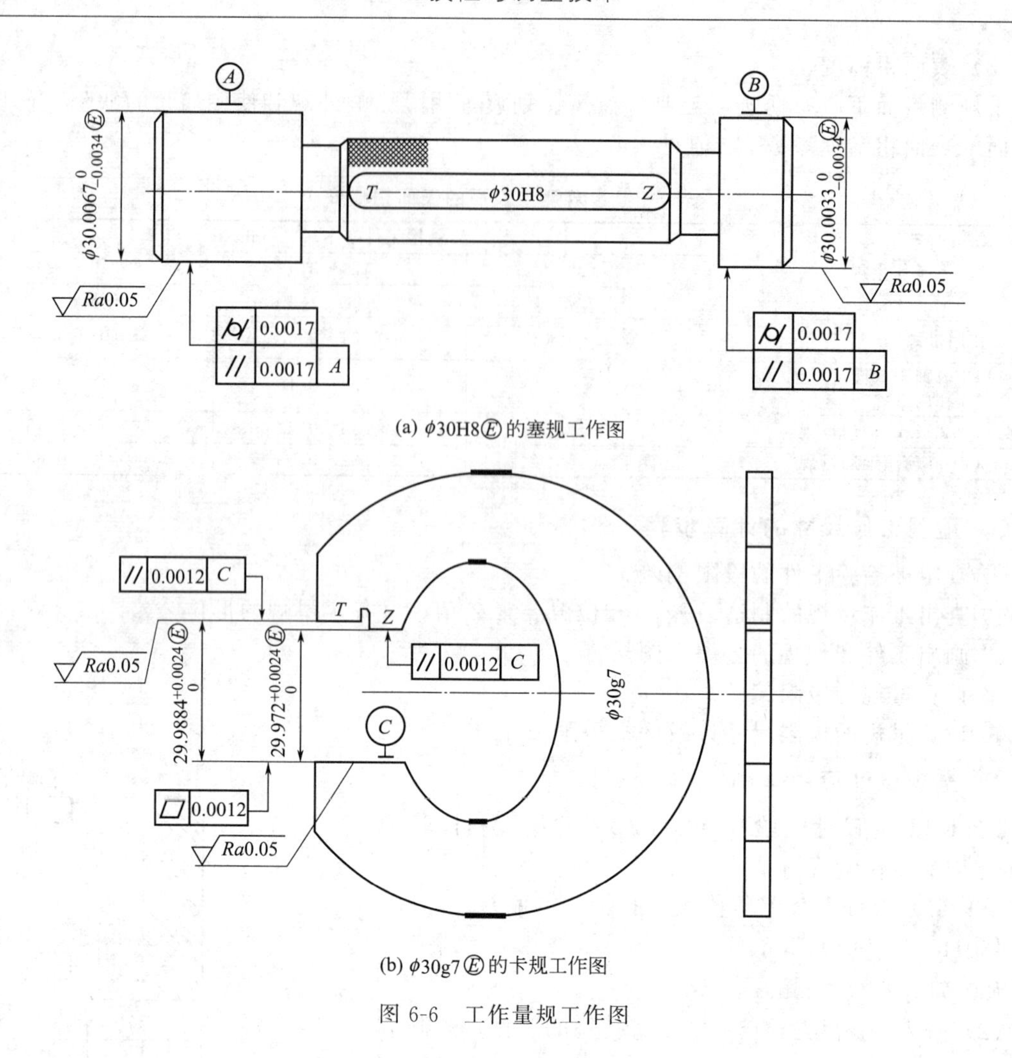

(a) φ30H8Ⓔ的塞规工作图

(b) φ30g7Ⓔ的卡规工作图

图 6-6　工作量规工作图

习　　题

6-1　量规的通规和止规按工件的哪个实体尺寸制造？各控制工件的哪个极限尺寸？

6-2　孔、轴用工作量规的公差带是如何分布的？其特点是什么？

6-3　试计算 φ45H7 孔的工作量规和 φ45k6 轴的工作量规及其校对量规工作部分的极限尺寸，并画出孔、轴工作量规和校对量规的尺寸公差带图。

7　滚动轴承的公差与配合

7.1　概述

7.1.1　滚动轴承的结构及分类

滚动轴承是广泛应用于机械制造业中的标准化部件，一般由内圈、外圈、滚动体和保持架四部分组成，图 7-1 所示为向心球轴承的结构。

滚动轴承的配合尺寸是外径 D、内径 d，它们相应的圆柱面分别与外壳孔和轴颈配合，为完全互换。滚动轴承的内、外圈滚道与滚动体的装配，一般采用分组方法，为不完全互换。

滚动轴承的类型很多，按滚动体形状可分为球、滚子及滚针轴承；按其可承受负荷的方向可分为向心、向心推力和推力轴承等。

滚动轴承的工作性能和使用寿命取决于滚动轴承本身的制造精度、滚动轴承与轴、外壳孔的配合性质，以及轴和外壳孔的尺寸精度、形位精度、表面粗糙度以及安装等因素。

滚动轴承安装在机器上，其内圈内圆柱面与轴颈配合，外圈外圆柱面与外壳孔配合，它们的配合性质应保证轴承的工作性能。因此必须满足下列两项要求。

（1）必要的旋转精度

轴承工作时，其内、外圈和端面的跳动应控制在允许的范围之内，以保证传动零件的回转精度。

（2）合适的游隙

轴承工作时，滚动轴承与套圈之间的径向游隙 δ_1 和轴向游隙 δ_2（见图 7-2）的大小，均应保持在合理的范围之内，以保证轴承的正常运转和使用寿命。游隙过大，会引起转轴较大的径向跳动和轴向窜动及振动和噪声。游隙过小，则会因为轴承与轴颈、外壳孔的过盈配合使轴承滚动体与内、外圈产生较大的接触应力，增加轴承摩擦发热，从而降低轴承的使用寿命。

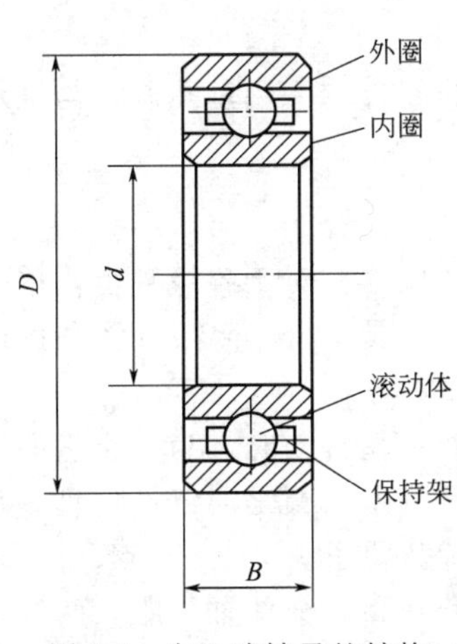

图 7-1　向心球轴承的结构

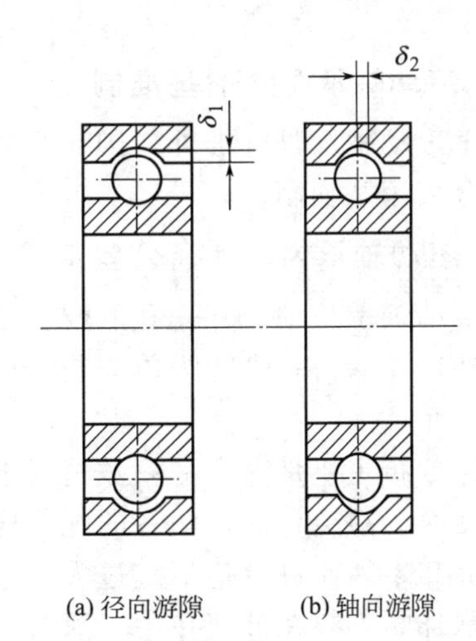

图 7-2　滚动轴承的游隙

7.1.2 滚动轴承的精度等级及应用

滚动轴承的公差等级由轴承的尺寸公差和旋转精度决定。尺寸公差是指轴承内径 d、外径 D、宽度 B 等的尺寸公差。旋转精度是指轴承内圈、外圈作相对转动时跳动的程度，包括成套轴承内圈、外圈的径向圆跳动，成套轴承内圈、外圈端面对滚道的跳动，内圈基准端面对内孔的跳动等。

根据GB/T 307.3—2005的规定，滚动轴承按尺寸公差与旋转精度分级。向心轴承分0、6、5、4、2五个精度等级，从0级到2级，精度依次由低到高。圆锥滚子轴承的公差等级分为0、6x、5、4、2五个精度等级，见表7-1。各精度等级的应用见表7-2。

表7-1 滚动轴承的精度等级

精度等级代号	P0	P6、P6x	P5	P4	P2
精度等级名称	普通级	中级	较高级	高级	精密级

P0级在轴承型号上是省略的，只有P6级或P6级以上的，等级代号才出现在轴承型号中。

表7-2 滚动轴承精度等级的应用

轴承精度等级	应用举例
0级	在机械制造业中应用最广，常用于旋转精度要求不高、中等转速、中等负荷的一般机构中。如普通机床中的变速、进给机构，汽车、拖拉机中的变速机构，普通电动机、水泵、压缩机、汽轮机和涡轮机的旋转机构中的轴承等
6、6x、5级	用于旋转精度和转速较高的机构中。如普通机床主轴的前轴承多用5级，后轴承多用6级
4级	用于旋转精度高和转速高的旋转机构，如高精度磨床和车床、精密螺纹车床和齿轮磨床等的主轴轴系
2级	用于精密机械的旋转机构中，如精密坐标镗床、高精度齿轮磨床和数控机床等的主轴轴系

7.2 滚动轴承内、外径的公差带

7.2.1 滚动轴承配合的基准制

由于滚动轴承是标准件，因此凡是与轴承内圈形成的配合均采用基孔制，与轴承外圈形成的配合采用基轴制。

7.2.2 滚动轴承内、外径公差带特点

在滚动轴承与轴、外壳孔的配合中，起作用的是平均尺寸。对于各级轴承，单一平面平均内（外）径的公差带均为单向制，而且统一采用上偏差为零，下偏差为负值的布置方案，如图7-3所示。

这样分布主要是考虑在多数情况下，轴承的内圈随轴一起转动时，为防止它们之间发生相对运动而磨损结合面，两者的配合应有一定的过盈，但由于内圈是薄壁件，且一定时间后又必须拆卸，因此过盈量不宜过大，单向制正适合这一特殊要求。

轴承外圈安装在外壳孔中，通常不旋转。工作时温度升高，会使轴膨胀，两端轴承中有一端应是游动支承，因此，可把轴承外径与壳体孔的配合稍微松一点，使之能补偿轴的热胀

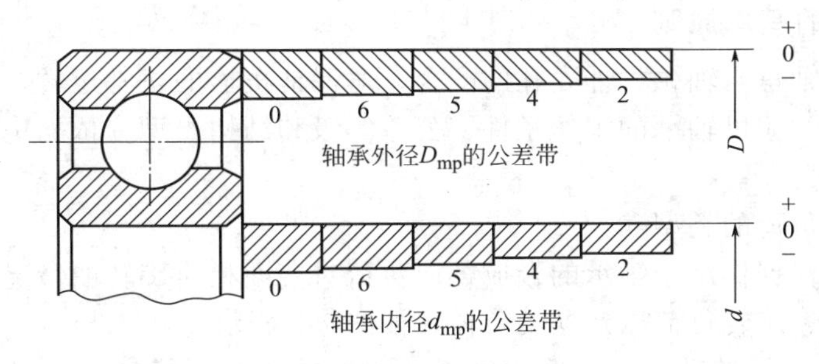

图 7-3 轴承内、外圈公差带图

伸长，单向制也正适合了这一特殊要求。

7.3 滚动轴承配合的选择

7.3.1 轴颈和外壳孔的公差带

国家标准 GB/T 275—1993《滚动轴承与轴和外壳孔的配合》，规定了与轴承内、外圈相配合的轴和外壳孔的尺寸公差带、形位公差以及配合选择的基本原则和要求。由于滚动轴承属于标准零件，所以轴承内圈与轴颈的配合属基孔制的配合，轴承外圈与外壳孔的配合属基轴制的配合。轴颈和外壳孔的公差带均在光滑圆柱体的国标中选择，它们分别与轴承内、外圈相应的圆柱面结合，可以得到松紧程度不同的各种配合。

需要特别注意的是，轴承内圈与轴颈的配合虽属基孔制，但配合的性质不同于一般基孔制的相应配合，这是因为基准孔公差带下移为上偏差为零、下偏差为负的位置，所以轴承内圈内圆柱面与轴颈得到的配合比相应光滑圆柱体按基孔制形成的配合紧一些。

滚动轴承与轴颈、外壳孔配合的公差带如图 7-4 所示。图中为标准推荐的外壳孔、轴颈的尺寸公差带，其适用范围如下：对轴承的旋转精度和运转平稳性无特殊要求；轴颈为实体或厚壁空心；轴颈与座孔的材料为钢或铸铁；轴承的工作温度不超过 100℃。

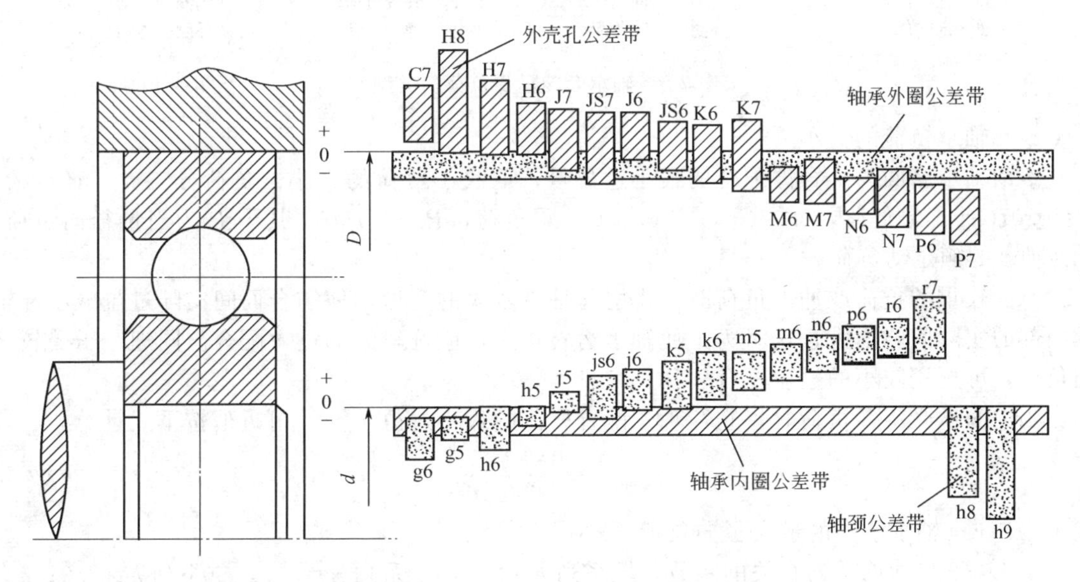

图 7-4 滚动轴承与轴颈、外壳孔配合的公差带

7.3.2 配合选择的基本原则

正确选择滚动轴承与轴颈、外壳孔的配合，对保证机器的正常运转，延长轴承的使用寿命影响很大。因此，应以轴承的工作条件、公差等级和结构类型为依据进行设计。选择时主要考虑如下因素。

(1) 轴承承受负荷的类型

轴承转动时，根据作用于轴承的合成径向负荷对套圈相对旋转的情况，可将套圈承受的负荷分为定向负荷、旋转负荷以及摆动负荷，如图 7-5 所示。

① 定向负荷　轴承转动时，作用于轴承上的合成径向负荷与某套圈相对静止，该负荷将始终不变地作用在该套圈的局部滚道上。图 7-5(a) 中的外圈和图 7-5(b) 中的内圈所承受的径向负荷都是定向负荷。承受定向负荷的套圈，一般选较松的过渡配合，或较小的间隙配合，从而减少滚道的局部磨损，以延长轴承的使用寿命。

② 旋转负荷　轴承转动时，作用于轴承上的合成径向负荷与某套圈相对旋转，并依次作用在该套圈的整个圆周滚道上。图 7-5(a) 和图 7-5(c) 中的内圈及图 7-5(b) 和图 7-5(d) 中的外圈所承受的径向负荷都是旋转负荷。承受旋转负荷的套圈与轴（或外壳孔）相配，应选过盈配合或较紧的过渡配合，其过盈量的大小以不使套圈与轮或壳体孔配合表面间出现打滑现象为原则。

③ 摆动负荷　轴承转动时，作用于轴承上的合成径向负荷在某套圈滚道的一定区域内相对摆动，作用在该套圈的部分滚道上。图 7-5(c) 的外圈和图 7-5(d) 的内圈所承受的径向负荷都是摆动负荷。承受摆动负荷的套圈，其配合要求与旋转负荷相同或略松一些。

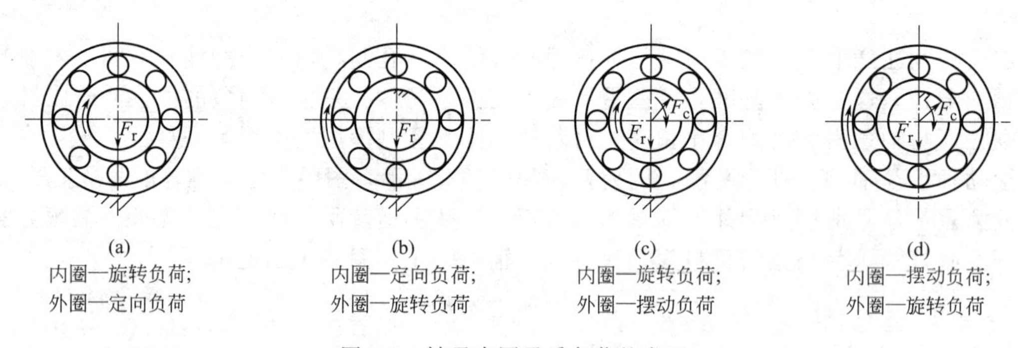

图 7-5　轴承套圈承受负荷的类型

(2) 轴承负荷的大小

滚动轴承套圈与结合件配合的最小过盈量，取决于负荷的大小。负荷分三类：轻负荷，$P<0.07C$；正常负荷，$0.07C<P<0.15C$；重负荷，$P>0.15C$。其中 P 为当量径向负荷，C 为轴承的额定动负荷。

承受较重的负荷或冲击负荷时，将引起轴承较大的变形，使结合面间实际过盈减小和轴承内部的实际间隙增大，这时为了使轴承运转正常，应选较大的过盈配合。同理，承受较轻的负荷，可选用较小的过盈配合。

当内圈承受旋转负荷时，它与轴颈配合所需的最小过盈 $Y'_{\min}$，可近似按下式计算

$$Y'_{\min}=-\frac{13Pk}{10^6 b}(\text{mm}) \tag{7-1}$$

式中　P——轴承承受的最大径向负荷，kN；

k——与轴承系列有关的系数，轻系列 $k=2.8$，中系列 $k=2.3$，重系列 $k=2.0$；

b——轴承内圈的配合宽度，mm，$b=B-2r$，B 为轴承宽度，r 为内圈的圆角半径。

为避免套圈破裂，必须按不超出套圈允许的强度要求，核算其最大过盈量 Y'_{max}，可近似按下式计算

$$Y'_{max}=-\frac{11.4kd[\sigma_p]}{(2k-1)\times10^3}\text{mm} \tag{7-2}$$

式中　$[\sigma_p]$——轴承套圈材料的许用拉应力（10^5Pa），轴承钢的许用拉应力 $[\sigma_p]=400\times10^5$Pa；

d——轴承内圈内径，mm。

（3）工作温度

轴承工作时，由于摩擦发热和其他热源的影响，而使轴承套圈的温度经常高于结合零件的温度。由于发热膨胀，轴承内圈与轴颈的配合可能变松，外圈与外壳孔的配合可能变紧。轴承工作温度一般应低于100℃，在高于此温度时，必须考虑温度影响的修正量。

（4）轴承尺寸大小

滚动轴承的尺寸愈大，选取的配合应愈紧。但对于重型机械上使用的特别大尺寸的轴承，应采用较松的配合。

（5）旋转精度和旋转速度

对于负荷较大且有较高旋转精度要求的轴承，为了消除弹性变形和振动的影响，应避免采用间隙配合。对精密机床的轻负荷轴承，为避免外壳孔与轴颈形状误差对轴承精度的影响，常采用较小的间隙配合。一般认为，轴承的旋转速度愈高，配合也应该愈紧。

（6）轴颈和外壳孔的结构与材料

采用剖分式外壳体结构时，为避免外圈产生椭圆变形，宜采用较松配合。采用薄壁、轻合金外壳孔或薄壁空心轴颈时，为保证轴承有足够的支承刚度和强度，应采用较紧配合。对高于K7包括k7的配合或壳体孔的标准公差小于IT6级时，应选用整体式外壳体。

（7）安装条件

为了便于安装、拆卸，特别对于重型机械，宜采用较松的配合。如果要求拆卸而又需较紧配合时，可采用分离型轴承或内圈带锥孔和紧定套或退卸套的轴承。

除上述条件外，还应考虑当要求轴承的内圈或外圈能沿轴向移动时，该内圈与轴颈或外圈与外壳孔的配合，应选较松的配合。

此外，当轴承的两个套圈之一须采用特大过盈的过盈配合时，由于过盈配合使轴承径向游隙减小，则应选择具有大于基本组的径向游隙的轴承。

滚动轴承与轴颈、座孔配合的选择方法有类比法和计算法，通常采用类比法。表7-3和表7-4列出了GB/T 275—1993规定的向心轴承与轴颈、外壳孔配合的公差带，供选择参考。配合初选后，还应考虑对有关影响因素进行修正。

7.3.3　配合表面的形位公差及表面粗糙度

为了保证轴承工作时的安装精度和旋转精度，还必须对与轴承相配的轴和外壳孔的配合表面提出形位公差及表面粗糙度要求。

（1）形状和位置公差

轴承的内、外圈是薄壁件，易变形，尤其是超轻、特轻系列的轴承，其形状误差在装配后靠轴颈和外壳孔的正确形状可以得到矫正。为了保证轴承安装正确、转动平稳，通常对轴颈和外壳孔的表面提出圆柱度要求。为保证轴承工作时有较高的旋转精度，应限制与套圈端面接触的轴肩及外壳孔肩的倾斜，特别是在高速旋转的场合，从而避免轴承装配后滚道位置不正，旋转不稳，因此标准又规定了轴肩和外壳孔肩的端面圆跳动公差，见表7-5。

表 7-3 向心轴承和轴的配合、轴公差带代号（GB/T 275—1993）

运转状态：说明	运转状态：举例	负荷状态	深沟球轴承、调心球轴承、接触球轴承	圆柱滚子轴承和圆锥滚子轴承	调心滚子轴承	公差带
圆柱孔轴承						
			轴承公称内径/mm			
旋转的内圈负荷及摆动负荷	一般通用机械、电动机、机床主轴、泵、内燃机、直齿轮传动装置、铁路机车车辆轴箱、破碎机等	轻负荷	≤18	—	—	h5
			>18～100	≤40	≤40	j6①
			>100～200	>40～140	>40～100	k6①
			—	>140～200	>100～200	m6①
		正常负荷	≤18	—	—	j5、js5
			>18～100	≤40	≤40	k5②
			>100～140	>40～100	>40～65	m5②
			>140～200	>100～140	>65～100	m6
			>200～280	>140～200	>100～140	n6
			—	>200～400	>140～280	p6
			—		>280～500	r6
		重负荷		>50～140	>50～100	n6
				>140～200	>100～140	p6③
				>200	>140～200	r6
				—	>200	r7
固定的内圈负荷	静止轴上的各种轮子、张紧轮绳轮、振动筛、惯性振动器	所有负荷				f6、g6①、h6、j6
仅有轴向负荷		所有尺寸				j6、js6
圆锥孔轴承						
所有负荷	铁路机车车辆轴箱	装在退卸套上的所有尺寸				h8(IT6)④⑤
	一般机械传动	装在紧定套上的所有尺寸				h9(IT7)⑤④

① 凡对精度有较高要求的场合，应用j5，k5，…代替j6，k6，…。

② 圆锥滚子轴承、角接触球轴承配合对游隙影响不大，可用k6、m6代替k5、m5。

③ 重负荷下轴承游隙应大于基本组游隙的滚子轴承。

④ 凡有较高精度或转速要求的场合，应选用h7（IT5）代替h8（IT6）等。

⑤ IT6、IT7表示圆柱度公差数值。

表 7-4 向心轴承和外壳孔的配合、孔公差带代号（GB/T 275—1993）

运转状态：说明	运转状态：举例	负荷状态	其他状态	公差带①：球轴承	公差带①：滚子轴承
固定的外圈负荷	一般机械、铁路机车车辆轴承、电动机、泵、曲轴主轴承	轻、正常、重	轴向易移动，可采用剖分式外壳	H7，G7②	
摆动负荷		冲击	轴向能移动，可采用整体或剖分式外壳	J7，JS7	
		轻、正常			
		正常、重	轴向不移动，采用整体式外壳	K7	
		冲击		M7	
旋转的外圈负荷	张紧滑轮、轮毂轴承	轻		J7	K7
		正常		K7，M7	M7，N7
		重		—	N7，P7

① 并列公差带随尺寸的增大从左至右选择，对旋转精度有较高要求时，可相应提高一个公差等级。

② 不适用于剖分式外壳。

表 7-5　轴和外壳孔的形位公差

基本尺寸/mm		圆柱度 t				端面圆跳动 t_1			
		轴颈		外壳孔		轴肩		外壳孔肩	
		轴承公差等级							
		0	6(6x)	0	6(6x)	0	6(6x)	0	6(6x)
大于	至	公差值/μm							
	6	2.5	1.5	4	2.5	5	3	8	5
6	10	2.5	1.5	4	2.5	6	4	10	6
10	18	3.0	2.0	5	3.0	8	5	12	8
18	30	4.0	2.5	6	4.0	10	6	15	10
30	50	4.0	2.5	7	4.0	12	8	20	12
50	80	5.0	3.0	8	5.0	15	10	25	15
80	120	6.0	4.0	10	6.0	15	10	25	15
120	180	8.0	5.0	12	8.0	20	12	30	20
180	250	10.0	7.0	14	10.0	20	12	30	20
250	315	12.0	8.0	16	12.0	25	15	40	25
315	400	13.0	9.0	18	13.0	25	15	40	25
400	500	15.0	10.0	20	15.0	25	15	40	25

（2）表面粗糙度

轴颈和外壳孔的表面粗糙，会使有效过盈量减小，接触刚度下降，而导致支承不良。为此，标准还规定了与轴承配合的轴颈和外壳孔的表面粗糙度要求，见表 7-6。

表 7-6　配合面的表面粗糙度　μm

轴或轴承座直径/mm		轴或外壳配合表面直径公差等级								
		IT7			IT6			IT5		
		表面粗糙度								
大于	至	Rz	Ra		Rz	Ra		Rz	Ra	
			磨	车		磨	车		磨	车
	80	10	1.6	3.2	6.3	0.8	1.6	4	0.4	0.8
80	500	16	1.6	3.2	12.5	1.6	3.2	6.3	0.8	1.6
端面		25	3.2	6.3	25	3.2	6.3	12.5	1.6	3.2

7.3.4　滚动轴承配合选用举例

【例 7-1】　图 7-7 所示为图 7-6 减速器输出轴轴颈部分的装配图。已知：该减速器的功率为 5kW，从动轴转速为 83r/min，其两端 ϕ55j6 的轴承为 6211 深沟球轴承（d=55，D=100）。试确定轴颈和外壳孔的公差带代号、形位公差和表面粗糙度参数值，并将它们分别标注在装配图和零件图上。

解：① 减速器属于一般机械，轴的转速不高，应选用 0 级轴承。

② 按它的工作条件，由有关计算公式求得该轴承的当量径向负荷 P 为 833N。查得 6211 球轴承的额定动负荷 C 为 33354N。所以 $P=0.03C<0.07C$，此轴承类型属于轻负荷。

③ 轴承工作条件从表 7-3 和表 7-4 选取轴颈公差带为 ϕ55j6（基孔制配合），外壳孔公差带为 ϕ100H7（基轴制配合）。

④ 按表 7-5 选取形位公差值：轴颈圆柱度公差 0.005，轴肩端面圆跳动公差 0.015；外壳孔圆柱度公差 0.01，外壳孔肩端面圆跳动公差 0.025。

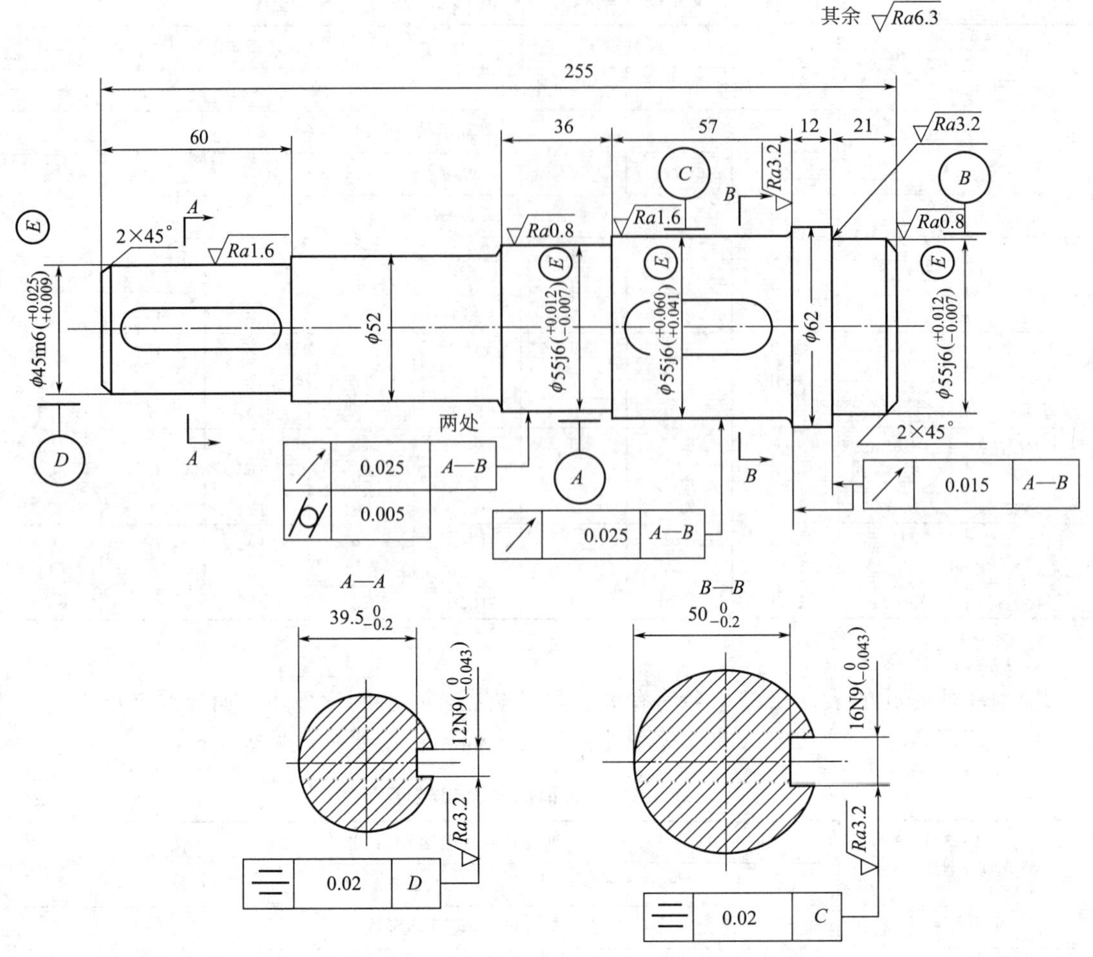

图 7-6 减速器输出轴的尺寸形位表面粗糙度的公差要求

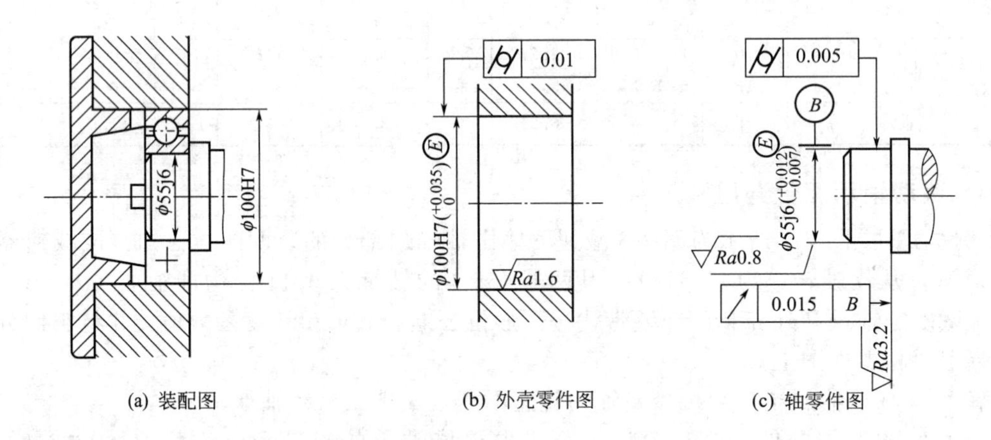

图 7-7 轴颈、外壳孔公差在图样上的标注示例

⑤ 按表 7-6 选取轴颈和外壳孔的表面粗糙度参数值：轴颈 $Ra \leqslant 0.8\mu m$，轴肩端面 $Ra \leqslant 3.2\mu m$；外壳孔 $Ra \leqslant 1.6\mu m$，外壳孔肩 $Ra \leqslant 3.2\mu m$。

⑥ 将确定好的上述公差标注在图样上，见图 7-7。注意：由于滚动轴承为标准部件，因而在装配图样上只需标注相配件（轴颈和外壳孔）的公差带代号。

习　　题

7-1 滚动轴承内、外径公差带有何特点?

7-2 滚动轴承的配合选择要考虑哪些主要因素?

7-3 一向心球轴承/P0310，中系列，内径 $d=50$，外径 $D=110$，与轴承内径配合的轴 j6，与外径配合的孔用 JS7。试绘出它们的公差带图，并计算它们配合的极限间隙和极限过盈。

7-4 已知减速箱的从动轴上装有齿轮，其两端的轴承为 0 级单列深沟球轴承（轴承内径 $d=55$mm，外径 $D=100$mm)，各承受的径向负荷 $F_r=2000$N，额定动负荷 $C=34000$N，试确定轴颈和外壳孔的公差带、形位公差值和表面粗糙度数值。并标注在图样上。

8　键和花键的公差配合与检测

键（单键）和花键连接是一种可拆连接，广泛用于轴和齿轮、带轮、链轮、联轴器等连接中，以传递扭矩，也可用作轴上传动件的导向，如变速箱中变速齿轮花键孔与花键轴的连接。

单键分为平键、半圆键和楔键三大类型，平键又分为普通平键和导向平键，前者用于固定连接，后者用于导向连接。常见单键连接如图 8-1 所示。

花键是把多个键与轴制成一个整体，与轮毂上切出的凹型键槽相配合，如图 8-2 所示。可固定连接，也可滑动连接，与平键连接相比，具有传递扭矩大、定心精度高、导向性好等优点。

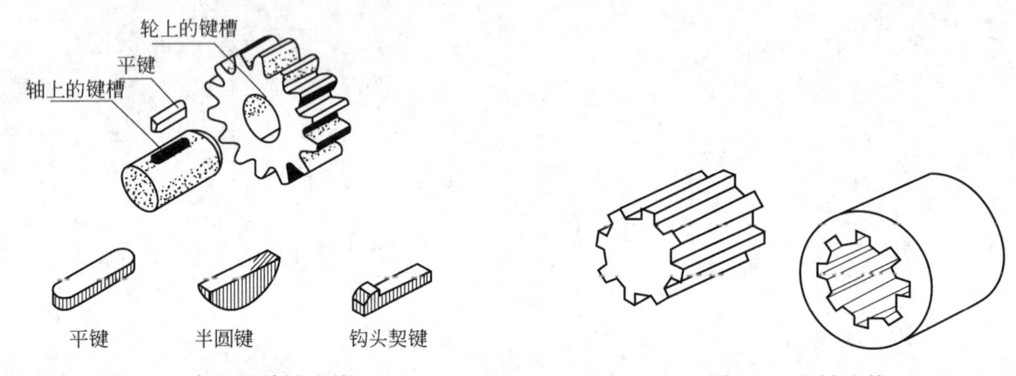

图 8-1　常见的单键连接　　　图 8-2　花键连接

花键有内花键（花键孔）和外花键（花键轴）之分；按其齿形不同，花键又可分为矩形花键、渐开线花键和三角形花键，其中矩形花键应用最为广泛。

本章只讨论平键和矩形花键。

8.1　平键的公差配合与检测

8.1.1　平键连接的结构和主要几何参数

平键和键槽剖面尺寸尺寸如图 8-3 所示。

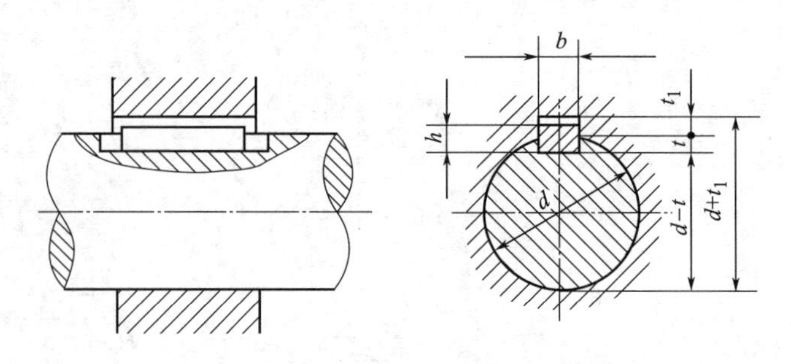

图 8-3　平键和键槽尺寸

平键连接是通过键的侧面分别与轴槽和轮毂槽的侧面相互接触来传递运动和扭矩的，因此，键宽和键槽宽 b 是决定配合性质的主要互换性参数，是配合尺寸，应规定较小的公差；而键的高度 h 和长度 L 及轴槽深度 t 和轮毂槽深度 t_1 均为非配合尺寸，应给予较大的公差。为了便于测量，在图样上对轴深 t 和轮毂槽深 t_1 分别标注尺寸"$d-t$"和"$d+t_1$"（d 为孔和轴的基本尺寸）。

平键连接的非配合尺寸中，轴槽深 t 和轮毂槽深 t_1 的公差带由国家标准 GB/T 1095—2003 规定，如表 8-1 所示。其他非配合尺寸的公差带代号见表 8-2。

表 8-1　平键和键槽剖面尺寸及键槽极限偏差（摘自 GB/T 1095—2003）　mm

<table>
<tr><th>轴</th><th>键</th><th colspan="10">键　槽</th></tr>
<tr><th rowspan="4">公称直径 d</th><th rowspan="4">公称尺寸 $b\times h$</th><th colspan="6">宽度 b</th><th colspan="4">深度</th></tr>
<tr><th rowspan="3">公称尺寸 b</th><th colspan="5">极限偏差</th><th colspan="2" rowspan="2">轴 t</th><th colspan="2" rowspan="2">毂 t_1</th></tr>
<tr><th colspan="2">较松连接</th><th colspan="2">一般连接</th><th>较紧连接</th></tr>
<tr><th>轴 H9</th><th>毂 D10</th><th>轴 N9</th><th>毂 JS9</th><th>轴和毂 P9</th><th>公称尺寸</th><th>极限偏差</th><th>公称尺寸</th><th>极限偏差</th></tr>
<tr><td>>22～30</td><td>8×7</td><td>8</td><td rowspan="2">+0.036
0</td><td rowspan="2">+0.098
+0.040</td><td rowspan="2">0
−0.036</td><td rowspan="2">±0.018</td><td rowspan="2">−0.015
−0.051</td><td>4.0</td><td rowspan="10">+0.20
0</td><td>3.3</td><td rowspan="10">+0.20
0</td></tr>
<tr><td>>30～38</td><td>10×8</td><td>10</td><td>5.0</td><td>3.3</td></tr>
<tr><td>>38～44</td><td>12×8</td><td>12</td><td rowspan="4">+0.043
0</td><td rowspan="4">+0.120
+0.050</td><td rowspan="4">0
−0.043</td><td rowspan="4">±0.0215</td><td rowspan="4">−0.018
−0.061</td><td>5.0</td><td>3.3</td></tr>
<tr><td>>44～50</td><td>14×9</td><td>14</td><td>5.5</td><td>3.8</td></tr>
<tr><td>>50～58</td><td>16×10</td><td>16</td><td>6.0</td><td>4.3</td></tr>
<tr><td>>58～65</td><td>18×11</td><td>18</td><td>7.0</td><td>4.4</td></tr>
<tr><td>>65～75</td><td>20×12</td><td>20</td><td rowspan="4">+0.052
0</td><td rowspan="4">+0.149
+0.065</td><td rowspan="4">0
−0.052</td><td rowspan="4">±0.026</td><td rowspan="4">−0.022
−0.074</td><td>7.5</td><td>4.9</td></tr>
<tr><td>>75～85</td><td>22×14</td><td>22</td><td>9.0</td><td>5.4</td></tr>
<tr><td>>85～95</td><td>25×14</td><td>25</td><td>9.0</td><td>5.4</td></tr>
<tr><td>>95～100</td><td>28×16</td><td>28</td><td>10.0</td><td>6.4</td></tr>
</table>

表 8-2　平键非配合尺寸的公差带

非配合尺寸	键高 h	键长 L	轴槽长
公差代号	h11(h9)	h14	H14

注：括号中（h9）用于 B 型键。

键结合的性质通过键槽宽的配合来体现。因为键是标准件，因此键连接采用基轴制配合。在设计平键连接时，当轴径 d 确定后，根据 d 就可以确定平键的规格参数。

8.1.2　平键连接的公差与配合

国家标准 GB/T 1095—2007《平键、键槽的剖面尺寸》对键宽规定了一种公差带 h8，键宽与键槽宽 b 的公差带如图 8-4 所示。对轴和轮毂宽规定了 3 种公差带，从而构成 3 种不同性质的配合。根据不同的使用要求，键与键宽可以采用不同的配合，分为较松连接、一般连接和较紧连接，以满足各种用途需要。各种配合的配合性质和适用场合如表 8-3 所示。

表 8-3　键与键槽的配合

<table>
<tr><th rowspan="2">配合性质</th><th colspan="3">尺寸的公差带</th><th rowspan="2">使　用　场　合</th></tr>
<tr><th>键</th><th>轴槽</th><th>轮毂槽</th></tr>
<tr><td>较松连接</td><td>h8</td><td>H9</td><td>D10</td><td>用于导向平键，轮毂可在轴上移动</td></tr>
<tr><td>一般连接</td><td>h8</td><td>N9</td><td>JS9</td><td>键在轴槽及轮毂槽中均固定，用于载荷不大的场合</td></tr>
<tr><td>较紧连接</td><td>h8</td><td>P9</td><td>P9</td><td>键在轴槽及轮毂槽中均牢固固定，用于载荷较大，有冲击及双向扭矩场合</td></tr>
</table>

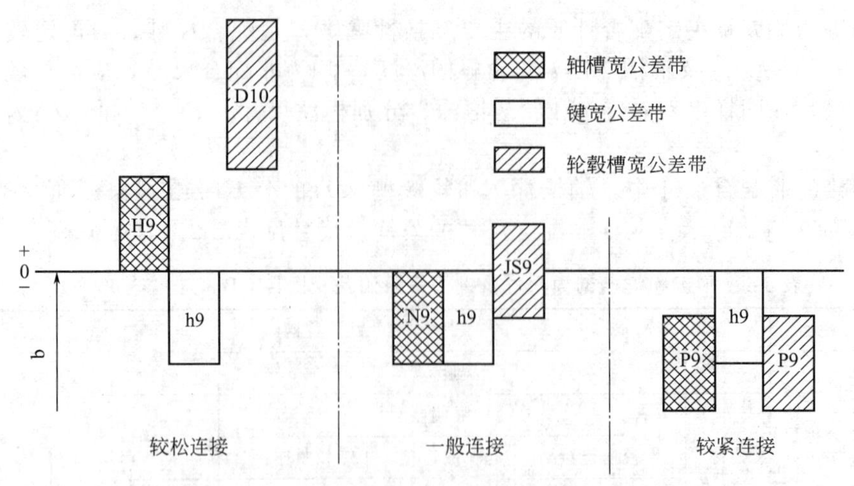

图 8-4　键宽与键槽宽 b 的公差带图

8.1.3　平键的形位公差及表面粗糙度

为了保证键和键槽的侧面具有足够的接触面积和避免装配困难，国家标准对键和键槽的形位公差作了以下规定。

① 由于键槽的实际中心平面在径向产生偏移和轴向产生倾斜，造成了键槽的对称度误差，应分别规定轴槽和轮毂槽对轴线的对称度公差。对称度公差等级按国家标准 GB/T 1144—2001 选取，一般取 7～9 级。

② 当平键的键长 L 与键宽 b 之比大于或等于 8 时，应规定键宽 b 的两工作侧面在长度上的平行度要求：$b \leqslant 6$mm 时，公差等级取 7 级；$b \geqslant 6 \sim 36$mm 时，公差等级取 6 级；$b \geqslant 37$mm 时，公差等级取 5 级。

③ 键和键槽配合面的表面粗糙度参数值 Ra 一般取 1.6～6.3μm，非配合面的 Ra 值取 12.5μm。

【例 8-1】 有一减速器中的轴和齿轮间采用普通平键连接，已知轴和齿轮孔的配合是 ϕ56H7/r6，试确定：轴槽和轮毂槽的剖面尺寸及其公差带，相应的形位公差和各个表面的粗糙度参数值，并标注在断面图中。

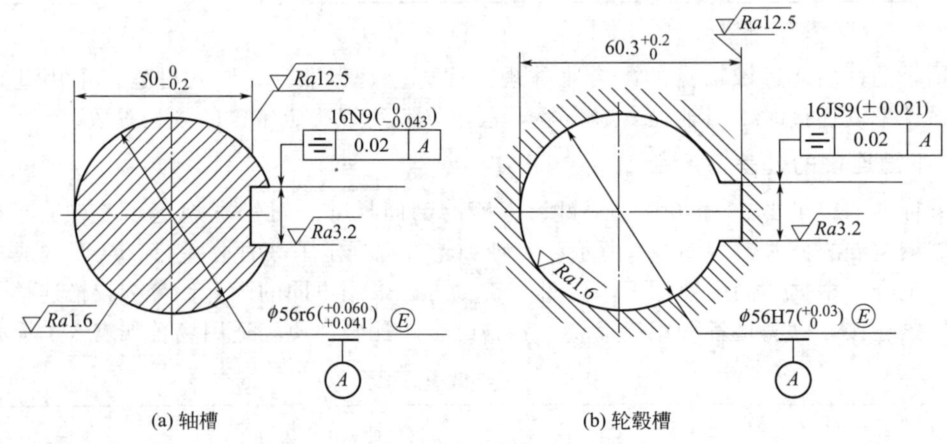

图 8-5　键槽尺寸和形位公差标注图例

解： ① 查表 8-1，得平键尺寸为：$b \times h = 16 \times 10$。

② 确定键连接：轴与齿轮承受一般载荷，故采用一般连接。由表 8-1 可查得轴槽和轮

毂槽的公差带及轴槽轮毂槽的槽深。

③ 形位公差及表面粗糙度：形位公差对称度取 8 级，得公差值为 0.020mm；表面粗糙度按要求选取。

键槽尺寸和形位公差图样标注如图 8-5 所示，图 8-5(a) 为轴槽，图 8-5(b) 为轮毂槽。

8.1.4　平键的检测

对于平键连接，需要检测的项目有键及键槽宽、轴槽和轮毂槽的深度及槽的对称度。

(1) 键及键槽宽

在单件小批量生产时，一般采用通用计量器具（如千分尺、游标卡尺等）测量；在大批量生产时，用极限量规控制，如图 8-6(a) 所示。

(2) 轴槽和轮毂槽深

在单件小批量生产时，一般用游标卡尺或外径千分尺（$d-t$），用游标卡尺或内径千分尺测量轮毂尺寸（$d+t_1$）。在大批量生产时，用专用量规，如轮毂槽深极限量规和轴槽深极限量规，如图 8-6(b)、(c) 所示。

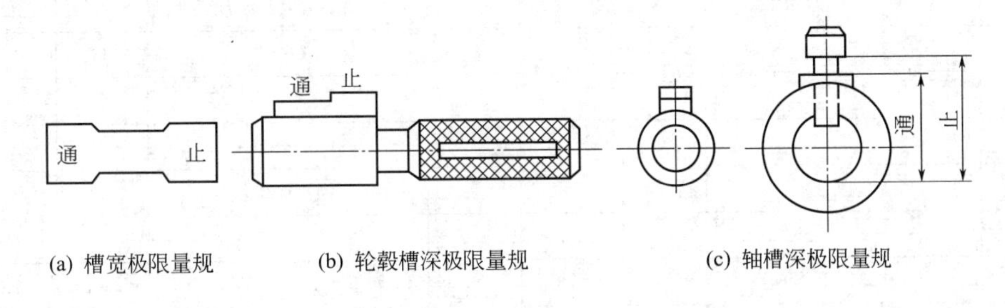

(a) 槽宽极限量规　(b) 轮毂槽深极限量规　(c) 轴槽深极限量规

图 8-6　键槽尺寸量规

(3) 键槽对称度

在单件小批量生产时，可用分度头、V 形块和百分表测量，在大批量生产时一般用综合量规检测，如对称度极限量规，只要量规通过即为合格。如图 8-7 所示，图 8-7(a) 为轮毂槽对称度量规，图 8-7(b) 为轴槽对称度量规。

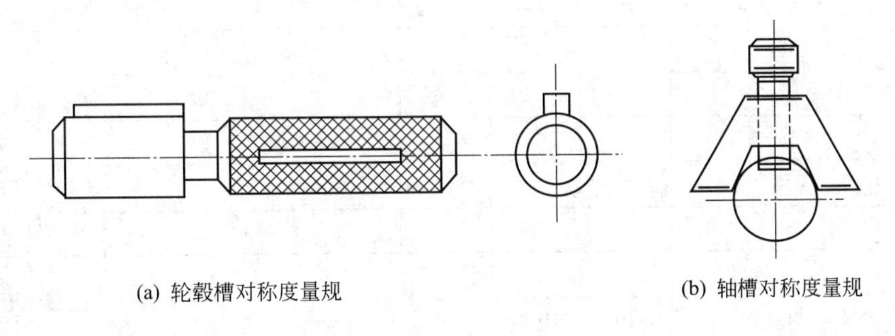

(a) 轮毂槽对称度量规　(b) 轴槽对称度量规

图 8-7　键槽对称度量规

8.2　矩形花键的公差配合与检测

8.2.1　矩形花键结合主要参数和定心方式

花键连接是通过花键孔和花键轴作为连接件以传递扭矩和轴向移动的，与平键连接相比，具有定心精度高、导向性好等优点。同时，由于键数目的增加，键与轴连接成一体，轴和轮毂上承受的载荷分布比较均匀，因此可以传递较大的扭矩，连接强度高，连接也更可靠。花键可用作固定连接，也可用作滑动连接，在机械结构中应用较多。

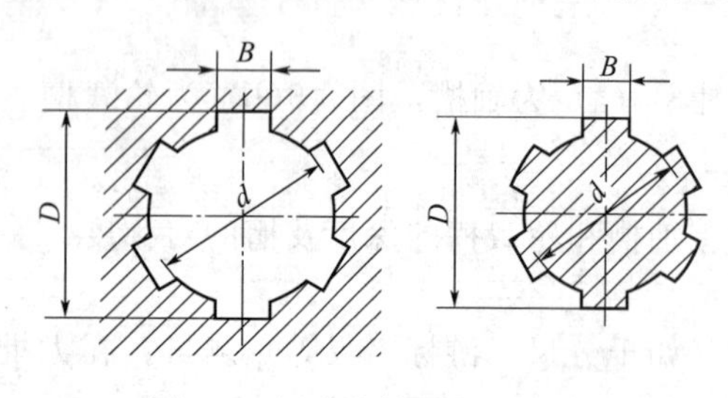

图 8-8　矩形花键的主要尺寸

国家标准 GB/T 1144—2001《矩形花键尺寸、公差和检验》规定矩形花键的主要参数为大径 D、小径 d、键宽和键槽宽 B，如图 8-8 所示。

为了便于加工和测量，键数规定为偶数，有 6、8、10 三种。按承载能力不同，矩形花键可分为中、轻两个系列。中系列的键高尺寸较大，承载能力强；轻系列的键高尺寸较小，承载能力较低。矩形花键的尺寸系列如表 8-4 所示。

表 8-4　矩形花键的尺寸系列（摘自 GB/T 1144—2001）　mm

小径 d	轻系列				中系列			
	规格 $N\times d\times D\times B$	键数 N	大径 D	键宽 B	规格 $N\times d\times D\times B$	键数 N	大径 D	键宽 B
11					6×11×14×3	6	14	3
13					6×13×16×3.5	6	16	3.5
16					6×16×20×4	6	20	4
18					6×18×22×5	6	22	5
21					6×21×25×5	6	25	5
23	6×23×26×6	6	26	6	6×23×28×6	6	28	6
26	6×26×30×6	6	30	6	6×26×32×6	6	32	6
28	6×28×32×7	6	32	7	6×28×34×7	6	34	7
32	6×32×36×6	6	36	6	8×32×38×6	8	38	6
36	8×36×40×7	8	40	7	8×36×42×7	8	42	7
42	8×42×46×8	8	46	8	8×42×48×8	8	48	8
46	8×46×50×9	8	50	9	8×46×54×9	8	54	9
52	8×52×58×10	8	58	10	8×52×60×10	8	60	10
56	8×56×62×10	8	62	10	8×56×65×10	8	65	10
62	8×62×68×12	8	68	12	8×62×72×12	8	72	12
72	10×72×78×12	10	78	12	10×72×82×12	10	82	12
82	10×82×88×12	10	88	12	10×82×92×12	10	92	12
92	10×92×98×14	10	98	14	10×92×102×14	10	102	14
102	10×102×108×16	10	108	16	10×102×112×16	10	112	16
112	10×112×120×18	10	120	18	10×112×125×18	10	125	18

矩形花键连接的结合面有三个，即大径结合面、小径结合面和键侧结合面。要保证三个结合面同时达到高精度的配合是很困难的，也无此必要。因此，为了保证使用性质和改善加工工艺，只要选择其中一个结合面作为主要配合面，对其尺寸规定较高的精度，作为主要配合尺寸，以确定内、外花键的配合性质，并起定心作用。该表面称为定心表面。

矩形花键的定心方式有三种：大径 D 定心、小径 d 定心和键宽 B 定心，如图 8-9 所示。对于起定心作用的尺寸应要求较高的配合精度，非定心尺寸要求可低一些，但对键宽这一配合尺寸，无论是否起定心作用，都应要求较高的配合精度，因为扭矩是通过键和键槽的侧面传递的。

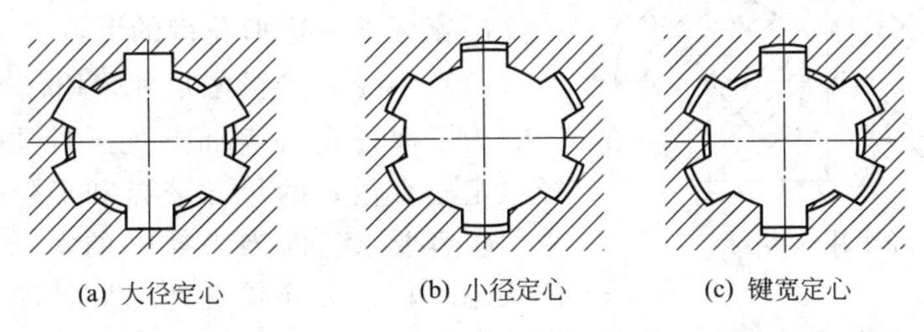

(a) 大径定心　　(b) 小径定心　　(c) 键宽定心

图 8-9　矩形花键的定心方式

国标规定矩形花键只以小径定心，小径定心的主要优点如下。

① 小径较易保证较高的加工精度和表面硬度，有助于提高花键的耐磨性和使用寿命，定心稳定性好。

② 定心表面要求有较高的硬度，加工过程中往往需热处理，热处理后内外花键的小径表面可使用内圆磨削或成形磨削方法进行精加工，获得较高的加工及定心精度，内花键的大径及键槽侧面难以进行磨削加工。

8.2.2　矩形花键连接的公差与配合

矩形花键配合的精度，按其使用要求分为一般用和精密传动用两种。精密级用于机床变速箱中，其定心精度要求高或传递扭矩较大；一般级适用于汽车、拖拉机的变速箱中。

矩形花键连接采用基孔制，以减少加工和检测内花键用花键拉刀和花键量规的规格和数量。配合有三种形式：滑动配合、紧滑动配合和固定配合。

内、外花键的尺寸公差带和装配形式见表 8-5。

表 8-5　矩形内、外花键的尺寸公差带和装配形式（摘自 GB/T 1144—2001）

内花键				外花键			装配形式
d	D	B		d	D	B	
		拉削后不热处理	拉削后热处理				
一般用							
H7	H10	H9	H11	f7	a11	d10	滑动
				g7		f9	紧滑动
				h7		h10	固定
精密传动用							
H5	H10	H7,H9		f5	a11	d8	滑动
				g5		f7	紧滑动
				h5		h8	固定
H6				f6		d8	滑动
				g6		f7	紧滑动
				h6		h8	固定

注：1. 精密传动用的内花键，当需要控制键侧配合间隙时，槽宽可选 H7，一般情况下可选 H9。

2. d 为 H6 和 H7 的内花键，允许与高一级的外花键配合。

8.2.3　矩形花键的形位公差和表面粗糙度

由于矩形花键连接表面复杂，键长与键宽比值较大，形位误差对花键连接的装配性能和

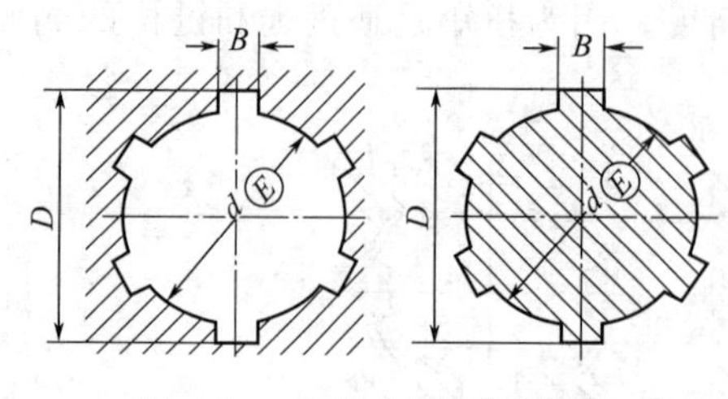

图 8-10 小径采用包容要求

传递扭矩与运动的性能影响很大，是影响连接质量的重要因素，因此必须对其加以控制。

国家标准对矩形花键的形位公差作了以下规定。

（1）小径 d 的极限尺寸采用包容要求Ⓔ

为了保证定心表面的配合性质，内、外花键小径（定心直径）的尺寸公差和形位公差的关系必须采用包容要求。即当小径 d 的实际尺寸处于最大实体状态时，它必须具有理想形状，只有当小径 d 的实际尺寸偏离最大实体状态时，才允许有形状误差。见图 8-10。

（2）花键的位置度公差遵守最大实体要求Ⓜ

花键的位置度公差综合控制花键各键之间的角位置、各键对轴线的对称度误差，以及各键对轴线的平行度误差等。在大批量生产时，采用花键综合量规来检验矩形花键，因此对键宽需要遵守最大实体要求。对键和键槽只需要规定位置度公差，见图 8-11。位置度公差见表 8-6。

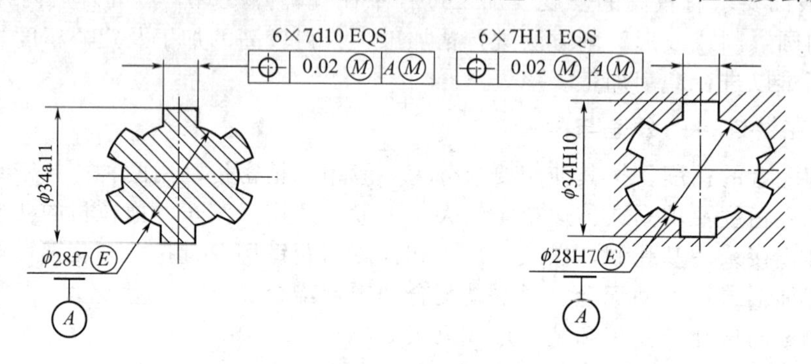

图 8-11 位置度公差标注示例

表 8-6 矩形花键位置度公差值 t_1（摘自 GB/T 1144—2001） mm

键槽宽或键宽 B		3	3.5～6	7～10	12～18
		t_1			
键槽宽		0.010	0.015	0.020	0.025
键宽	滑动、固定	0.010	0.015	0.020	0.025
	紧滑动	0.006	0.010	0.013	0.016

（3）单件、小批量生产时

对键（键槽）宽规定对称度公差，并遵守独立原则，见图 8-12。公差见表 8-7。

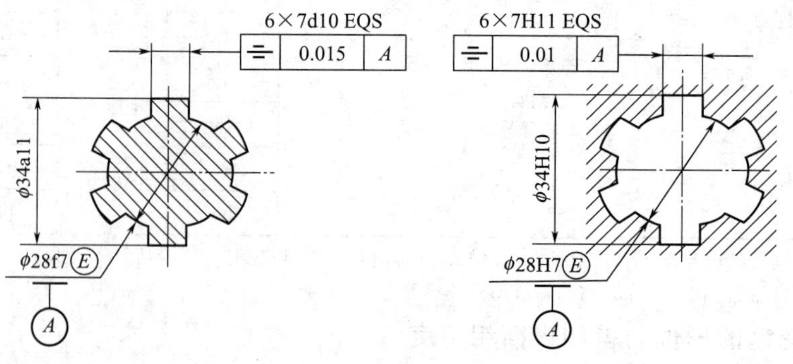

图 8-12 对称度公差标注示例

表 8-7　矩形花键对称度公差值 t_2（摘自 GB/T 1144—2001）

键槽宽或键宽 B	3	3.5～6	7～10	12～18
	t_2			
一般用	0.010	0.012	0.015	0.018
精密传动用	0.006	0.008	0.009	0.011

（4）粗糙度

矩形花键各结合面的表面粗糙度推荐值见表 8-8。

表 8-8　矩形花键表面粗糙度推荐值

加工表面	内花键	外花键
	$Ra(\leqslant)/\mu m$	
大径	6.3	3.2
小径	1.6	0.8
键侧	3.2	1.6

8.2.4　矩形花键的标注方式

矩形花键的标注代号按顺序表示为键数 N、小径 d、大径 D、键（键槽）宽 B，其各自的公差带代号或配合代号标注于各基本尺寸之后。

【例 8-2】　某矩形花键连接，键数 $N=8$，小径 $d=40$mm，配合为 H6/f6；大径 $D=54$mm，配合为 H10/a11；键（键槽）宽 $B=9$mm，配合为 H9/d8。其标注如下。

花键规格：$N\times d\times D\times B$→8×40×54×9

花键副：在装配图上标注花键规格和配合代号

$$8\times40\frac{H6}{f6}\times54\frac{H10}{a11}\times9\frac{H9}{d8}\qquad \text{GB/T 1144—2001}$$

内花键：在零件图上标注花键规格和尺寸公差带代号

8×40H6×54H10×9H9　　GB/T 1144—2001

外花键：在零件图上标注花键规格和尺寸公差带代号

8×40f6×54a11×9d8　　GB/T 1144—2001

装配图的标注见图 8-13。

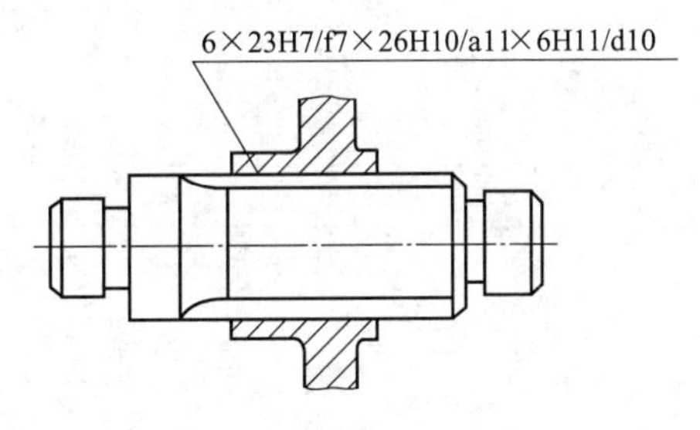

图 8-13　装配图标注

8.2.5　矩形花键的检测

矩形花键的检测有单项检测和综合检测两类。

单件小批生产中，用千分尺、游标卡尺、指示表等通用量具分别对各尺寸（d、D、B）进行单项测量，并检测键宽的对称度、键齿（槽）的等分度和大、小径的同轴度等形位误差项目。

在大批量生产中，内（外）花键用花键综合塞（环）规同时检验内（外）花键的小径、大径、各键槽宽（键宽）、大径对小径的同轴度和键（键宽）的位置度等项目。此外，还要用单项止端塞（卡）规或不同计量器具检测其小径、大径、各键槽宽（键宽）的实际尺寸是否超越其最小实体尺寸。

检测内、外花键时，如果花键综合量规能通过，而单项止端量规不能通过，则表示被测内、外花键合格。反之，即为不合格。

内外花键综合量规的形状如图 8-14 所示，图 8-14(a) 为花键塞规，图 8-14(b) 为花键环规。

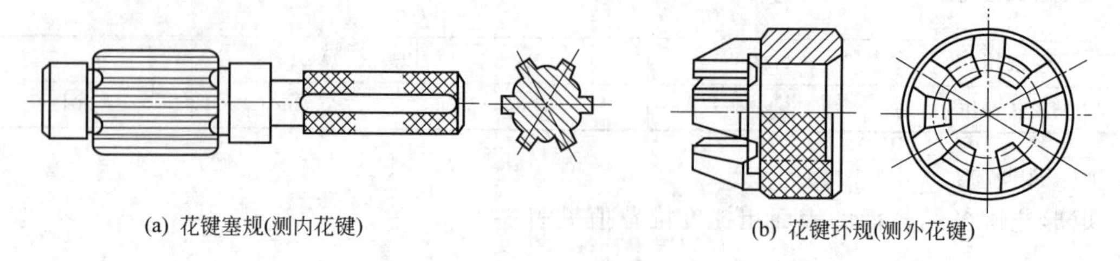

图 8-14　矩形花键综合量规

习　　题

8-1　平键连接的配合种类有哪些？各用于什么场合？键与键槽宽的配合采用的是何种配合制，为什么？

8-2　矩形花键连接的主要尺寸是什么？花键的键数有何规定？

8-3　某机床变速箱中有一个 6 级精度齿轮的花键孔与花键轴连接，花键规格为：6×26×30×6，花键孔长 30mm、花键轴长 75mm，齿轮花键孔经常需要相对花键轴作轴向移动，要求定心精度较高。试确定：

(1) 齿轮花键孔和花键轴的公差带代号，计算小径、大径、键（键槽）宽的极限尺寸。

(2) 分别写出在装配图上和零件图上的标记。

(3) 绘制公差带图，并将各参数的基本尺寸和极限偏差标注在图上。

8-4　减速器中有一传动轴与一零件孔采用键连接，要求键在轴槽和轮毂槽中均固定、且承受的载荷不大，轴与孔的直径都为 40mm，现要选定键的公称尺寸为 12mm×8mm。试确定槽宽及槽宽深的基本尺寸及其上、下偏差，并确定相应的形位公差值和表面粗糙度参数值，并标注在图 8-15 上。

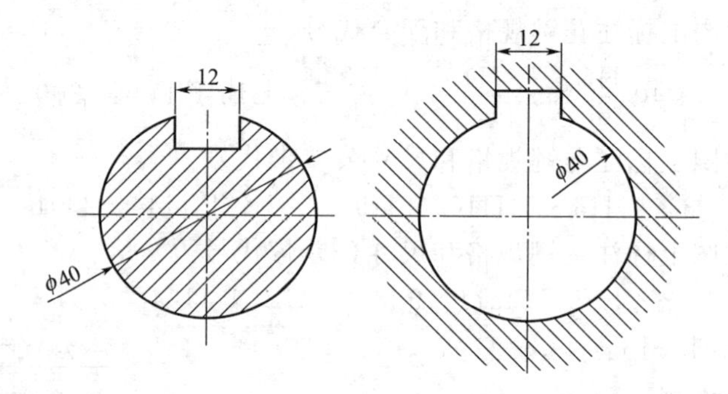

图 8-15　键连接

9 圆锥结合的互换性及检测

9.1 概述

9.1.1 圆锥配合的特点

圆锥结合在机器结构中经常用到，与圆柱配合相比，它有如下特点。

① 相互配合的圆锥在轴向力作用下，能自动对中，具有较高的同轴度，且装拆方便。

② 通过内、外圆锥的轴向移动，可自由调整间隙和过盈的大小。

③ 需要时，可通过配对研磨，使相互配合的圆锥具有良好的自锁性及密封性。

④ 结构较复杂，加工及检验较困难。

9.1.2 圆锥配合的基本参数

① 圆锥直径　圆锥在垂直于其轴线的截面上的直径。常用的圆锥直径如下。

a. 最大圆锥直径 D：内、外圆锥的最大直径分别用 D_i、D_e。

b. 最小圆锥直径 d：内、外圆锥的最小直径分别用 d_i、d_e。

c. 给定截面上的圆锥直径 D_x（d_x）。

② 圆锥角（锥角）α　在通过圆锥轴线的截面内，两条素线间的夹角。

③ 圆锥素线角 $\alpha/2$　圆锥素线与轴线间的夹角，并且等于圆锥角的一半。

④ 圆锥长度　最大圆锥直径截面与最小圆锥直径截面之间的轴向距离。内、外圆锥长度分别为 L_i 和 L_e。

⑤ 圆锥结合长度 L_p　内、外圆锥结合部分的轴向距离。

以上基本参数见图 9-1。

⑥ 基面距　相互配合的内、外圆锥基准平面之间的距离，用 E_a 表示，如图 9-2 所示。基面距用来确定内、外圆锥的轴向相对位置。

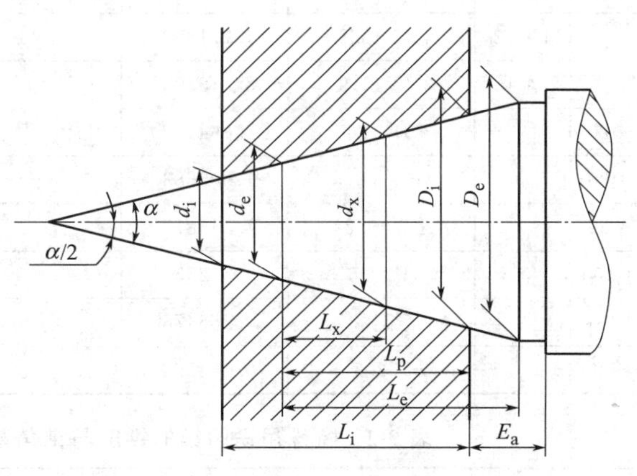

图 9-1　圆锥配合的基本参数

⑦ 锥度 C　两个垂直圆锥轴线截面的圆锥直径 D 和 d 之差与其两截面间的轴向距离 L 之比，即

$$C=\frac{D-d}{L} \tag{9-1}$$

锥度 C 与圆锥角 α 的关系为

$$C=2\tan\frac{\alpha}{2}=1:\frac{1}{2}\cot\frac{\alpha}{2} \tag{9-2}$$

锥度一般用比例或分式表示，例如，$C=1:20$ 或 $1/20$ 来表示。

为了减少加工圆锥工件所用的专用刀具、量具种类和规格，国标规定了一般用途圆锥的锥度和锥角系列（见表 9-1）和特殊用途圆锥的锥度和锥角系列（见表 9-2）。

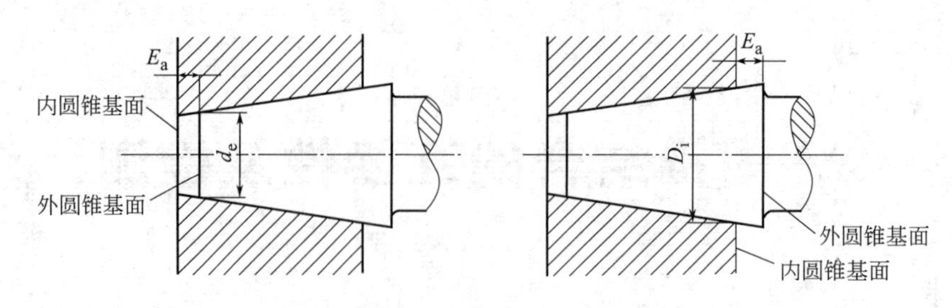

图 9-2　圆锥的基面距

表 9-1　一般用途圆锥的锥度与锥角系列（摘自 GB/T 157—2001）

基本值		推算值			应用举例
系列 1	系列 2	锥角 α		锥角 C	
120°		—	—	1∶0.288675	节气阀、汽车、拖拉机阀门
90°		—	—	1∶0.500000	重型顶尖，重型中心孔，阀的阀销锥体
	75°	—	—	1∶0.651613	埋头螺钉，小于 10 的螺锥
60°		—	—	1∶0.866025	顶尖，中心孔，弹簧夹头，埋头钻
45°		—	—	1∶1.207107	埋头、埋头铆钉
30°		—	—	1∶1.866025	摩擦轴节，弹簧卡头，平衡块
1∶3		18°55′28.7″	18.924644°	—	受力方向垂直于轴线易拆开的连接
	1∶4	14°15′0.1″	14.250033°	—	
1∶5		11°25′16.3″	11.421186°	—	受力方向垂直于轴线的连接，锥形摩擦离合器、磨床主轴
	1∶6	9°31′38.2″	9.527283°	—	
	1∶7	8°10′16.4″	8.171234°	—	
	1∶8	7°9′9.6″	7.152669°	—	重型机床主轴
1∶10		5°43′29.3″	5.724810°	—	受轴向力和扭转力的连接件，主轴承受轴向力
	1∶12	4°46′18.8″	4.771888°	—	
	1∶15	3°49′15.9″	3.818305°	—	承受轴向力的机件，如机车十字头轴
1∶20		2°51′51.1″	2.864192°	—	机床主轴，刀具刀杆尾部，锥形铰刀，芯轴
1∶30		1°54′34.9″	1.909683°	—	锥形铰刀，套式铰刀，扩孔钻的刀杆，主轴颈部
1∶50		1°8′45.2″	1.145877°	—	锥销，手柄端部，锥形铰刀，量具尾部
1∶100		34′22.6″	0.572953°	—	受其静变负荷不拆开的连接件，如芯轴
1∶200		17′11.3″	0.286478°	—	导轨镶条，受震及冲击负荷不拆开的连接件
1∶500		6′52.5″	0.114592°	—	

表 9-2　特殊用途圆锥的锥度与锥角系列（摘自 GB/T 157—2001）

基本值	推　算　值			说　　明
	圆锥角 α		锥度 C	
7∶24	16°35′39.4″	16.594290°	1∶3.42857	机床主轴，工具配合
1∶19.002	3°0′52.4″	3.014554°		莫氏锥度 No.5
1∶19.180	2°59′11.7″	2.986590°		莫氏锥度 No.6

续表

基本值	推 算 值			说　　明
	圆锥角 α		锥度 C	
1∶19.212	2°58′53.8″	2.981618°		莫氏锥度 No.0
1∶19.254	2°58′30.4″	2.975117°		莫氏锥度 No.4
1∶19.922	2°52′31.5″	2.875401°		莫氏锥度 No.3
1∶20.020	2°51′40.8″	2.861332°		莫氏锥度 No.2
1∶20.047	2°51′26.9″	2.857480°		莫氏锥度 No.1

9.1.3　圆锥配合的种类

（1）间隙配合

具有间隙的配合称为间隙配合，在装配、使用过程中间隙大小可调节，主要用于有相对运动的圆锥配合中，如车床主轴的圆锥轴颈与滑动轴承的配合。

（2）过盈配合

具有过盈的配合称为过盈配合，可借助于相互配合的圆锥面间的自锁，产生较大的摩擦力来传递扭矩。常用于定心及传递扭矩，如带柄铰刀、扩孔钻的锥柄与机床主轴锥孔的配合。

（3）过渡配合

可能具有间隙或过盈的配合称为过渡配合，其中要求内、外圆锥紧密接触，间隙为零或稍有过盈的配合称为紧密配合，它用于对中定心或密封。为了保证良好的密封性，通常将内、外锥面成对研磨，此时相配合的零件无互换性。

9.1.4　圆锥配合的形成

（1）结构型圆锥配合

由内、外圆锥的结构或基面距确定它们之间最终的轴向相对位置，并因此获得指定配合性质的圆锥配合。如图 9-3 所示为由内、外圆锥的轴肩接触得到间隙配合的示例，图 9-4 所示为由保证基面距得到过盈配合的示例。

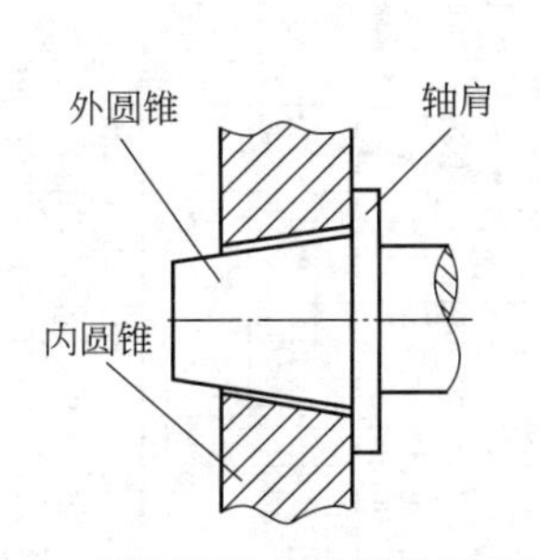

图 9-3　由结构形成的圆锥间隙配合

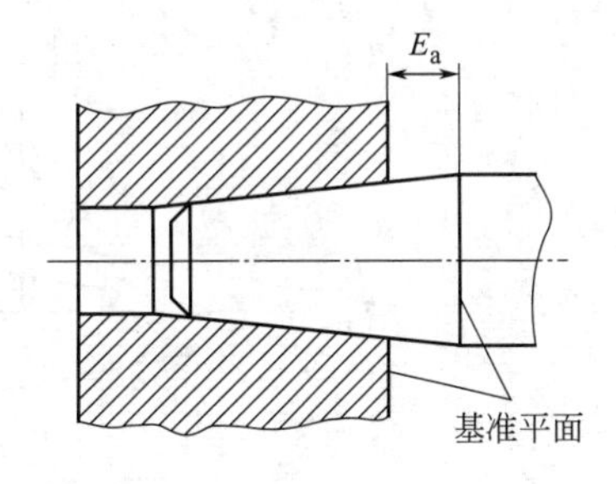

图 9-4　由结构形成的圆锥过盈配合

（2）位移型圆锥配合

由内、外圆锥实际初始位置开始，作一定的相对轴向位移或施加一定的装配力产生轴向位移而获得的圆锥配合。

① 由内、外圆锥实际初始位置 A 开始，作一定的相对轴向位移而形成配合。实际初始位置是指在不施加装配力的情况下相互结合的内、外圆锥表面接触时的轴向位置。这种形成

方式可以得到间隙配合或过盈配合。如图 9-5 所示。

② 由内、外圆锥实际初始位置 A 开始，施加一定装配力产生轴向位移而形成配合。这种方式只能得到过盈配合，如图 9-6 所示。

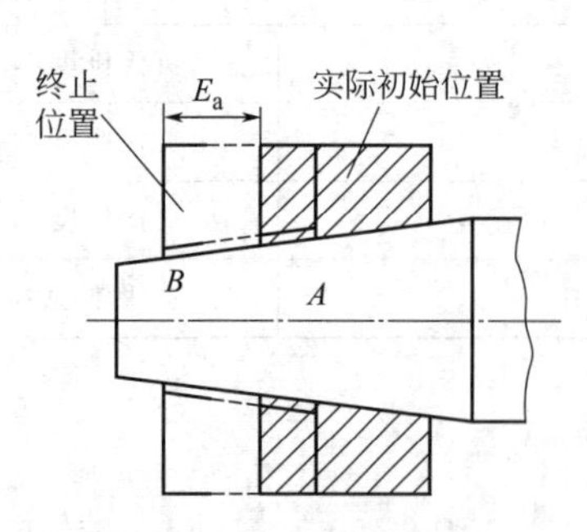

图 9-5 由轴向位移形成的圆锥间隙配合

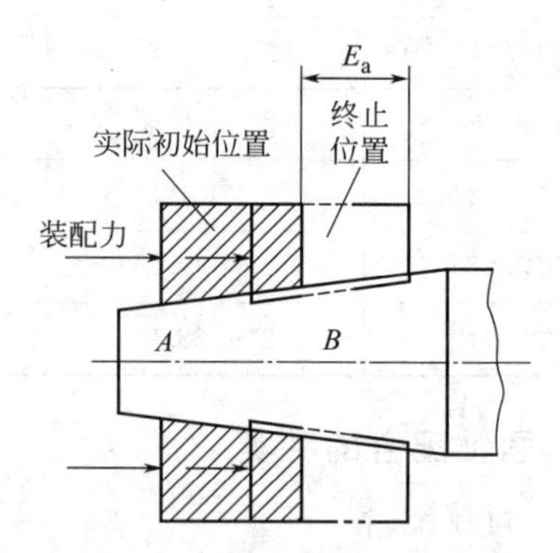

图 9-6 由施加装配力形成的圆锥过盈配合

9.2 圆锥公差及其选用

9.2.1 圆锥公差项目

GB/T 11334—1989《圆锥公差》中规定了四个圆锥公差项目，分别为：圆锥直径公差、圆锥角公差、圆锥形状公差及给定截面圆锥直径公差。该标准适用于锥度 C 从 1∶3 至 1∶500、圆锥长度 $L=6\sim630$mm 的光滑圆锥。

（1）圆锥直径公差（T_D）

圆锥直径公差 T_D 是指圆锥直径的允许变动量，即允许的最大圆锥直径 D_{max}（或 d_{max}）与最小圆锥直径 D_{min}（或 d_{min}）之差。它适用于圆锥的全长 L。在圆锥轴向截面内两个极限圆锥所限定的区域就是圆锥直径公差带，如图 9-7 所示。

为了统一公差标准，圆锥直径公差带的标准公差和基本偏差都没有专门制定标准，而是从光滑圆柱体的公差标准中选取。

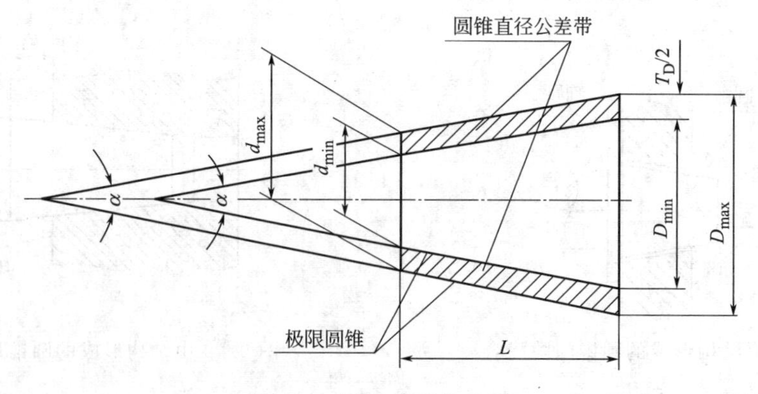

图 9-7 圆锥直径公差带

（2）圆锥角公差（AT）

圆锥角公差 AT 是指圆锥角允许的变动量，即最大圆锥角 α_{max} 与最小圆锥角 α_{min} 之差。以弧度或角度为单位时用 AT_α 表示；以长度为单位时用 AT_D 表示。在圆锥轴向截面内，由最大和最小极限圆锥角所限定的区域即是圆锥角公差带，如图 9-8 所示。

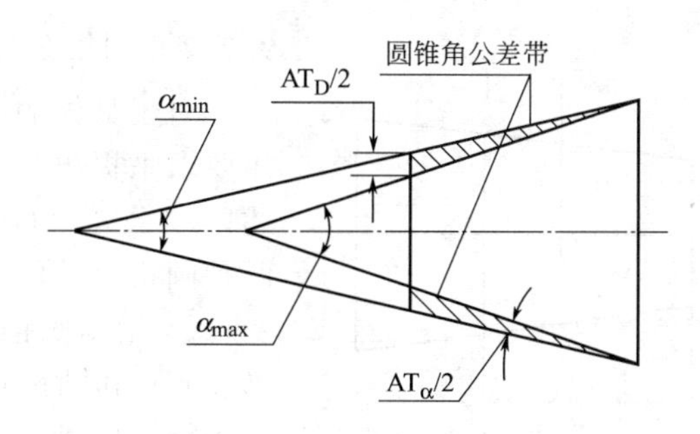

图 9-8　圆锥角公差带

GB/T 11334—1989 对圆锥角公差规定了 12 个公差等级，用符号 AT1，AT2，…，AT12 表示，其中 AT1 精度最高，其余依次降低。表 9-3 列出了 AT4～AT9 级圆锥角公差数值。

表 9-3　圆锥角公差数值（摘自 GB/T 1334—1989）

基本圆锥长度 L/mm		圆锥角公差等级								
		AT4			AT5			AT6		
		AT_α		AT_D	AT_α		AT_D	AT_α		AT_D
大于	至	μrad	(′ ″)	μm	μrad	(′ ″)	μm	μrad	(′ ″)	μm
16	25	125	26″	>2.0～3.2	200	41″	>3.2～5.0	315	1′05″	>5.0～8.0
25	40	100	21″	>2.5～4.0	160	33″	>4.0～6.3	250	52″	>6.3～10.0
40	63	80	16″	>3.2～5.0	125	26″	>5.0～8.0	200	41″	>8.0～12.5
63	100	63	13″	>4.0～6.3	100	21″	>6.3～10.0	160	33″	>10.0～16.0
100	160	50	10″	>5.0～8.0	80	16″	>8.0～12.5	125	26″	>12.5～20.0

基本圆锥长度 L/mm		圆锥角公差等级								
		AT7			AT8			AT9		
		AT_α		AT_D	AT_α		AT_D	AT_α		AT_D
大于	至	μrad	(′ ″)	μm	μrad	(′ ″)	μm	μrad	(′ ″)	μm
16	25	500	1′43″	>8.0～12.5	800	2′45″	>12.5～20.0	1250	4′18″	>20～32
25	40	400	1′22″	>10.0～16.0	630	2′10″	>16.0～25.0	1000	3′26″	>25～40
40	63	315	1′05″	>12.5～20.0	500	1′43″	>20.0～32.0	800	2′45″	>32～50
63	100	250	52″	>16.0～25.0	400	1′22″	>25.0～40.0	630	2′10″	>40～63
100	160	200	41″	>20.0～32.0	315	1′05″	>32.0～50.0	500	1′43″	>50～80

(3) 圆锥的形状公差（T_F）

圆锥的形状公差包括圆锥素线直线度公差和圆度公差等。对于要求不高的圆锥工件，其形状误差一般也用直径公差 T_D 控制；对于要求较高的圆锥工件，应单独按要求给定形状公差 T_F 的数值，从形状和位置公差国家标准中选取。

(4) 给定截面圆锥直径公差（T_{DS}）

给定截面圆锥直径公差是指在垂直圆锥轴线的给定截面内圆锥直径的允许变动量。它仅适用于该给定截面的圆锥直径。其公差带是在给定的截面内两同心圆所限定的区域，如图 9-9 所示。

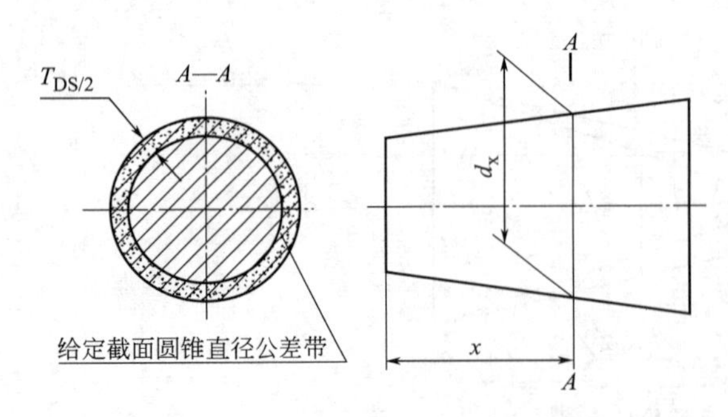

图 9-9 给定截面圆锥直径公差带

9.2.2 圆锥公差的标注

对于具体的圆锥工件，是根据工件使用要求来提出公差项目，并非需要给定上述四项公差。GB 11334—1989 中规定了两种圆锥公差的给定方法。

① 给出圆锥的理论正确圆锥角 α（或锥度 C）和圆锥直径公差 T_D。由 T_D 确定两个极限圆锥。此时，圆锥角误差和圆锥的形状误差均应在极限圆锥所限定的区域内。图 9-10(a) 为此种给定方法的标注示例，图 9-10(b) 为其公差带示意图。

如果对圆锥角公差、形状公差有更高要求，可再给出圆锥角公差 AT、形状公差 T_F。此时，AT、T_F 仅占 T_D 的一部分。此种给定公差的方法通常运用于有配合要求的圆锥。

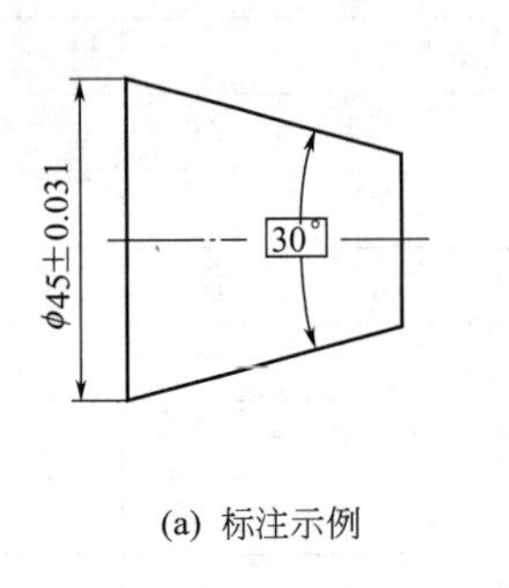

(a) 标注示例

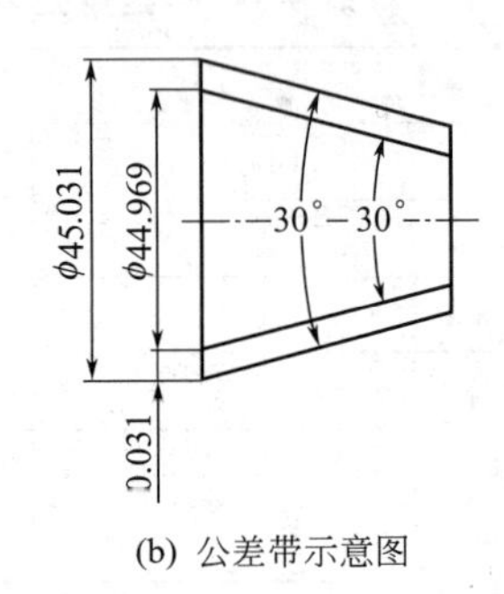

(b) 公差带示意图

图 9-10 第一种公差给定方法的标注示例

② 给出给定截面圆锥直径公差 T_{DS} 和圆锥角公差 AT。此时 T_{DS} 和 AT 是独立的，应分别满足，如图 9-11 所示。

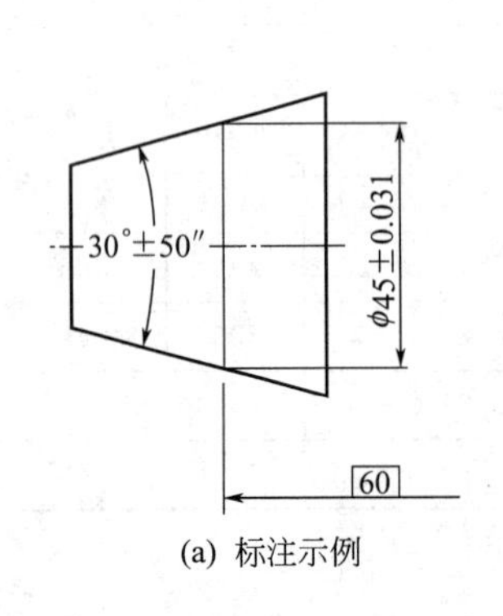

(a) 标注示例

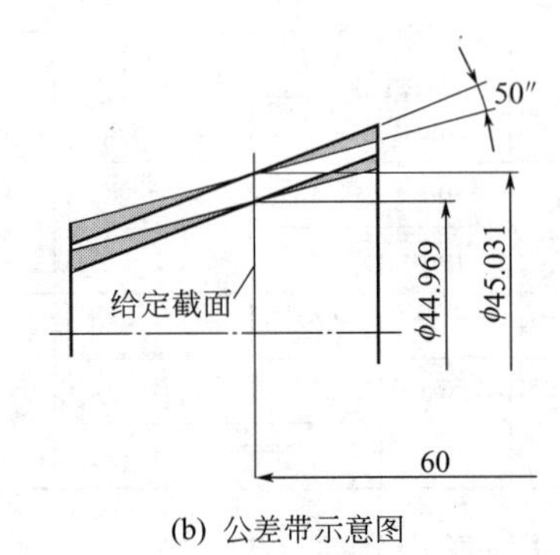

(b) 公差带示意图

图 9-11 第二种公差给定方法的标注示例

如果对形状公差有更高要求，可再给出圆锥的形状公差。

此种方法通常运用于对给定圆锥截面直径有较高要求的情况。如某些阀类零件中，两个相互接合的圆锥在规定截面上要求接触良好，以保证密封性。

GB/T 15754—1995《技术制图 圆锥的尺寸和公差标注》规定：圆锥公差也可用面轮廓度标注，如图 9-12 所示。必要时还可给出形状公差要求，但只占面轮廓度公差的一部分。

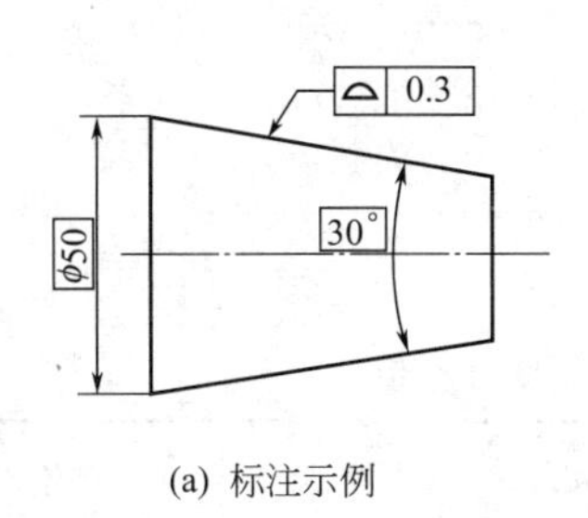

(a) 标注示例

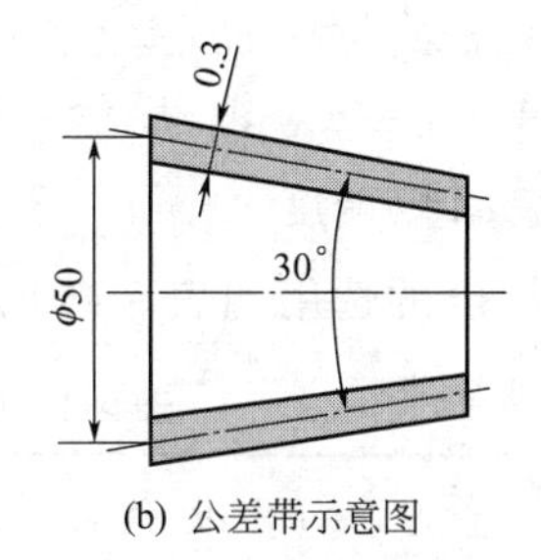

(b) 公差带示意图

图 9-12 面轮廓度的标注示例

9.2.3 圆锥直径公差的选用

(1) 结构型圆锥配合

结构型圆锥配合的配合性质由相互连接的内、外圆锥直径公差带之间的关系决定。依内、外圆锥直径公差带位置关系，与圆柱配合一样分为间隙配合、过渡配合、过盈配合。

结构型圆锥配合的内外圆锥直径的公差值和基本偏差可以分别从 GB/T 1800.3—1998 规定的标准公差系列和基本偏差系列中选取。公差带可以从 GB/T 1800.3—1998 规定的公差带中选取。如果 GB/T 1800.3—1998 中规定的公差带不能满足设计要求，则可按 GB/T 1800.3—1998 中规定的任一基本偏差组成所需要的公差带。

结构型圆锥配合也分为基孔制和基轴制配合，为了减少定值刀具、量规的规格和数目，获得最佳技术经济效益，应优先选用基孔制配合。

【例 9-1】 某结构型圆锥根据传递扭矩的需要，$Y_{max}=-159\mu m$，$Y_{min}=-70\mu m$，基本直径（在大端）为 100mm，锥度为 $C=1:50$，试确定内、外圆锥直径公差代号。

解： 圆锥配合公差 $T_{DP}=[-70-(-159)]\mu m=89\mu m$；查 GB/T 1800.3—1998，IT7+IT8=$(35+54)\mu m=89\mu m$，且一般孔的精度比轴低一级，故取内圆锥直径公差为 $\phi100H8\ (^{+0.054}_{0})mm$，外圆锥直径为 $\phi100u7\ (^{+0.159}_{+0.124})mm$。

(2) 位移型圆锥配合

位移型圆锥配合的配合性质由圆锥轴向位移或者由装配力决定。因此，内、外圆锥直径公差带仅影响装配时的初始位置，不影响配合性质。

位移型圆锥配合的内、外圆锥直径公差带的基本偏差，采用 H/h 或 JS/js，其轴向位移的极限值（E_{amax}，E_{amin}）和轴向位移（T_E）按下列公式计算。

① 间隙配合

$$E_{amax}=X_{max}/C \qquad E_{amin}=X_{min}/C$$

$$T_E=E_{amax}-E_{amin}=(X_{max}-X_{min})/C$$

式中 C——锥度；

X_{max}，X_{min}——配合的最大、最小间隙。

② 过盈配合

$$E_{amax}=|Y_{max}|/C \qquad E_{amin}=|Y_{min}|/C$$

$$T_E=E_{amax}-E_{amin}=(|Y_{max}|-|Y_{min}|)/C$$

式中 Y_{max}，Y_{min}——配合的最大、最小过盈。

【例 9-2】 有一位移型圆锥配合，锥度 C 为 1∶30，内、外圆锥的基本直径为 600mm，要求装配后得到 H7/u6 的配合性质。试计算极限轴向位移并确定轴向位移公差。

解： 按 $\phi60H7/u6$，可查得 $Y_{min}=-0.057mm$，$Y_{max}=-0.106mm$

计算得，最小轴向位移 $E_{amin}=|Y_{min}|/C=0.057mm\times30=1.71mm$

最大轴向位移 $E_{amax}=|Y_{max}|/C=0.106\text{mm}\times30=3.18\text{mm}$

轴向位移公差 $T_E=E_{amax}-E_{amin}=(3.18-1.71)\text{mm}=1.47\text{mm}$

9.2.4 圆锥的表面粗糙度

圆锥表面粗糙度的选用如表 9-4 所示。

表 9-4 圆锥的表面粗糙度推荐值

连接形式 / 粗糙度 / 表面	定心连接	紧密连接	固定连接	支撑轴	工具圆锥面	其他
	Rz(不大于)/μm					
外表面	0.4～1.6	0.1～0.4	0.4	0.4	0.4	1.6～6.3
内表面	0.8～3.2	0.2～0.8	0.6	0.8	0.8	1.6～6.3

9.2.5 未注公差角度的极限偏差

国标 GB/T 11334—2005 对于金属切削加工件的角度，包括在图样上标注的角度和通常不需标注的角度（如 90°等）规定了未注公差角度的极限偏差（见表 9-5）。该极限偏差值应为一般工艺方法可以保证达到的精度。应用中可以根据不同产品的不同需要，从标准中所规定的三个未注公差角度的公差等级（中等级、粗糙级、最粗级）中选择合适的等级。

未注公差角度的极限偏差按角度短边长度确定，若工件为圆锥时，则按圆锥素线长度确定。未注公差角度的公差等级在图样或技术文件上用标准号和公差等级表示。例如选用中等级时，则在图样或技术文件上可表示为：GB/T 11334-m。

表 9-5 未注公差角度的极限偏差（摘自 GB/T 11334—2005）

公差等级	长度/mm				
	≤10	>10～50	>50～120	>120～400	>400
m(中等级)	±1°	±30′	±20′	±10′	±5′
c(粗糙级)	±1°30′	±1°	±30′	±15′	±10′
v(最粗级)	±3°	±2°	±1°	±30′	±20′

注：1. 本标准适用于金属切削加工件的角度。

2. 图样上未注公差角度的极限偏差，按本标准规定的公差等级选取，并由相应的技术文件做出规定。

3. 未注公差角度的极限偏差规定如表 9-5 所示，其值按角度短边长度确定。对圆锥角按圆锥素线长度确定。

4. 未注公差角度的公差等级在图样或技术文件上用标准号和公差等级符号表示。例如选用中等级时，表示为：GB/T 11334-m。

9.3 圆锥的检测

9.3.1 直接测量法

直接测量法是用测量角度的量具和量仪直接测量，被测的锥度或角度的数值可在量具和量仪上直接读出。对于精度不高的工件，常用万能角度尺进行测量；对精度高的工件，则需用光学分度头和测角仪进行测量。

在生产车间游标万能角度尺是常用的可直接测量被测工件角度的量具。其游标读数值有 2′和 5′的游标万能角度尺，示值误差分别不大于±2′和±5′。

常见的万能角度尺如图 9-13 所示，在主尺 1 上刻有 90 个分度和 30 个辅助分度。扇形板4上刻有游标，用卡块7可以把直角尺5及直角尺6固定在扇形板4上，主尺1能沿着扇形板4的圆弧面和制动头3的圆弧面移动，用制动头3可以把主尺1紧固在所需的位置上，这种游标万能角度尺的游标读数值为2′，测量范围为0°～320°。

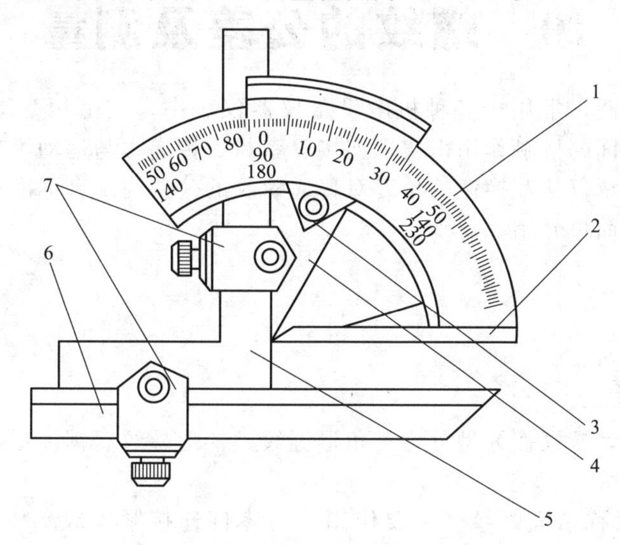

图9-13　万能角度尺

1—主尺；2—基尺；3—制动头；4—扇形板；5，6—直角尺；7—卡块

9.3.2　间接测量法

间接测量法是测量与被测角度有关的尺寸，再经过计算得到被测角度值。常用的有正弦规、圆柱、圆球、平板等工具和量具。图9-14用正弦规测量圆锥量规锥角偏差。

正弦规是圆锥测量中常用的计量器具，适用于测量圆锥角小于30°的锥度。测量前，首先按公式 $h=L\sin\alpha$ 计算量块组的高度 h（式中 α 为公称圆锥角，L 为正弦尺两圆柱中心距），完成上述工作后，可按图9-14所示进行测量。如果被测量角度有偏差，则 a、b 两点示值必有一差值 Δh，此时，锥度偏差为（rad）

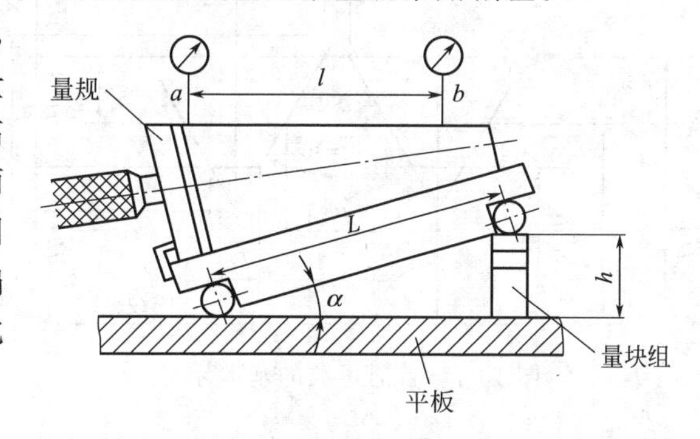

图9-14　用正弦规测量圆锥量规锥角偏差

$$\Delta C=\Delta h/l$$

l 为 a、b 两点间距离。

如换算成锥角偏差 $\Delta\alpha('')$ 时，1弧度 $=2\times10^5('')$，可按下式近似计算

$$\Delta\alpha=2\times10^5\times\Delta h/l$$

习　　题

9-1　国家标准规定了哪几项圆锥公差？对于某一圆锥工件，是否需要将几个公差项目全部标出？

9-2　圆锥公差有哪几种标注方法？如何标注？

9-3　有一外圆锥，最大直径 $D=200$mm，圆锥长度 $L=400$mm，圆锥直径公差等级为IT8级，求直径公差所能限定的最大圆锥角误差。

9-4　配合圆锥的锥度 $C=1:50$，要求配合性质达到H7/s6，配合圆锥基本直径为 $\phi80$mm，试计算轴向位移及轴向位移公差。

10 螺纹的公差及测量

螺纹应用十分广泛，常用于各种机电设备仪器仪表中。它由相互结合的内、外螺纹组成，通过旋合后牙侧面的接触作用来实现连接、密封、传递力与运动等功能。螺纹的种类很多，属于标准件。本章仅从互换性的角度对普通螺纹的公差与配合标准进行介绍。对于梯形螺纹的公差标准只作简单介绍。

10.1 概述

10.1.1 螺纹的分类

螺纹的种类很多，螺纹按牙型分为三角形螺纹、梯形螺纹、锯齿形螺纹及矩形螺纹。按其功能要求一般可以分为三类。

① 连接螺纹　又称紧固螺纹。主要作用是将零件连接紧固成一体，如普通公制螺纹、英制螺纹，其牙型一般为三角形。主要要求是具有良好的旋合性和连接的可靠性。

② 传动螺纹　主要作用是精确地传递运动，实现旋转运动与直线运动的转换。主要要求是传递动力的可靠性、传递位移的准确性及传动比恒定。其牙型有三角形、梯形、矩形和锯齿形。机床的传动丝杠和螺母多采用梯形螺纹。

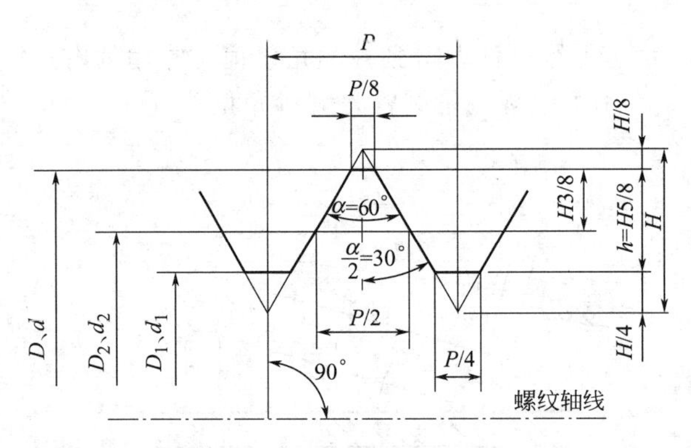

图 10-1　普通螺纹的基本牙型

③ 密封螺纹　主要作用是实现两个零件无泄漏的紧密连接，防止漏水、漏气或漏油，如管螺纹。主要要求是结合应具有一定的过盈，具有良好的旋合性及密封性。其牙型一般为三角形。

10.1.2 普通螺纹的基本几何参数

普通螺纹的基本牙型如图 10-1 所示。

① 大径 D、d　大径是指与外螺纹的牙顶或内螺纹的牙底相重合的假想圆柱的直径。国标规定普通螺纹的大径为螺纹的公称直径，按国标直径系列选用，具体数值见表 10-1。

② 小径 D_1、d_1　与外螺纹牙底或内螺纹牙顶相重合的假想圆柱的直径。

③ 中径 D_2、d_2　中径是一个假想圆柱的直径，该圆柱的母线通过的牙型上沟槽和凸起宽度相等，均为 $P/2$。

④ 顶径 d、D_1　顶径是指与螺纹牙顶相重合的假想圆柱的直径，即外螺纹大径 d 或内螺纹小径 D_1。

⑤ 底径 d_1、D　底径是指与螺纹牙底相重合的假想圆柱的直径，即外螺纹小径 d_1 或内螺纹大径 D。

⑥ 单一中径 D_{2a}、d_{2a}　单一中径指假想圆柱的母线通过牙槽宽度等于基本螺距一半处。如图 10-2 所示。理论上，单一中径与中径相等。

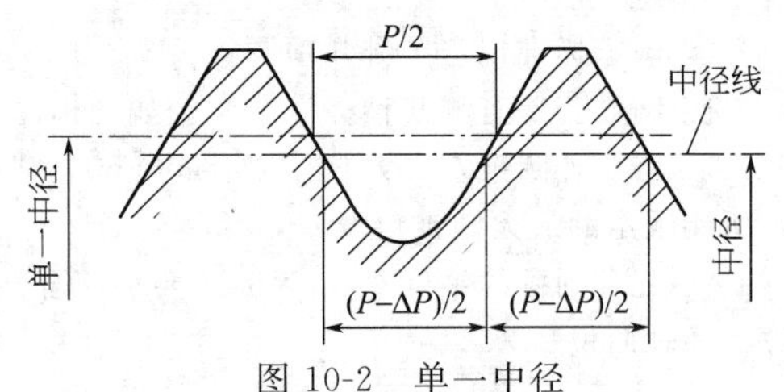

图 10-2　单一中径

⑦ 螺距 P 螺距指相邻两牙在中径线上对应两点间的轴向距离。

表 10-1 普通螺纹的公称直径和螺距（摘自 GB/T 193—2003） mm

公称直径 D、d			螺距 P	中径 D_2 或 d_2	小径 D_1 或 d_1
第一系列	第二系列	第三系列			
10			**1.5**	9.026	8.376
			1.25	9.188	8.647
			1	9.350	8.917
			0.75	9.513	9.188
12			**1.75**	10.863	10.106
			1.5	11.026	10.376
			1.25	11.188	10.647
			1	11.350	10.917
	14		**2**	12.701	11.835
			1.5	13.026	12.376
			1	13.350	12.917
16			**2**	14.701	13.835
			1.5	15.026	14.376
			1	15.350	14.917
20			**2.5**	18.376	17.294
			2	18.701	17.835
			1.5	19.026	18.376
			1	19.350	18.917
24			**3**	22.051	20.752
			2	22.701	21.835
			1.5	23.026	22.376
			1	23.350	22.917
		25	2	23.701	22.835
			1.5	24.026	23.376

注：1. 直径优先选用第一系列，其次第二系列，尽可能不选用第三系列。
2. 黑体字表示的螺距为粗牙螺距。

相互结合的内外螺纹的螺距是相等的。螺距分粗牙和细牙，见表 10-1。

⑧ 导程 P_h 导程指同一螺旋线上相邻两牙中径线上对应两点间的轴向距离。单线螺纹，$P_h=P$；多线螺纹，$P_h=nP$，其中 n 为螺纹线数。

⑨ 牙型角 α 牙型角指两相邻牙侧面的夹角，参见图 10-1。普通螺纹的理论牙型角 $\alpha=60°$。

⑩ 牙型半角 $\alpha/2$ 牙型半角指牙侧与螺纹轴线的垂线间的夹角。

⑪ 原始三角形高度 H 由原始三角形顶点沿垂直于螺纹的轴线方向到其底边的距离为原始三角形高，原始三角形为一等边三角形，H 与 P 的几何关系为：$H=\sqrt{3}P/2$。

⑫ 牙型高度 h 在螺纹牙型上，牙顶到牙底在垂直于螺纹轴线方向上的距离 $h=5H/8$。

⑬ 螺纹旋合长度 L 两旋合的螺纹沿螺纹轴线方向相互旋合部分的长度。

⑭ 螺纹接触高度 两相配合螺纹牙型面上，相互重合部分在垂直于螺纹轴线方向上的距离。

10.1.3 普通螺纹几何参数误差对互换性的影响

螺纹的几何参数很多，其主要几何参数为三个直径（大径、中径、小径）、一个长度（螺距）、一个角度（牙型半角）。一般螺纹的大径和小径处有间隙，不会影响螺纹的配合性质，而内、外螺纹连接是依靠旋合后的牙侧面接触的均匀性来实现的。因此影响螺纹互换性的主要因素是螺距误差、牙型半角误差和中径误差。

（1）螺距误差的影响

螺距误差包括局部误差 ΔP 和累计误差 ΔP_{Σ} 两种。螺距局部误差 ΔP 是指螺纹的全长上，任意单个实际螺距相对公称螺距的最大差值。螺距累积误差 ΔP_{Σ} 是指在旋合长度内，任意实际螺距对其公称值的最大差值。螺距累积误差受旋合长度影响，是影响互换性的主要因素。

假设内螺纹具有理想牙型，外螺纹只有螺距误差。如图 10-3 所示这对螺纹在牙侧发生干涉（图中阴影部分）不能旋合。对于连接螺纹，螺距误差会使内外螺纹牙侧发生干涉而影响旋合性，并使载荷集中在少数几个牙侧面，降低连接的可靠性与承载能力。对于传动螺纹，螺距误差会影响运动精度及空行程的大小。

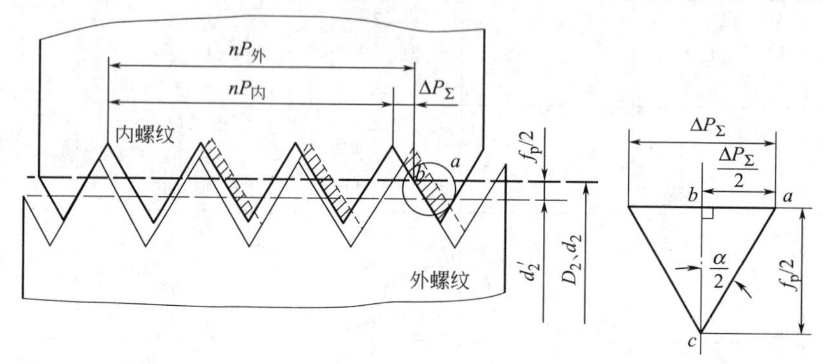

图 10-3　螺距误差

为了使有螺距误差的外螺纹可在所要求的旋合长度内旋入具有理想牙型的内螺纹，应把外螺纹的中径减小一个量值 f_{P}，该量称为螺距累积误差的中径当量。同理，当内螺纹存在螺距累积误差时，为保证旋合，应将内螺纹增加一个中径当量 f_{P}。由图 10-3 的$\triangle abc$ 中可以看出

$$f_{\mathrm{P}} \approx |\Delta P_{\Sigma}| \cot \frac{\alpha}{2} \tag{10-1}$$

当 $\alpha/2=30°$时

$$f_{\mathrm{P}} \approx 1.732|\Delta P_{\Sigma}| \tag{10-2}$$

（2）牙型半角误差的影响

牙型半角误差等于实际牙型半角与其理论牙型半角之差，是螺纹牙侧相对于螺纹轴线的方向误差，它影响螺纹的旋合性和连接强度。

牙型半角误差有以下两种。

① $\alpha_1/2 \neq \alpha_2/2$，即左、右牙型半角不相等，车削螺纹时，若车刀没装正便会造成这种结果。

② 螺纹左右牙型半角相等，但不等于 30°，这种误差是由螺纹加工刀具不等于 60°所致。

假定内螺纹具有理想牙型，外螺纹的中径及螺距与内螺纹相同，外螺纹的左右牙型半角存在误差 $\Delta\alpha_1/2$ 和 $\Delta\alpha_2/2$。当内、外螺纹旋合时，左、右牙型将产生干涉影响旋合性。牙型半角误差对互换性的影响如图 10-4 所示。

图 10-4(a)：外螺纹的 $\Delta\alpha/2<0$，牙顶牙侧处出现干涉现象。

图 10-4(b)：外螺纹的 $\Delta\alpha/2>0$，牙底牙侧处出现干涉现象。

若将外螺纹中径减小 $f_{\alpha/2}$（或内螺纹中径增大 $f_{\alpha/2}$），就可以避免干涉。$f_{\alpha/2}$ 为牙型半角

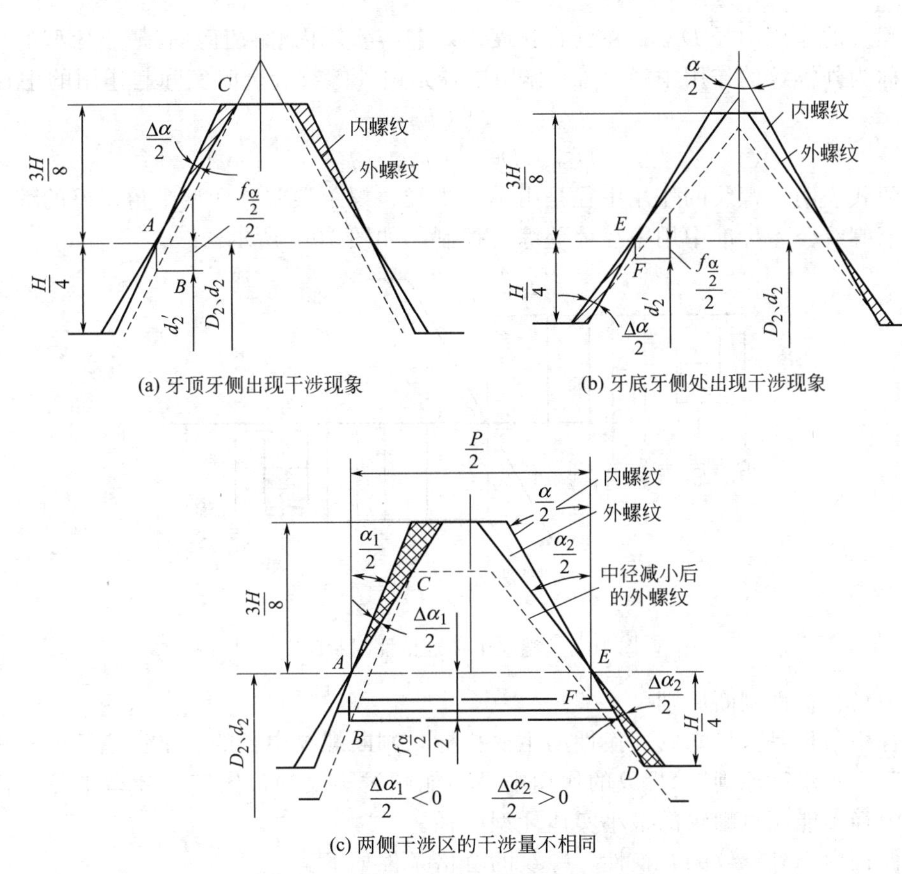

(a) 牙顶牙侧出现干涉现象　(b) 牙底牙侧处出现干涉现象

(c) 两侧干涉区的干涉量不相同

图 10-4　牙型半角误差对旋合性的影响

误差的中径补偿值。

在图 10-4(c) 中，当左右牙型半角误差不相等时，两侧干涉区的干涉量也不相同，中径补偿值 $f_{\alpha/2}$ 取平均值。由图中的几何关系可以导出

$$f_{\alpha/2}=0.073P\left(K_1\left|\frac{\Delta\alpha_1}{2}\right|+K_2\left|\frac{\Delta\alpha_2}{2}\right|\right)\tag{10-3}$$

式中　P——螺距，mm；

$\frac{\Delta\alpha_1}{2}$，$\frac{\Delta\alpha_2}{2}$——左、右半角误差，(′)；

K_1，K_2——修正系数，见表 10-2。

表 10-2　K_1、K_2 值的取法

内螺纹				外螺纹			
$\frac{\Delta\alpha_1}{2}>0$	$\frac{\Delta\alpha_1}{2}<0$	$\frac{\Delta\alpha_2}{2}>0$	$\frac{\Delta\alpha_2}{2}<0$	$\frac{\Delta\alpha_1}{2}>0$	$\frac{\Delta\alpha_1}{2}<0$	$\frac{\Delta\alpha_2}{2}>0$	$\frac{\Delta\alpha_2}{2}<0$
K_1		K_2		K_1		K_2	
3	2	3	2	2	3	2	3

(3) 中径误差的影响

单一中径误差直接影响螺纹的旋合性和连接强度，必须加以控制。螺距误差与牙型半角误差的存在都对单一中径发生影响。由于这两项误差的存在，对内螺纹相当于中径减小，对外螺纹相当于中径增大。在旋合长度内，包容实际外螺纹且具有最小牙型的理想内螺纹的中径称为内螺纹的作用中径 D_{2m}；在旋合长度内，包容实际内螺纹且具有最小牙型的理想外螺纹的中径称为外螺纹的作用中径 d_{2m}。作用中径是内外螺纹旋合时实际起作用的中径。

$$d_{2m}=d_{2a}+(f_{\alpha/2}+f_p) \quad (10\text{-}4)$$

$$D_{2m}=D_{2a}-(f_{\alpha/2}+f_p) \quad (10\text{-}5)$$

以上两式表明：螺纹的作用中径是由单一中径、螺距误差、牙型半角误差的综合结果构成。在国家螺纹公差标准中用中径公差综合控制，如图 10-5 所示。

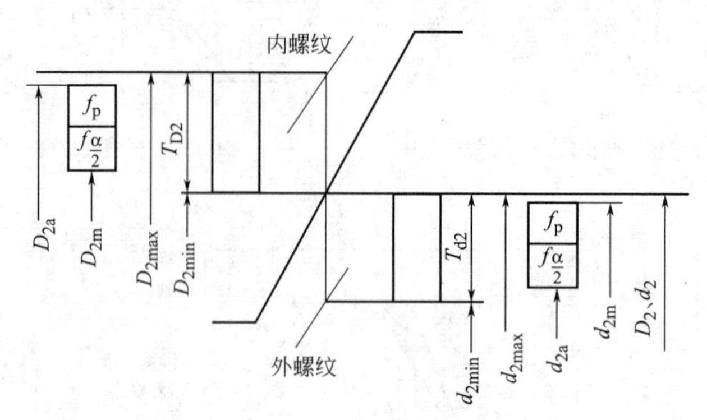

图 10-5 螺纹中径合格性判断原则

(4) 中径合格性判断原则

中径合格与否是衡量螺纹互换性的主要指标，判断螺纹中径的合格性应遵循“极限尺寸判断原则”——“泰勒原则”：螺纹的作用中径不能超过螺纹的最大实体牙型中径，任何位置上的单一中径不能超过螺纹的最小实体牙型中径。

为了保证内、外螺纹的互换性，螺纹的合格条件如下。

内螺纹：$D_{2m}\geqslant D_{2min}$（D_{2min}——内螺纹中径最小实体尺寸）

$D_{2a}\leqslant D_{2max}$（D_{2max}——内螺纹中径最大实体尺寸）

外螺纹：$d_{2m}\leqslant d_{2max}$（d_{2max}——外螺纹中径最大实体尺寸）

$d_{2a}\geqslant d_{2min}$（d_{2min}——外螺纹中径最小实体尺寸）

D_{2max}、D_{2min}和 d_{2max}、d_{2min}为普通螺纹的公差标准中规定的内、外螺纹的中径极限尺寸。

10.2 普通螺纹的公差与配合标准

公称直径为 1～355mm 的普通螺纹的公差带由基本偏差和公差等级组成。公差值的代号为 T。

10.2.1 螺纹的公差等级

公差带的大小由公差等级确定。国家标准按内外螺纹的中径和顶径公差值的大小规定了螺纹的公差等级。其中 9 级精度最低，3 级精度最高，6 级为基本等级。参见表 10-3。

为满足“工艺等价”原则，同级的内螺纹中径公差值比外螺纹中径公差值大 30%左右，因为内螺纹加工较外螺纹加工困难。各直径公差值见表 10-4 和表 10-5。

表 10-3 螺纹的公差等级

螺纹直径	公差等级	螺纹直径	公差等级
内螺纹小径 D_1	4、5、6、7、8	外螺纹中径 d_2	3、4、5、6、7、8、9
内螺纹中径 D_2	4、5、6、7、8	外螺纹大径 d	4、6、8

表 10-4　普通螺纹中径公差（摘自 GB/T 197—2003）　μm

公称直径/mm	螺距 P/mm	内螺纹中径公差 T_{D2}				外螺纹中径公差 T_{d2}				
		公差等级				公差等级				
		5	6	7	8	5	6	7	8	9
>11.2～22.4	1	125	160	200	250	95	118	150	190	236
	1.25	140	180	224	280	106	132	170	212	265
	1.5	150	190	236	300	112	140	180	224	280
	1.75	160	200	250	315	118	150	190	236	300
	2	170	212	265	335	125	160	200	250	315
	2.5	180	224	280	355	132	170	212	265	335
>22.4～45	1.5	160	200	250	315	118	150	190	236	300
	2	180	224	280	355	132	170	212	265	335
	3	212	265	335	425	160	200	250	315	400
	3.5	224	280	335	450	170	212	265	335	425
	4	236	300	375	475	180	224	280	355	450
	4.5	250	315	400	500	190	236	300	375	475

表 10-5　普通螺纹顶径公差（摘自 GB/T 197—2003）　μm

螺距 P/mm	内螺纹小径公差 T_{D1}				外螺纹大径公差 T_d		
	公差等级				公差等级		
	5	6	7	8	4	6	8
0.75	150	190	236	—	90	140	—
0.8	160	200	250	315	95	150	236
1	190	236	300	375	112	180	280
1.25	212	265	335	425	132	212	335
1.5	236	300	375	475	150	236	375
1.75	265	335	425	530	170	265	425
2	300	375	475	600	180	280	450
2.5	355	450	560	710	212	335	530
3	400	500	630	800	236	375	600

10.2.2　螺纹的基本偏差

公差带的位置由基本偏差确定，国家标准规定内螺纹的下偏差 EI 和外螺纹的上偏差 es 为基本偏差。对内螺纹基本偏差规定 G 和 H 两种。对外螺纹基本偏差规定 e、f、g 和 h 四种，见图 10-6。其中 H 和 h 的基本偏差为零，G 的基本偏差为正值，e、f、g 的基本偏差为负值。基本偏差数值见表 10-6。

10.2.3　螺纹的旋合长度

螺纹的旋合长度有短旋合长度（S）、中等旋合长度（N）和长旋合长度（L）三种，对螺纹的配合精度有影响。常用的旋合长度是螺纹公称直径的 0.5～1.5 倍。通常选用中等旋合长度（N），数值可参考表 10-7。

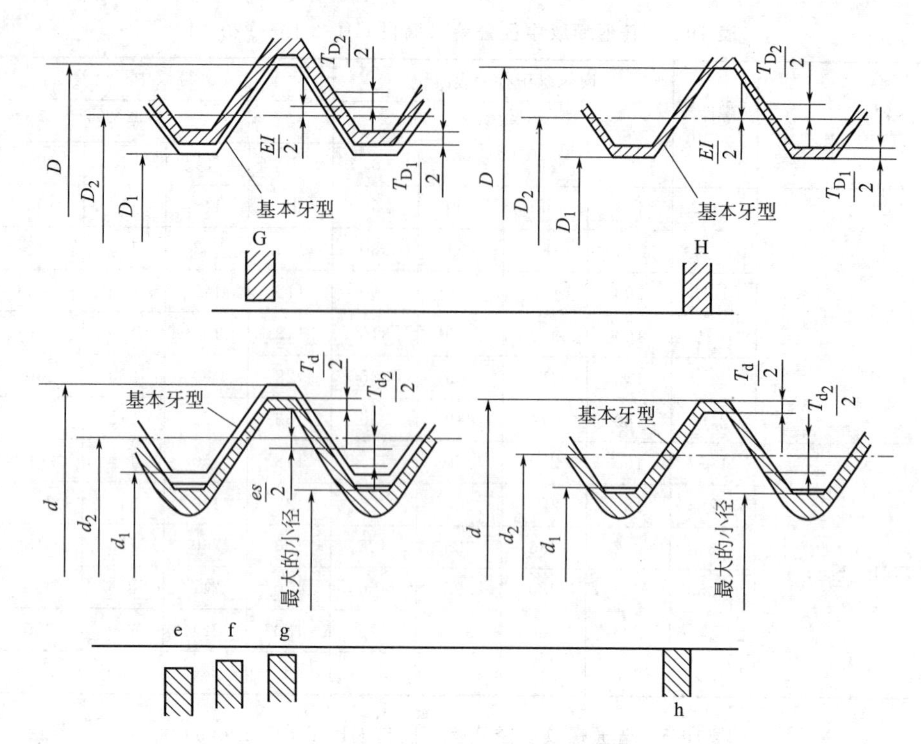

图 10-6 内外螺纹的基本偏差

表 10-6 内外螺纹的基本偏差（摘自 GB/T 197—2003） μm

螺距 P/mm	内螺纹基本偏差 EI		外螺纹基本偏差 es			
	G	H	e	f	g	h
0.75	+22	0	−56	−38	−22	0
0.8	+24		−60	−38	−24	
1	+26		−60	−40	−26	
1.25	+28		−63	−42	−28	
1.5	+32		−67	−45	−32	
1.75	+34		−71	−48	−34	
2	+38		−71	−52	−38	
2.5	+42		−80	−58	−42	
3	+48		−85	−63	−48	

表 10-7 螺纹的旋合长度（摘自 GB/T 197—2003） μm

公称直径 d/mm	螺距 P/mm	旋合长度组		
		S	N	L
>5.6～11.2	0.75	≤2.4	2.4～7.1	>7.1
	1	≤3	3～9	>9
	1.25	≤4	4～12	>12
	1.5	≤5	5～15	>15
>11.2～22.4	1	≤3.8	3.8～11	>11
	1.25	≤4.5	4.5～13	>13
	1.5	≤5.6	5.6～16	>16
	1.75	≤6	6～18	>18
	2	≤8	8～24	>24
	2.5	≤10	10～30	>30

10.2.4　螺纹精度的选择

螺纹精度等级由螺纹公差带和螺纹的旋合长度两个因素决定。国标将螺纹的精度等级分为粗糙级、中等级和精密级三种。一般以中等旋合长度下的 6 级公差等级作为中等精度。对要求不高或者制造比较困难的螺纹选用粗糙等级，一般用途的螺纹选用中等精度，要求配合性质变动比较小的螺纹选用精密等级。螺纹精度选择的主要依据是螺纹的使用要求。

常用中径和顶径公差带推荐选择见表 10-8 和表 10-9。表中有两个公差等级及代号的，前者表示中径公差带，后者表示顶径公差带，只有一个公差等级的，表示中径公差带和顶径公差带相同。

表 10-8　内螺纹推荐公差带（摘自 GB/T 197—2003）

精度	公差带位置 G			公差带位置 H		
	S	N	L	S	N	L
精密				4H	5H	6H
中等	(5G)	*6G	(7G)	*5H	<u>*6H</u>	*7H
粗糙		(7G)	(8G)		7H	8H

注：1. 公差优先选用顺序为：带 * 的公差带、一般字体公差带、括号内公差带。

2. 大批量生产的紧固件螺纹推荐采用带下划线的公差带。

表 10-9　外螺纹推荐公差带（摘自 GB/T 197—2003）

精度	公差带位置 f			公差带位置 g			公差带位置 h		
	S	N	L	S	N	L	S	N	L
精密					(4g)	(5g4g)	(3h4h)	<u>4h</u>	(5h4h)
中等		*6f		(5g6g)	<u>*6g</u>	(7g6g)	(5h6h)	6h	(7h6h)
粗糙					8g	(9g8g)			

注：1. 公差优先选用顺序为：带 * 的公差带、一般字体公差带、括号内公差带。

2. 大批量生产的紧固件螺纹推荐采用带下划线的公差带。

10.2.5　螺纹的表面粗糙度

螺纹的表面粗糙度 *Ra* 数值可参考表 10-10。对于强度要求较高的螺纹牙侧表面，*Ra* 不应大于 0.4μm。

表 10-10　螺纹表面粗糙度 *Ra*（摘自 GB/T 197—2003）　μm

工件	螺纹中径公差等级		
	4,5	6,7	7～9
	Ra 不大于		
螺栓、螺钉、螺母	1.6	3.2	3.2～6.3
轴及套上的螺纹	0.8～1.6	1.6	3.2

10.2.6　螺纹的标注

普通螺纹的完整标记由螺纹代号、公差带代号、旋合长度代号及旋向代号组成，三者之间要用“-”分开。

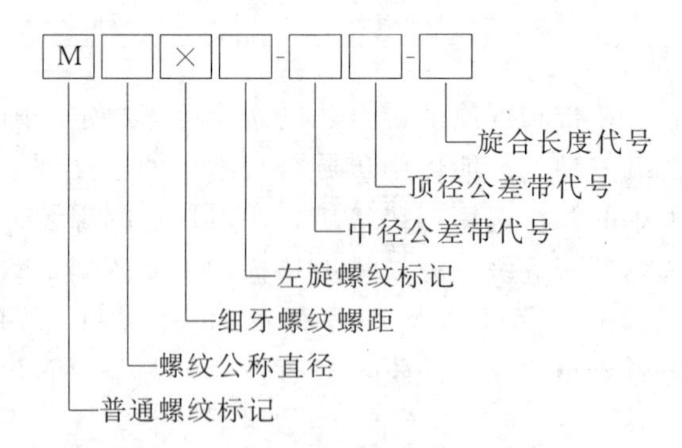

(1) 单个螺纹标记

普通螺纹代号用字母“M”及螺纹的尺寸代号“公称直径×螺距”（单位 mm）表示；粗牙螺纹不标注螺距；右旋螺纹不必标注旋向，左旋螺纹用“LH”标注；螺纹公差带代号标注在螺纹代号后，包括螺纹的中径和顶径，公差带相同时，合写一个；螺纹旋合长度代号标注在螺纹公差带代号之后，新标准中旋合长度不允许标注具体数值，当螺纹旋合长度为中等时，不标注长度代号（N），其他应标注“S”或“L”。

示例如下：M 10-5H 6H-L 代表公称直径为 10mm 的米制普通内螺纹，中径公差带为 5H，顶（小）径公差带为 6H，旋合长度代号为 L。

(2) 螺纹配合的标记

标注内外螺纹配合时，内螺纹公差带代号在前，外螺纹公差带代号在后，中间用斜线分开。

如：M10-7H/7g6g

10.2.7 应用实例

【例 10-1】 螺纹 M24-6h 的测量结果为单一中径 $d_{2a}=21.95$mm，螺距累积误差 $\Delta P_{\Sigma}=-50\mu$m，半角误差 $\Delta\alpha_1/2=-80'$，$\Delta\alpha_2/2=+60'$。试求该外螺纹的作用中径，问此外螺纹是否合格，能否旋入具有基本牙型的内螺纹中。

解： 由 M24 查表 10-1，得 $d_2=22.051$mm。

由 6h 查表 10-6 得，中径上偏差 es=0。

查表 10-4 得，$T_{d2}=200\mu$m。

中径的极限尺寸 $d_{2\max}=22.051$mm，$d_{2\min}=21.851$mm

该外螺纹的作用中径 $d_{2m}=d_{2a}+f_p+f_{a/2}$

其中，$f_p=1.732\mid\Delta P_{\Sigma}\mid=1.732\times 50\mu m=86.6\mu m=0.0866$mm。

因为 $\Delta\alpha_1/2<0$，$\Delta\alpha_2/2>0$，牙型半角误差补偿系数 $K_1=3$，$K_2=2$。

$$f_{\alpha/2}=0.073P(K_1\mid\Delta\alpha_1/2\mid+K_2\mid\Delta\alpha_2/2)$$
$$=0.073\times 3(3\times 80+2\times 60)=78.8\mu m=0.0788mm$$
$$d_{2m}=d_{2a}+f_p+f_{\alpha/2}=21.95+0.0866+0.0788=22.115mm$$

$d_{2m}>d_{2\max}$，即螺纹的作用中径大于最大极限中径，所以该外螺纹不合格，不能旋入具有基本牙型的内螺纹中。

10.3 梯形螺纹公差

10.3.1 概述

梯形螺纹具有传动精度高、传动效率高及加工方便等优点，常用在机床的进给传动系统、分度机构、螺旋起重机、千斤顶等螺旋传动机构中，也称为梯形丝杠、螺母传动副。梯形螺纹基本尺寸见表 10-11。

表 10-11 梯形螺纹基本尺寸（摘自 GB 5796.3—2005） mm

公称直径 d	螺距 P	中径 $d_2=D_2$	内螺纹大径 D_4	外螺纹小径 d_3	内螺纹小径 D_1	公称直径 d	螺距 P	中径 $d_2=D_2$	内螺纹大径 D_4	外螺纹小径 d_3	内螺纹小径 D_1
20	2	19	20.5	17.5	18	32	3	30.5	32.5	28.5	29
							6	29	33	25	26
	4	18	20.5	15.5	16		10	27	33	21	22
24	3	22.5	24.5	20.5	21	36	3	34.5	36.5	32.5	33
	5	21.5	24.5	18.5	19		6	33	37	29	30
	8	20	25	15	16		10	31	37	25	26
28	3	26.5	28.5	24.5	25	40	3	38.5	40.5	36.5	37
	5	25.5	28.5	22.5	23		7	36.5	41	32	33
	8	24	29	19	20		10	35	41	29	30

10.3.2 梯形螺纹的公差

（1）公差等级及选用

根据机床丝杠、螺母的用途和使用要求，梯形丝杠不仅用来传递运动和动力，还传递较精确的轴向位移，对丝杠、螺母的精度要求较高。GB 5796.4—2005 规定，各直径分别规定 4、7、8、9 四个精度等级，见表 10-12。

表 10-12 梯形螺纹选用的公差等级

直 径	公差等级	直 径	公差等级
内螺纹小径 D_1	4	外螺纹中径 d_2	(6)、7、8、9
外螺纹大径 d	4	外螺纹小径 d_3	7、8、9
内螺纹中径 D_2	7、8、9		

注：6 级公差仅是为了计算 7、8、9 级公差值而列出来的。

7 级用于精确传动，如精密螺纹车床、精密齿轮机床。

8 级用于一般传动，如普通螺纹车床、螺纹铣床。

9 级用于一般分度和进给机构。

因为在安装时须保证内螺纹的大径 D_4 与外螺纹牙顶间隙 a_c，所以加工时可根据 $D_4=d+a_c$ 确定内螺纹大径的尺寸。

（2）基本偏差

国标 GB 5796.4—2005 规定外螺纹的基本偏差为上偏差 es，内螺纹的基本偏差为下偏差 EI。对于内螺纹的大径 D_4、中径 D_2 和小径 D_1 规定了一种公差带位置 H。对外螺纹的中径 α_2 规定了两种基本偏差 e 和 c，对外螺纹大径 d 和小径 d_3 只规定了一种公差带的位置 h。表 10-13～表 10-16 分别列出了梯形螺纹的公差。

10.3.3 旋合长度

旋合长度按公称直径和螺距的大小分为 N、L 两组。N 代表中等旋合长度，L 代表长旋合长度。旋合长度数值见表 10-17。

表 10-13 梯形螺纹的内螺纹中径公差 T_{D2}（摘自 GB 5796.4—2005） μm

公称直径 d/mm	螺距 P/mm	公差等级			公称直径 d/mm	螺距 P/mm	公差等级		
		7	8	9			7	8	9
>11.2～22.4	2	265	335	425	>22.4～45	3	335	425	530
	3	300	375	475		5	400	500	630
	4	355	450	560		6	450	560	710
	5	375	475	600		7	475	600	750
	8	475	600	750		8	500	630	800
						10	530	670	850
						12	560	710	900

表 10-14 梯形螺纹的外螺纹中径公差 T_{d2}（摘自 GB 5796.4—2005） μm

公称直径 d/mm	螺距 P/mm	公差等级			公称直径 d/mm	螺距 P/mm	公差等级		
		7	8	9			7	8	9
>11.2～22.4	2	200	250	315	>22.4～45	3	250	315	400
	3	224	280	355		5	300	375	475
	4	265	335	425		6	335	425	530
	5	280	355	450		7	355	450	560
	8	355	450	560		8	375	475	600
						10	400	500	630
						12	425	530	670

表 10-15 梯形螺纹的外螺纹小径公差 T_{d3}（摘自 GB 5796.4—2005） μm

公称直径 d/mm	螺距 P/mm	中径公差带位置为 c			中径公差带位置为 e		
		7	8	9	7	8	9
>11.2～22.4	2	400	462	544	321	383	465
	3	450	520	614	365	435	529
	4	521	609	690	426	514	595
	5	562	656	775	456	550	669
	8	709	828	965	576	695	832
>22.4～45	3	482	564	670	397	479	585
	5	587	681	806	481	575	700
	6	655	767	899	537	649	781
	7	694	813	950	569	688	825
	8	734	859	1015	601	726	882
	10	800	925	1087	650	775	937
	12	866	998	1223	691	823	1048

表 10-16 梯形螺纹顶径公差（摘自 GB 5796.4—2005） μm

螺距 P/mm	内螺纹小径公差 T_{D1}（4 级）	外螺纹大径公差 T_d（4 级）	螺距 P/mm	内螺纹小径公差 T_{D1}（4 级）	外螺纹大径公差 T_d（4 级）
2	236	180	7	560	420
3	315	236	8	630	450
4	375	300	9	670	500
5	450	335	10	710	530
6	500	375	12	800	600

表 10-17　梯形螺纹旋合长度（摘自 GB 5796.4—2005）　μm

公称直径 d/mm	螺距 P/mm	旋合长度组		公称直径 d/mm	螺距 P/mm	旋合长度组	
		N	L			N	L
>11.2～22.4				>22.4～45	3	>12～36	>36
	2	>8～24	>24		5	>21～63	>63
	3	>11～32	>32		6	>25～75	>75
	4	>15～43	>43		7	>30～85	>85
	5	>18～53	>53		8	>34～100	>100
	8	>30～85	>85		10	>42～125	>125
					12	>50～150	>150

10.3.4　梯形螺纹精度与公差带选用

① 由于标准对内螺纹小径 D_1 和外螺纹大径 d 只规定了一种公差带（4H，4h）；而外螺纹的小径 d_1 的公差带位置永远为 h，且公差等级与中径公差等级相同，所以梯形螺纹仅选择并标记中径公差带，代表梯形螺纹公差带。

② 国家标准对梯形螺纹规定了中等和粗糙两种精度，其选用原则是：一般用途选用中等精度；对精度要求不高时采用粗糙精度。一般情况下按表 10-18 规定选用中径公差带。

表 10-18　内外螺纹选用公差带（摘自 GB 5796.4—2005）

精度	内螺纹		外螺纹	
	N	L	N	L
中等	7H	8H	7h 7e	8e
粗糙	8H	9H	8e 8c	9c

对于多线螺纹的顶径公差与底径公差与单线螺纹相同。多线螺纹的中径公差是在单线螺纹公差的基础上，按照线数不同分别乘以系数。线数为 2、3、4、5 及 5 以上对应的系数分别为 1.12、1.25、1.4 及 1.6。

10.3.5　梯形螺纹的标记

梯形螺纹的标记由三部分组成：梯形螺纹代号、公差带代号及旋合长度代号三部分。

梯形螺纹的公差代号只标注由表示公差等级的数字及公差带位置的字母组成的中径公差带。当旋合长度为 N 组时，不标注旋合长度代号。当旋合长度为 L 组时，应将组别代号 L 写在公差带代号的后边，并用“-”隔开。特殊需要时可用具体的旋合长度数字代替组别代号 L。

梯形螺纹副的公差带要分别注出内、外螺纹的公差带代号。外螺纹的公差带代号在内螺纹公差带代号的后边，中间用斜线分开。

标记示例如下。

内螺纹：Tr50×6-7H

外螺纹：Tr45×6-7e

左旋外螺纹：Tr45×6 LH-7e

螺旋副：Tr45×6-7 H/7e

旋合长度为 L 组的多线螺纹：Tr45×10（P8）-8e-L

旋合长度为特殊需要的螺纹：Tr40×7-7e-160

10.4 螺纹测量

螺纹几何参数的检测方法有两种：综合检验和单项测量。

10.4.1 综合检验

对于大批量生产、用于紧固连接的普通螺纹，只要求保证可旋合性和一定的连接强度，其螺距误差及牙型半角误差按照包容要求，可由中径公差综合控制。在对螺纹进行综合检验时，使用螺纹量规和光滑极限量规同时检测几个螺纹参数。若量规的“通端”能通过或旋合被测螺纹，“止端”不能通过被测螺纹或不能旋合，则被测螺纹是合格的，否则为不合格。综合量规不能反映螺纹单项参数误差的具体参数值，但能判断螺纹的合格性，其检验效率高，适于检验大批量生产中的精度不太高的螺纹。

螺纹量规分为塞规和环规，分别用来检验内、外螺纹。

如图 10-7 所示为用环规检验外螺纹的图例，用卡规先检验外螺纹大径的合格性，再用螺纹环规的通规检验，如能与被检测螺纹顺利旋合，则表明该外螺纹的作用中径合格。

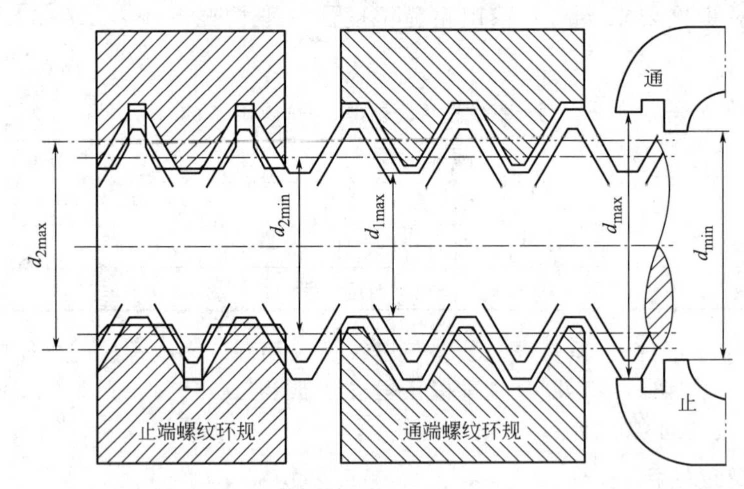

图 10-7 用螺纹环规和光滑极限量规检验外螺纹

如图 10-8 所示为用塞规检验内螺纹的图例。

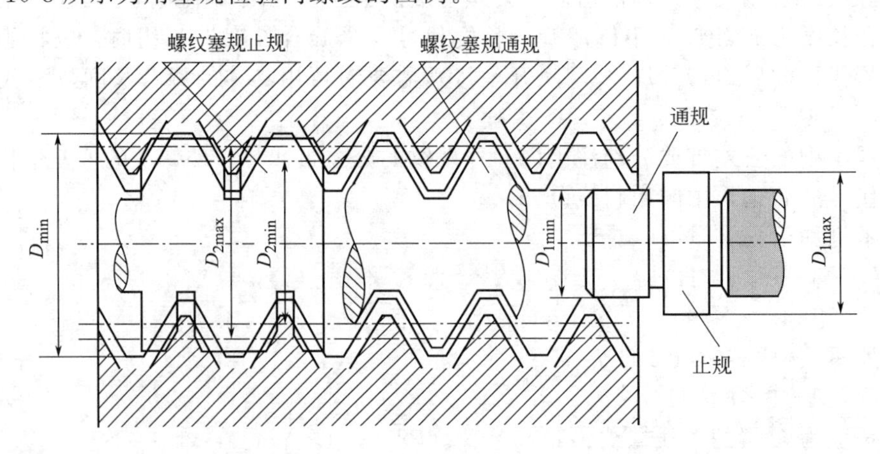

图 10-8 用螺纹塞规和光滑极限量规检验内螺纹

10.4.2 单项测量

对于高精度螺纹、螺纹类刀具及螺纹量规的精密螺纹，其中径、螺距和牙型半角等参数规定了不同的公差要求，常进行单项测量。单项测量是每次只测量螺纹的一项几何参数，用测得的实际值判断螺纹的合格性。生产中分析及调整螺纹加工工艺时，也需要采用单项测量。

① 用量针测量。生产中常采用“三针法”测量外螺纹的中径，方法简单、测量精度高，应用广泛。如图 10-9 所示为三针法测量原理。经几何推导得单一中径

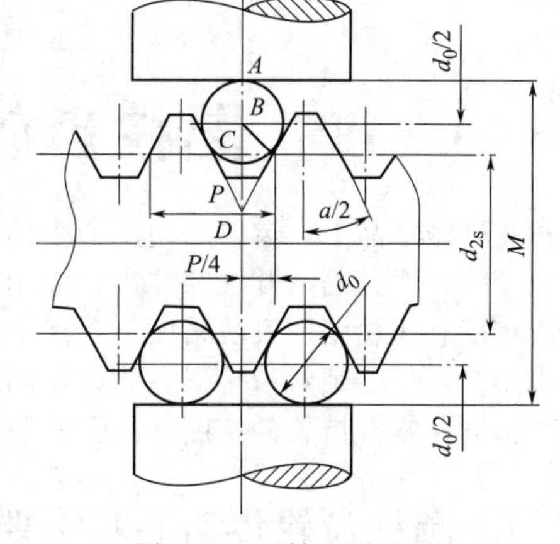

图 10-9 三针法测量原理

$$d_{2a}=M-\frac{3}{2}d_{0最佳} \qquad (10\text{-}6)$$

$$d_{0最佳}=\frac{1}{\sqrt{3}}P \qquad (10\text{-}7)$$

式中，P 为螺距；d_0 为量针直径；M 为测量值。

② 在大型或万能工具显微镜上采用影像法测量螺纹各参数，常用于计量室。也可采用测量刀进行轴切法测量，以及采用干涉法测量。

③ 螺纹千分尺测量外螺纹中径是生产车间测量低精度螺纹的常用量具。它的构造与一般外径千分尺相似，只是在测量杆上安装了适用于各种不同牙型和不同螺距的、成对配套的测量头，如图 10-10 所示。

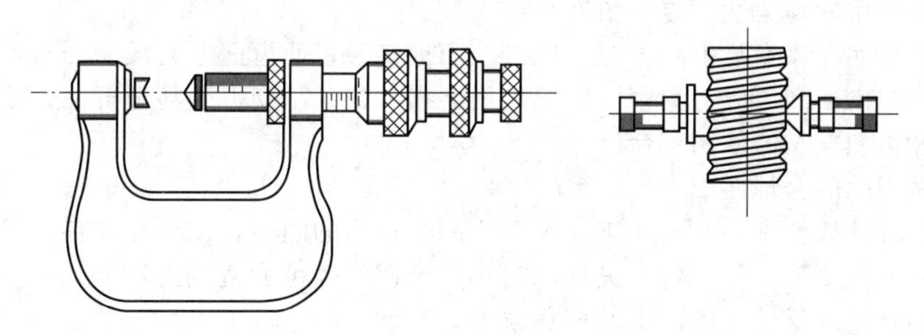
图 10-10 螺纹千分尺

习 题

10-1 内、外螺纹中径是否合格的判断原则是什么？

10-2 什么是作用中径？如何控制螺纹中径，并解释原因。

10-3 螺纹的单项测量常用有哪些方法？适用于什么场合？螺纹量规的通端和止端用来检验螺纹的哪个直径？

10-4 解释下列螺纹代号：M24-5H、M20-5H6H-L、M30×1-6H/5g6g 与 M20-5h6h-S。

10-5 查表写出 M20×2-6H/5g6g 的大、中、小径尺寸，中径和顶径的上下偏差和公差。

10-6 有一内螺纹 M20-7H，测得其实际中径 $d_{2a}=18.61\text{mm}$，螺距累积误差 $\Delta P_{\Sigma}=40\mu\text{m}$，实际牙型半角 $\alpha/2$(左)$=30°30'$，$\alpha/2$（右）$=29°10'$，问此内螺纹的中径是否合格？

11 圆柱齿轮传动的公差及检测

在机械产品中，齿轮是使用最多的传动件，广泛地应用于传递回转运动、传递动力和精密分度等，尤其是渐开线圆柱齿轮应用更为广泛。齿轮传动的质量和效率主要取决于齿轮的制造精度和齿轮副的安装精度。要保证齿轮在使用过程中传动准确平稳、灵活可靠、振动和噪声小等，就必须对齿轮误差和齿轮副的安装误差加以限制。因此了解齿轮误差对其使用性能的影响，掌握齿轮的精度标准和检测技术具有重要意义。

11.1 圆柱齿轮传动的基本要求

齿轮传动按用途可以分为传动齿轮、动力齿轮与分度齿轮。用途不同，要求也各不相同，综合起来归纳为以下四方面：

(1) 传递运动的准确性（运动精度）

要求齿轮在转动一周范围内，传动比的变化要尽量小，即最大转角误差要限制在一定范围内，最大转角误差为其评定指标。

(2) 传动的平稳性（传动精度）

要求齿轮在一齿距或瞬时内传动比的变化尽量小，以减少齿轮传动中的冲击、振动和噪声，保证传动平稳。它可以用控制齿轮转动一个齿过程中的最大转角误差来保证。

(3) 载荷分布的均匀性（接触精度）

要求啮合齿面在齿宽与齿高方向上能较全面地接触，使齿面上的载荷分布均匀，以避免传动载荷较大时齿面产生应力集中，引起齿面磨损加剧、早期点蚀甚至折断，使齿轮传动有较高的承载能力和较长的使用寿命。

(4) 齿侧间隙的合理性

要求装配好的齿轮副啮合时非工作齿面之间有适当的间隙，以保证储存润滑油和补偿制造与安装误差及热变形，使其传动灵活。过小的齿侧间隙可能造成齿轮卡死或烧伤现象，过大的齿侧间隙会引起反转时的冲击及回程误差。

上述前3项要求为对齿轮本身的精度要求，而第4项是对齿轮副的要求，为了保证齿轮传动具有较好的工作性能，对上述四个方面均要有一定的要求。但用途和工作条件不同的齿轮，对上述四方面应有不同的侧重（见表11-1）。

表11-1 齿轮传动的分类及使用要求

分类	使用场合	特　点	要　求
低速动力齿轮	轧钢、起重、运输、矿山等机械等	传递动力大，转速低	接触精度高，齿侧间隙大
高速动力齿轮	汽车、航空发动机、汽轮机、减速器等	传递动力大，转速高	传动平稳、接触精度高
分度齿轮	测量仪器、分度机构等	传递动力小，转速低	运动准确、侧隙小

为了降低齿轮的加工，检测成本，如果齿轮总是用一侧齿面工作，则可以对非工作齿面提出较低的精度要求。

11.2 齿轮的主要加工误差及分类

齿轮的加工误差来源于机床、刀具、夹具和齿坯本身的制造误差及其安装、调整误差。

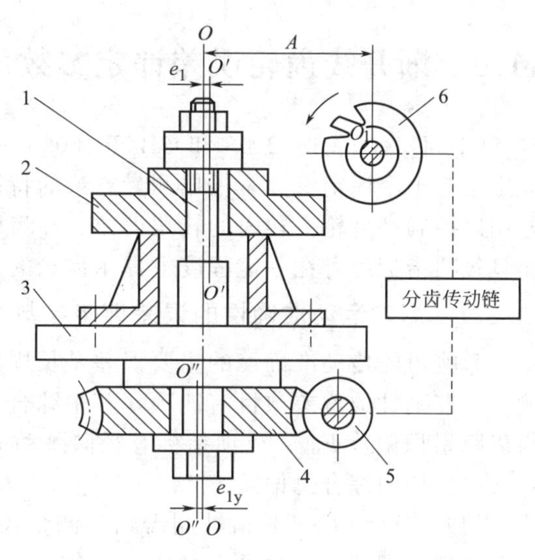

图 11-1　滚齿机加工齿轮

1—芯轴；2—齿轮轮坯；3—工作台；4—蜗轮；5—蜗杆；6—滚刀

齿轮的加工方法主要有仿形法和展成法。仿形法是利用成形刀具加工齿轮，如利用铣刀在铣床上铣齿；展成法是利用专用齿轮加工机床加工齿轮，如滚齿、插齿、磨齿。齿轮的加工方法很多，齿形复杂，影响加工误差的主要工艺影响因素也不相同，对齿轮加工误差的规律性及对传动性能的影响的研究，至今还不很完善。现仅以滚齿为例列出产生加工误差的主要因素。如图 11-1。

11.2.1　齿轮的加工误差来源

① 几何偏心。齿坯在机床上的安装偏心，即齿坯定位孔的轴线与机床工作台的回转轴线不重合而产生的偏心。如图 11-1 中 $OO'(e_1)$。

② 运动偏心。由机床分度蜗轮的轴心线与机床工作台回转轴线不重合产生的偏心为运动偏心，如图 11-1 中 $OO''(e_{1y})$。

③ 机床传动链周期误差。主要由传动链中分度机构各元件误差引起，尤其是分度蜗杆的径向跳动和轴向跳动的影响。

④ 滚刀的制造误差和安装误差。滚刀的齿形角误差、滚刀的径向跳动、轴向窜动等。

⑤ 齿坯本身的误差，包括尺寸、形状、位置误差。

11.2.2　齿轮加工误差的分类

为了区别和分析齿轮各种误差的性质、规律及其对齿轮传动的影响，从不同的角度对齿轮加工误差分类如下。

（1）长周期误差和短周期误差

长周期误差指的是齿轮回转一周出现一次的周期误差，主要由几何偏心和运动偏心产生，以齿轮一转为一个周期。这类周期误差主要影响齿轮传动的准确性，当转速较高时，也影响齿轮传动的平稳性。

短周期误差指的是齿轮转动一个齿距中出现一次或多次的周期性误差，主要由机床传动链和滚刀制造误差与安装误差产生。该误差在齿轮一转中多次反复出现。这类误差主要影响齿轮传动的平稳性。

（2）径向误差、切向误差、轴向误差

径向误差是刀具与被切齿轮之间径向距离的偏差。它是由几何偏心、刀具的径向跳动、齿坯轴或刀具轴位置的周期变动引起的。

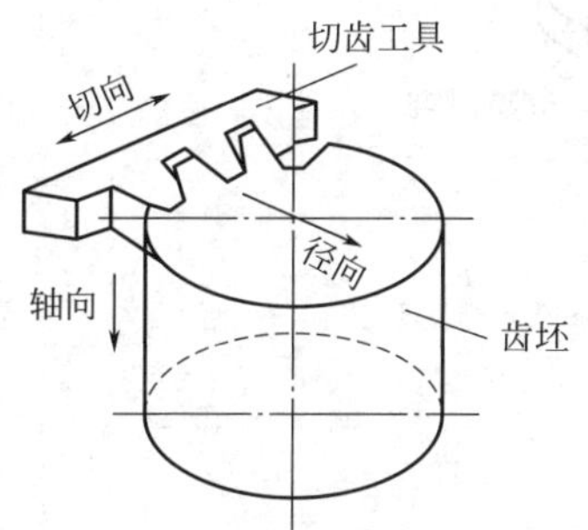

图 11-2　齿轮的误差方向

切向误差是刀具与工件的展成运动遭到破坏或分度不准确而产生的加工误差。

径向误差与切向误差，都会造成齿轮传动时输出转速不均匀，影响其传动的准确性。

轴向误差是刀具沿工件轴向移动的误差。它主要是由于机床导轨的不精确、齿坯轴线的歪斜所造成的。轴向误差破坏齿的纵向接触，对斜齿轮还破坏齿高接触。齿轮的径向误差、切向误差、轴向误差如图 11-2 所示。

11.3 渐开线齿轮误差评定参数及检测

GB/T 10095.1—2008 和 GB/T 10095.2—2008 对齿轮、齿轮副的误差及齿轮副的侧隙规定了若干个评定参数。根据测量方法的特征，可分为综合指标和单项指标。这些项目的偏差用以控制在齿轮一转内的转角误差、在齿轮一齿距角内的转角误差以及齿轮的接触痕迹，而且每项指标都可在一定程度上提示齿轮的加工误差或安装误差。

11.3.1 影响运动准确性的误差评定参数及检测

影响齿轮传动准确性的主要误差是长周期误差，其主要来源于几何偏心和运动偏心。影响运动准确性的偏差项目有四项，其中综合指标有切向综合总偏差 F_i'、齿距累积总偏差 F_p 与齿距累积偏差 F_{pk}；单项指标有径向跳动 F_r、径向综合总偏差 F_i''。

(1) 切向综合总偏差 F_i'

切向综合误差 F_i'是指被测齿轮与测量齿轮单面啮合检验时，在被测齿轮一转内，实际转角与理论圆周位移的最大差值，以分度圆弧长计值。

测量齿轮允许用精确齿条、精确蜗杆、精确测头等测量元件代替。该误差以切向综合总偏差 F_i'表示，以齿轮分度圆上实际圆周位移与理论圆周位移的最大差值计值。该偏差反映了齿轮运动的不均匀性，以齿轮转动一周为周期而变化，反映出几何偏心、运动偏心和长周期误差、短周期误差对齿轮传动准确性影响的综合结果。该偏差的测量状态接近于齿轮的实际工作状态，是评定齿轮传递运动准确性的一项最完善的综合指标，仅限于评定高精度的齿轮。

切向综合总偏差 F_i'由单啮仪测得。单啮仪测量原理如图 11-3 所示。标准蜗杆与被测齿轮单面啮合，二者各带一个同轴安装的圆光栅盘和信号发生器；二路所检测到的角位移信号经分频器后变为同频信号；当被测齿轮存在制造误差时，该误差引起的微小回转角误差将变为两路信号的相位差，经比相器和记录器，在圆记录纸上记录下来。测量所得的误差曲线如图 11-4 所示。

切向综合总偏差 F_i'的允许值可按下式计算得到

$$F_i'=F_p+f_i'$$

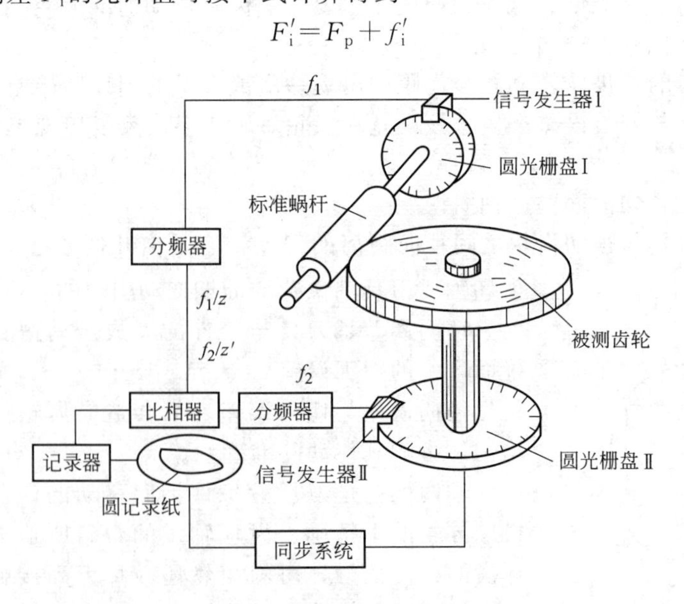

图 11-3 光栅式单啮仪测量原理

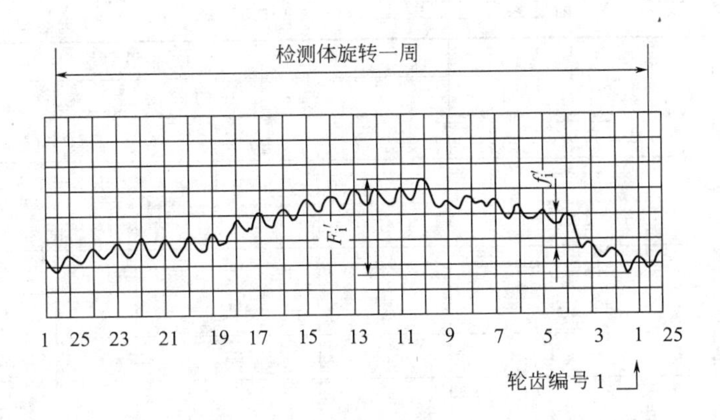

图 11-4　切向综合总偏差曲线

（2）齿距累积总偏差 F_p 与齿距累积偏差 F_{pk}

齿距累积总偏差 F_p 是指在分度圆上，任意两个同侧齿面间的实际弧长与公称弧长之差的最大绝对值。而 F_{pk} 是指在分度圆上 k 个齿距的实际弧长与公称弧长之差的最大绝对值，k 为 $2\sim z/2$ 的整数（z 为齿轮的齿数）。一般情况 F_{pk} 值被限定在不大于 1/8 的圆周上评定。通常，F_{pk} 取 $k=z/8$。

齿距累积总误差 F_p 主要是在滚切齿形过程中由几何偏心和运动偏心造成的。它能反映齿轮一转中由偏心误差引起的转角误差，因此 F_p（F_{pk}）可代替切向综合总偏差 F_i' 作为评定齿轮运动准确性的指标。但 F_p 是逐齿测得的，每齿只测一个点，而 F_i' 是在连续运转中测得的，它更全面。F_p 的测量可使用较普及的齿距仪、万能测齿仪与光学分度头等仪器，测量方法分为绝对测量法和相对测量法两种，其中相对测量法应用最广。

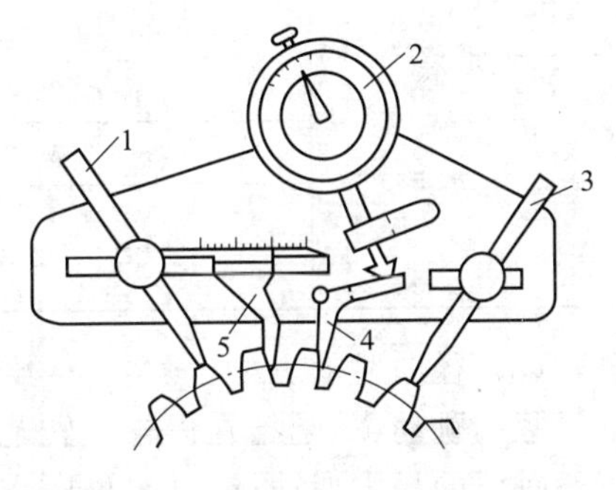

图 11-5　齿距仪测量齿距累积偏差
1，3—定位量脚；2—指示表；
4—活动量脚；5—固定量脚

相对测量法可以用万能测齿仪或齿距仪。用齿距仪测量时定位基准可采用齿顶圆、齿根圆或者以孔定位，见图 11-5。首先以被测齿轮上任一实际齿距作为基准，将仪器指示表调零，然后沿整个齿圈依次测出其实际齿距与基准齿距的偏差，然后通过数据处理，求得齿距偏差。曲线如图 11-6 所示。

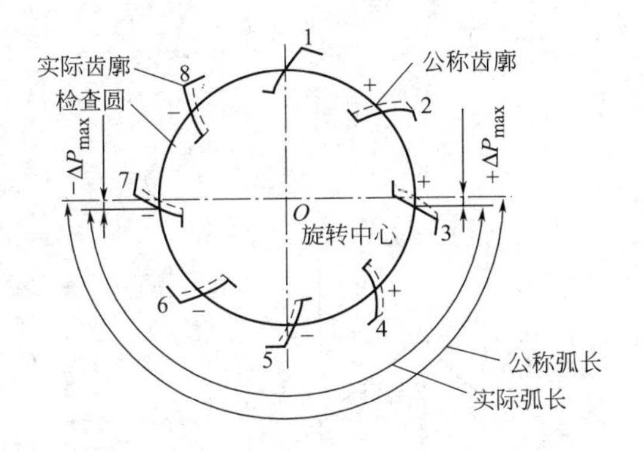

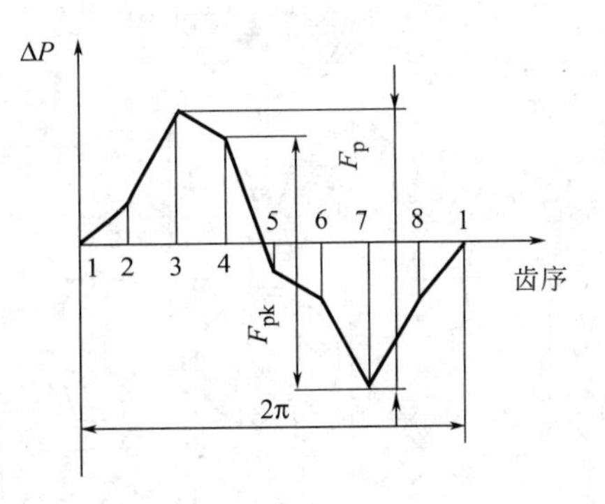

图 11-6　齿轮齿距累积总偏差曲线

GB/T 10095.1—2008 给出了齿距累积总偏差 F_p 的允许值，见表 11-2。

表 11-2 齿距累积总偏差 F_p（摘自 GB/T 10095.1—2008） μm

分度圆直径 d/mm	模数 m/mm	精度等级				
		5	6	7	8	9
$5 \leqslant d \leqslant 20$	$0.5 \leqslant m \leqslant 2$	11.0	16.0	23.0	32.0	45.0
	$2 < m \leqslant 3.5$	12.0	17.0	23.0	33.0	47.0
$20 < d \leqslant 50$	$0.5 \leqslant m \leqslant 2$	14.0	20.0	29.0	41.0	57.0
	$2 < m \leqslant 3.5$	15.0	21.0	30.0	42.0	59.0
	$3.5 < m \leqslant 6$	15.0	22.0	31.0	44.0	62.0
	$6 < m \leqslant 10$	16.0	23.0	33.0	46.0	65.0
$50 < d \leqslant 125$	$0.5 \leqslant m \leqslant 2$	18.0	26.0	37.0	52.0	74.0
	$2 < m \leqslant 3.5$	19.0	27.0	38.0	53.0	76.0
	$3.5 < m \leqslant 6$	19.0	28.0	39.0	55.0	78.0
	$6 < m \leqslant 10$	20.0	29.0	41.0	58.0	82.0
$125 < d \leqslant 280$	$0.5 \leqslant m \leqslant 2$	24.0	35.0	49.0	69.0	98.0
	$2 < m \leqslant 3.5$	25.0	35.0	50.0	70.0	100.0
	$3.5 < m \leqslant 6$	25.0	36.0	51.0	72.0	102.0
	$6 < m \leqslant 10$	26.0	37.0	53.0	75.0	106.0
$280 < d \leqslant 560$	$0.5 \leqslant m \leqslant 2$	32.0	46.0	64.0	91.0	129.0
	$2 < m \leqslant 3.5$	33.0	46.0	65.0	92.0	131.0
	$3.5 < m \leqslant 6$	33.0	47.0	66.0	94.0	133.0
	$6 < m \leqslant 10$	34.0	48.0	68.0	97.0	137.0

(3) 径向跳动 F_r

径向跳动 F_r 是指在齿轮一转范围内，测头在齿槽内与齿高中部双面接触，测头相对于齿轮轴线的最大变动量。F_r 主要是由几何偏心引起的，以齿轮转一周为周期出现，属于长周期径向齿轮误差，它可以反映齿距累积误差中的径向误差，但不能反映由运动偏心引起的切向误差，是描述齿轮传动准确性的一个单项评定参数。为了能够全面评定齿轮传递运动的准确性，径向跳动 F_r 必须与能揭示切向齿轮误差的单项指标组合。

径向跳动 F_r 通常用径向跳动仪来测量，如图 11-7 所示。测量时，以齿轮孔为基准，量

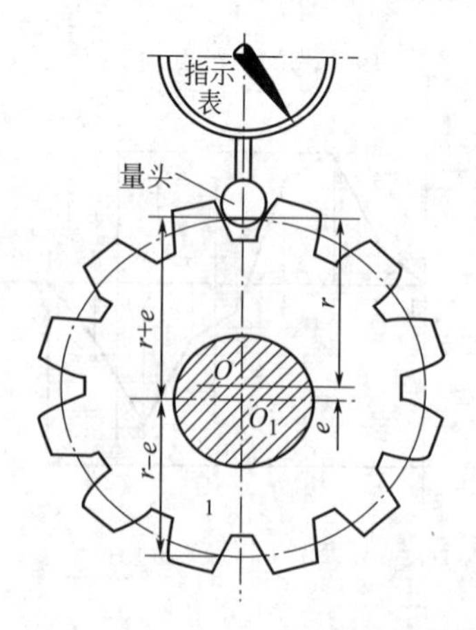

图 11-7 径向跳动测量示意图

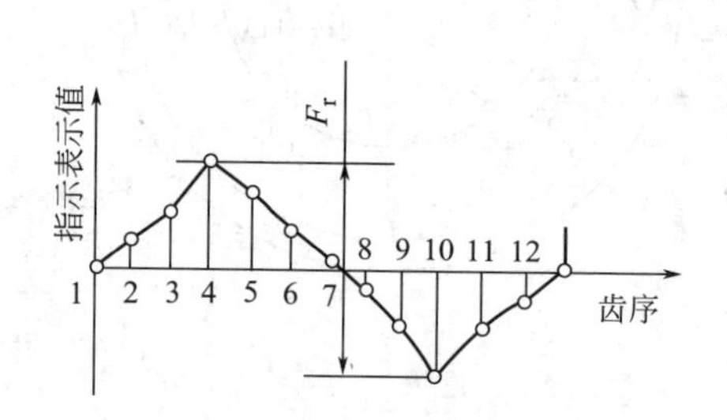

图 11-8 径向跳动误差曲线

头（球形、圆柱形、砧形）依次放入各齿槽内，在齿高中部与齿面双面接触，在指示表上读出测头径向位置的最大变化量即为径向跳动。误差曲线如图 11-8 所示。

GB/T 10095.2—2008 给出了径向跳动公差值，见表 11-3。

表 11-3　径向跳动公差 F_r（摘自 GB/T 10095.2—2008）　μm

分度圆直径 d/mm	模数 m/mm	精度等级				
		5	6	7	8	9
$5 \leqslant d \leqslant 20$	$0.5 \leqslant m \leqslant 2$	9.0	13	18	25	36
	$2 < m \leqslant 3.5$	9.5	13	19	27	38
$20 < d \leqslant 50$	$0.5 \leqslant m \leqslant 2$	11	16	23	32	46
	$2 < m \leqslant 3.5$	12	17	24	34	47
	$3.5 < m \leqslant 6$	12	17	25	35	49
	$6 < m \leqslant 10$	13	19	26	37	52
$50 < d \leqslant 125$	$0.5 \leqslant m \leqslant 2$	15	21	29	42	59
	$2 < m \leqslant 3.5$	15	21	30	43	61
	$3.5 < m \leqslant 6$	16	22	31	44	62
	$6 < m \leqslant 10$	16	23	33	46	65
$125 < d \leqslant 280$	$0.5 \leqslant m \leqslant 2$	20	28	39	55	78
	$2 < m \leqslant 3.5$	20	28	40	56	80
	$3.5 < m \leqslant 6$	20	29	41	58	82
	$6 < m \leqslant 10$	21	30	42	60	85
$280 < d \leqslant 560$	$0.5 \leqslant m \leqslant 2$	26	36	51	73	103
	$2 < m \leqslant 3.5$	26	37	52	74	105
	$3.5 < m \leqslant 6$	27	38	53	75	106
	$6 < m \leqslant 10$	27	39	55	77	109

（4）径向综合总偏差 F_i''

径向综合总偏差 F_i''是被测齿轮与理想精度的测量齿轮双面啮合时，被测齿轮转过一整圈时双啮中心距的最大值和最小值之差。径向综合总偏差主要反映径向误差，其性质与径向跳动基本相同。测量时相当于用测量齿轮的轮齿代替测头，且均为双面接触，这与工作状态不完全符合，所以 F_i''只能反映齿轮的径向误差，而不能反映切向误差，即 F_i''并不能确切和充分地用来评定齿轮传递运动的准确性。但由于测量径向综合误差比测量齿圈径向跳动效率高，所以成批生产时，常用其作为评定齿轮传动准确性的一个单项检测项目。

径向综合总偏差是用双面啮合综合检查仪测量的，图 11-9 为双啮仪的工作原理。被测

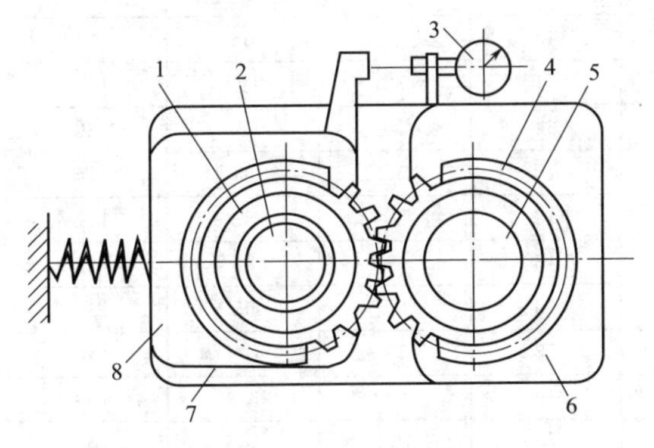

图 11-9　双啮仪工作原理

1—测量齿轮；2，5—芯轴；3—指示表；4—被测齿轮；6—固定滑板；7—底座；8—移动滑板

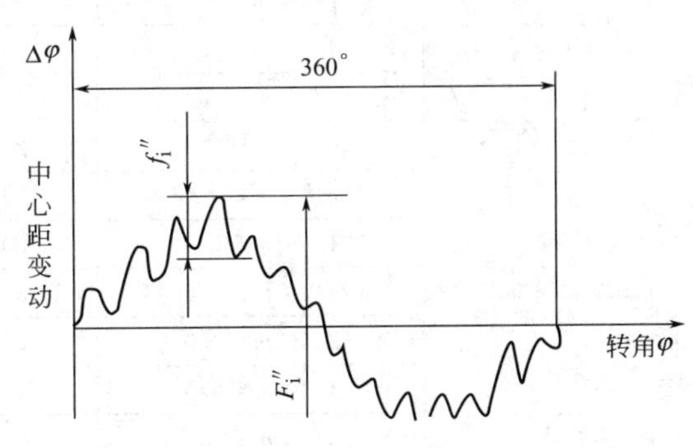

图 11-10　径向综合总偏差曲线

齿轮 4 空套在固定芯轴 5 上，测量齿轮 1 空套在移动滑板的芯轴 2 上，被测齿轮与测量齿轮在弹簧的作用下实现无侧隙双面啮合。被测齿轮转动时，由于各种误差的存在，将使测量齿轮及移动滑板左右移动，从而使双啮中心距产生变动。双啮中心距的变动由指示表读出，或由记录器记录，误差曲线如图 11-10 所示。

GB/T 10095.2—2008 给出了径向综合总偏差 F_i''的允许值，见表 11-4。

表 11-4 径向综合总偏差 F_i''(摘自 GB/T 10095.2—2008) μm

分度圆直径 d/mm	模数 m/mm	精度等级				
		5	6	7	8	9
5≤d≤20	0.5≤m≤0.8	12	16	23	33	46
	0.8<m≤1.0	13	18	25	35	50
	1.0<m≤1.5	14	19	27	38	54
	1.5<m≤2.5	16	22	32	45	63
	2.5<m≤4.0	20	28	39	56	79
20<d≤50	0.5≤m≤0.8	14	20	28	40	56
	0.8<m≤1.0	15	21	30	42	60
	1.0<m≤1.5	16	23	32	45	64
	1.5<m≤2.5	18	26	37	52	73
	2.5<m≤4.0	22	31	44	63	89
	4.0<m≤6.0	28	39	56	79	111
	6.0<m≤10.0	37	52	74	104	147
50<d≤125	0.5≤m≤0.8	17	25	35	49	70
	0.8<m≤1.0	18	26	36	52	73
	1.0<m≤1.5	19	27	39	55	77
	1.5<m≤2.5	22	31	43	61	86
	2.5<m≤4.0	25	36	51	72	102
	4.0<m≤6.0	31	44	62	88	124
	6.0<m≤10.0	40	57	80	114	161
125<d≤280	0.5≤m≤0.8	22	31	44	63	89
	0.8<m≤1.0	23	33	46	65	92
	1.0<m≤1.5	24	34	48	68	97
	1.5<m≤2.5	26	37	53	75	103
	2.5<m≤4.0	30	43	61	86	121
	4.0<m≤6.0	36	51	72	102	144
	6.0<m≤10.0	45	64	90	127	180
280<d≤560	0.5≤m≤0.8	29	40	57	81	114
	0.8<m≤1.0	29	42	59	83	117
	1.0<m≤1.5	30	43	61	86	122
	1.5<m≤2.5	33	46	65	92	131
	2.5<m≤4.0	37	52	73	104	146
	4.0<m≤6.0	42	60	84	119	169
	6.0<m≤10.0	51	73	103	145	205

11.3.2 影响传动平稳性的误差评定参数及检测

齿轮传动平稳性误差反映的是齿轮啮合时每转一齿的瞬时传动比的变化，是短周期误差，原因是齿形制造的不准确以及基节存在偏差。影响传动平稳性的误差共有四项，其中综合指标有一齿切向综合偏差 f_i'、一齿径向综合偏差 f_i''；单项指标有齿廓总偏差 F_a、单个齿距偏差 f_{pt}。

（1）一齿切向综合偏差 f_i'

一齿切向综合偏差是指被测齿轮与理想精确的测量齿轮单面啮合时，被测齿轮一齿距角内，齿轮分度圆上实际圆周位移与理论圆周位移的最大差值。即在一个齿距内的切向综合误差。以分度圆弧长计值。

它综合反映了齿轮基节偏差和齿形方面的误差，也能反映由刀具制造和安装误差及机床分度蜗杆安装、制造误差所造成的齿轮短周期综合误差。一齿切向综合误差反映齿轮一齿内的转角误差，在齿轮一转中多次重复出现，是评定齿轮传动平稳性精度的一项综合指标。

一齿切向综合偏差 f_i'可在单啮仪测量切向综合总偏差 F_i'的同时测得，如图 11-4 所示，即在切向综合总偏差 F_i'的记录曲线上小波纹的最大幅度值。

GB/T 10095.1—2008 给出了一齿切向综合偏差 f_i'/K 的允许值，见表 11-5。

表 11-5　一齿切向综合偏差 f_i'/K 的比值（摘自 GB/T 10095.1—2008）　μm

分度圆直径 d/mm	模数 m/mm	精度等级				
		5	6	7	8	9
$5 \leqslant d \leqslant 20$	$0.5 \leqslant m \leqslant 2$	14.0	19.0	27.0	38.0	54.0
	$2 < m \leqslant 3.5$	16.0	23.0	32.0	45.0	64.0
$20 < d \leqslant 50$	$0.5 \leqslant m \leqslant 2$	14.0	20.0	29.0	41.0	58.0
	$2 < m \leqslant 3.5$	17.0	24.0	34.0	48.0	68.0
	$3.5 < m \leqslant 6$	19.0	27.0	38.0	54.0	77.0
	$6 < m \leqslant 10$	22.0	31.0	44.0	63.0	89.0
$50 < d \leqslant 125$	$0.5 \leqslant m \leqslant 2$	16.0	22.0	31.0	44.0	62.0
	$2 < m \leqslant 3.5$	18.0	25.0	36.0	51.0	72.0
	$3.5 < m \leqslant 6$	20.0	29.0	40.0	57.0	81.0
	$6 < m \leqslant 10$	23.0	33.0	47.0	66.0	93.0
$125 < d \leqslant 280$	$0.5 \leqslant m \leqslant 2$	17.0	24.0	34.0	49.0	69.0
	$2 < m \leqslant 3.5$	20.0	28.0	39.0	56.0	79.0
	$3.5 < m \leqslant 6$	22.0	31.0	44.0	62.0	88.0
	$6 < m \leqslant 10$	25.0	35.0	50.0	70.0	100.0
$280 < d \leqslant 560$	$0.5 \leqslant m \leqslant 2$	19.0	27.0	39.0	54.0	77.0
	$2 < m \leqslant 3.5$	22.0	31.0	44.0	62.0	87.0
	$3.5 < m \leqslant 6$	24.0	34.0	48.0	68.0	96.0
	$6 < m \leqslant 10$	27.0	38.0	54.0	76.0	108.0

注：f_i'值由表中值乘以 K 得出。当 $\varepsilon_r < 4$ 时，$K = 0.2(\varepsilon_r + 4)/\varepsilon_r$；$\varepsilon_r \geqslant 4$，$K = 4$。

ε_r—总重合度。

（2）一齿径向综合偏差 f_i''

一齿径向综合偏差是指被测齿轮与理想精确的测量齿轮双面啮合时，在被测齿轮一齿距角内，双啮中心距的最大变动量。它反映出由刀具制造和安装误差（如齿距、齿形误差及偏心等）的综合结果，但测量结果受左、右两齿面的误差共同的影响。因此，用 f_i''评定传动平稳性，不如 f_i' 精确。但由于仪器结构简单，操作方便，所以在成批生产中广泛使用。

一齿径向综合偏差可用双啮仪测量径向综合总偏差的同时测得，如图 11-10 所示，即记录曲线上小波纹的最大幅度值。

GB/T 10095.2—2008 给出了一齿切向综合偏差 f_i'' 的允许值，见表 11-6。

表 11-6 一齿径向综合公差 f_i''（摘自 GB/T 10095.2—2008） μm

分度圆直径 d/mm	模数 m/mm	精度等级				
		5	6	7	8	9
5≤d≤20	0.5≤m≤0.8	2.5	4.0	5.5	7.5	11
	0.8<m≤1.0	3.5	5.0	7.0	10	14
	1.0<m≤1.5	4.5	6.5	9.0	13	18
	1.5<m≤2.5	6.5	9.5	13	19	26
	2.5<m≤4.0	10	14	20	29	41
20<d≤50	0.5≤m≤0.8	2.5	4.0	5.5	7.5	11
	0.8<m≤1.0	3.5	5.0	7.0	10	14
	1.0<m≤1.5	4.5	6.5	9.0	13	18
	1.5<m≤2.5	6.5	9.5	13	19	26
	2.5<m≤4.0	10	14	20	29	41
	4.0<m≤6.0	15	22	31	43	61
	6.0<m≤10.0	24	34	48	67	95
50<d≤125	0.5≤m≤0.8	3.0	4.0	5.5	8.0	11
	0.8<m≤1.0	3.5	5.0	7.0	10	14
	1.0<m≤1.5	4.5	6.5	9.0	13	18
	1.5<m≤2.5	6.5	9.5	13	19	26
	2.5<m≤4.0	10	14	20	29	41
	4.0<m≤6.0	15	22	31	43	61
	6.0<m≤10.0	24	34	48	67	95
125<d≤280	0.5≤m≤0.8	3.0	4.0	5.5	8.0	11
	0.8<m≤1.0	3.5	5.0	7.0	10	14
	1.0<m≤1.5	4.5	6.5	9.0	13	18
	1.5<m≤2.5	6.5	9.5	13	19	27
	2.5<m≤4.0	10	15	21	29	41
	4.0<m≤6.0	15	22	31	44	62
	6.0<m≤10.0	24	34	48	67	95
280<d≤560	0.5≤m≤0.8	3.0	4.0	5.5	8.0	11
	0.8<m≤1.0	3.5	5.0	7.5	10	15
	1.0<m≤1.5	4.5	6.5	9.0	13	18
	1.5<m≤2.5	6.5	9.5	13	19	27
	2.5<m≤4.0	10	15	21	29	41
	4.0<m≤6.0	15	22	31	44	62
	6.0<m≤10.0	24	34	48	68	96

（3）齿廓总偏差 F_α

齿廓总偏差 F_α 是指在计值范围内，包容实际齿廓迹线的两条设计齿廓迹线间的距离，见图 11-11(a)。齿廓总偏差 F_α 主要是由于刀具的制造误差和安装误差、刀具的径向跳动以及机床传动链误差（机床分度蜗杆的径向及轴向跳动）造成的。

齿廓总偏差 F_α 通常用渐开线检查仪测量。渐开线检查仪有基圆不可调的基圆盘式和基圆可调的万能式。图 11-12 为基圆盘式渐开线检查仪的原理，图 11-13 为基圆盘式渐开线检查仪的结构。被测齿轮 1 与基圆盘 2 同轴安装，基圆盘用过弹簧力紧靠在直尺 3 上，通过直尺和基圆盘的纯滚动产生精确的渐开线。千分表测量时，按基圆半径 r 调整杠杆 4 测头的位置，令测头与被测齿面接触。手轮 8 移动纵滑板，直尺和基圆盘互作纯滚动，测头也沿着齿面从齿根向齿顶方向滑动。当被测齿形为理论渐开线时，在测量过程中测头不动，记录器记录下来的是一条直线，如果齿廓有误差，在测量过程中测头与齿面之间就有相对运动。可在千分表上读出 F_α 值，同时此运动可通过杠杆 4 传递，经圆筒 7 上所连记录笔记录在记录纸上，得出一条不规则的曲线即齿廓总偏差曲线。

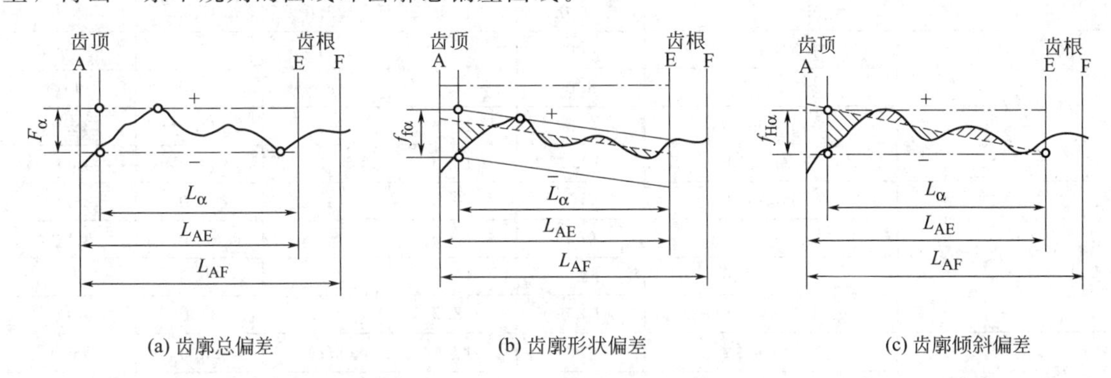

(a) 齿廓总偏差　(b) 齿廓形状偏差　(c) 齿廓倾斜偏差

图 11-11　齿廓总偏差

点画线—设计齿廓；粗实线—实际齿廓；虚线—平均齿廓；

L_{AF}—可用长度；L_{AE}—有效长度；L_α—齿廓计值范围

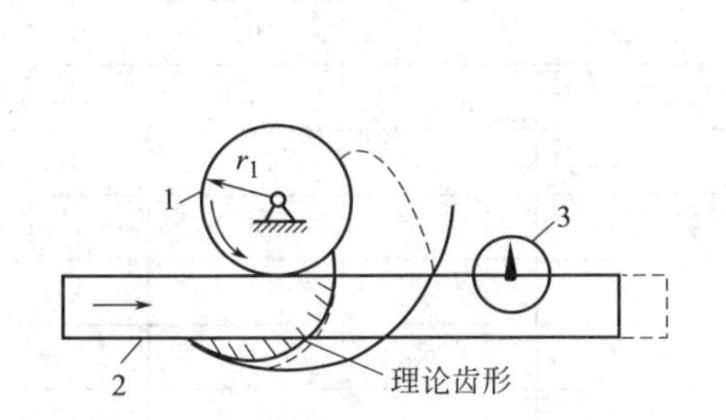

图 11-12　基圆盘式渐开线检查仪的原理

1—基圆盘；2—直尺；3—千分表

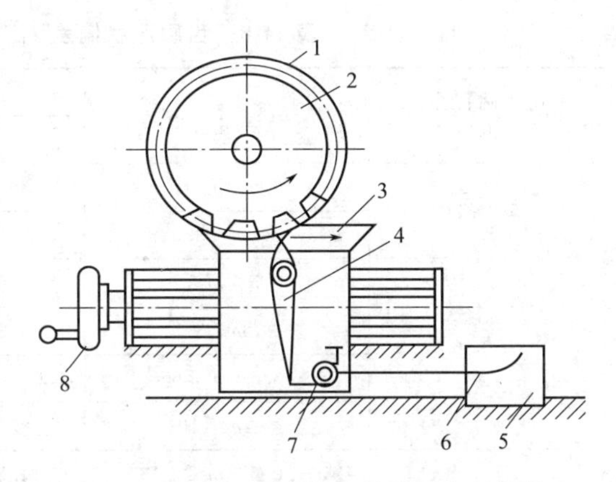

图 11-13　基圆盘式渐开线检查仪的结构

1—齿轮；2—基圆盘；3—直尺；4—杠杆；5—记录纸；6—记录笔；7—圆筒；8—手轮

另外，GB/T 10095.1—2008 中给出了齿廓形状偏差 $f_{f\alpha}$ 与齿廓倾斜偏差 $f_{H\alpha}$。齿廓形状偏差 $f_{f\alpha}$ 指的是在计值范围 L_α 内，包容实际齿廓迹线的，与平均齿廓迹线完全相同的两条迹线间的距离，且两条曲线与平均齿廓迹线的距离为常数，见图 11-11(b)。齿廓倾斜偏差 $f_{H\alpha}$ 指的是在计值范围 L_α 内，两端与平均齿廓迹线相交的两条设计齿廓迹线间的距离，见图 11-11(c)。

GB/T 10095.1—2008 中给出了齿廓总偏差 F_α、齿廓形状偏差 $f_{f\alpha}$ 与齿廓倾斜偏差 $f_{H\alpha}$ 的允许值，见表 11-7～表 11-9。

表 11-7 齿廓总偏差 F_α（摘自 GB/T 10095.1—2008） μm

分度圆直径 d/mm	模数 m/mm	精度等级				
		5	6	7	8	9
$5\leqslant d\leqslant 20$	$0.5\leqslant m\leqslant 2$	4.6	6.5	9.0	13.0	18.0
	$2<m\leqslant 3.5$	6.5	9.5	13.0	19.0	26.0
$20<d\leqslant 50$	$0.5\leqslant m\leqslant 2$	5.0	7.5	10.0	15.0	21.0
	$2<m\leqslant 3.5$	7.0	10.0	14.0	20.0	29.0
	$3.5<m\leqslant 6$	9.0	12.0	18.0	25.0	35.0
	$6<m\leqslant 10$	11.0	15.0	22.0	31.0	43.0
$50<d\leqslant 125$	$0.5\leqslant m\leqslant 2$	6.0	8.5	12.0	17.0	23.0
	$2<m\leqslant 3.5$	8.0	11.0	16.0	22.0	31.0
	$3.5<m\leqslant 6$	9.5	13.0	19.0	27.0	38.0
	$6<m\leqslant 10$	12.0	16.0	23.0	33.0	46.0
$125<d\leqslant 280$	$0.5\leqslant m\leqslant 2$	7.0	10.0	14.0	20.0	28.0
	$2<m\leqslant 3.5$	9.0	13.0	18.0	25.0	36.0
	$3.5<m\leqslant 6$	11.0	15.0	21.0	30.0	42.0
	$6<m\leqslant 10$	13.0	18.0	25.0	36.0	50.0
$280<d\leqslant 560$	$0.5\leqslant m\leqslant 2$	8.5	12.0	17.0	23.0	33.0
	$2<m\leqslant 3.5$	10.0	15.0	21.0	29.0	41.0
	$3.5<m\leqslant 6$	12.0	17.0	24.0	34.0	48.0
	$6<m\leqslant 10$	14.0	20.0	28.0	40.0	56.0

表 11-8 齿廓形状偏差 $f_{f\alpha}$（摘自 GB/T 10095.1—2008） μm

分度圆直径 d/mm	模数 m/mm	精度等级				
		5	6	7	8	9
$5\leqslant d\leqslant 20$	$0.5\leqslant m\leqslant 2$	3.5	5.0	7.0	10.0	14.0
	$2<m\leqslant 3.5$	5.0	7.0	10.0	14.0	20.0
$20<d\leqslant 50$	$0.5\leqslant m\leqslant 2$	4.0	5.5	8.0	11.0	16.0
	$2<m\leqslant 3.5$	5.5	8.0	11.0	16.0	22.0
	$3.5<m\leqslant 6$	7.0	9.5	14.0	19.0	27.0
	$6<m\leqslant 10$	8.5	12.0	17.0	24.0	34.0
$50<d\leqslant 125$	$0.5\leqslant m\leqslant 2$	4.5	6.5	9.0	13.0	18.0
	$2<m\leqslant 3.5$	6.0	8.5	12.0	17.0	24.0
	$3.5<m\leqslant 6$	7.5	10.0	15.0	21.0	29.0
	$6<m\leqslant 10$	9.0	13.0	18.0	25.0	36.0
$125<d\leqslant 280$	$0.5\leqslant m\leqslant 2$	5.5	7.5	11.0	15.0	21.0
	$2<m\leqslant 3.5$	7.0	9.5	14.0	19.0	28.0
	$3.5<m\leqslant 6$	8.0	12.0	16.0	23.0	33.0
	$6<m\leqslant 10$	10.0	14.0	20.0	28.0	39.0

续表

分度圆直径 d/mm	模数 m/mm	精度等级				
		5	6	7	8	9
$280<d\leqslant560$	$0.5\leqslant m\leqslant2$	6.5	9.0	13.0	18.0	26.0
	$2<m\leqslant3.5$	8.0	11.0	16.0	22.0	32.0
	$3.5<m\leqslant6$	9.0	13.0	18.0	26.0	37.0
	$6<m\leqslant10$	11.0	15.0	22.0	31.0	43.0

表 11-9　齿廓形状偏差 $\pm f_{H\alpha}$（摘自 GB/T 10095.1—2008）　μm

分度圆直径 d/mm	模数 m/mm	精度等级				
		5	6	7	8	9
$5\leqslant d\leqslant20$	$0.5\leqslant m\leqslant2$	2.9	4.2	6.0	8.5	12.0
	$2<m\leqslant3.5$	4.2	6.0	8.5	12.0	17.0
$20<d\leqslant50$	$0.5\leqslant m\leqslant2$	3.3	4.6	6.5	9.5	13.0
	$2<m\leqslant3.5$	4.5	6.5	9.0	13.0	18.0
	$3.5<m\leqslant6$	5.5	8.0	11.0	16.0	22.0
	$6<m\leqslant10$	7.0	9.5	14.0	19.0	27.0
$50<d\leqslant125$	$0.5\leqslant m\leqslant2$	3.7	5.5	7.5	11.0	15.0
	$2<m\leqslant3.5$	5.0	7.0	10.0	14.0	20.0
	$3.5<m\leqslant6$	6.0	8.5	12.0	17.0	24.0
	$6<m\leqslant10$	7.5	10.0	15.0	21.0	29.0
$125<d\leqslant280$	$0.5\leqslant m\leqslant2$	4.4	6.0	9.0	12.0	18.0
	$2<m\leqslant3.5$	5.5	8.0	11.0	16.0	23.0
	$3.5<m\leqslant6$	6.5	9.5	13.0	19.0	27.0
	$6<m\leqslant10$	8.0	11.0	16.0	23.0	32.0
$280<d\leqslant560$	$0.5\leqslant m\leqslant2$	5.5	7.5	11.0	15.0	21.0
	$2<m\leqslant3.5$	6.5	9.0	13.0	18.0	26.0
	$3.5<m\leqslant6$	7.5	11.0	15.0	21.0	30.0
	$6<m\leqslant10$	9.0	13.0	18.0	25.0	35.0

（4）单个齿距偏差 f_{pt}

单个齿距偏差 f_{pt} 是指在分度圆上（允许在齿高中部测量），实际齿距与公称齿距之差（公称齿距是指所有实际齿距的平均值），如图 11-14 所示。

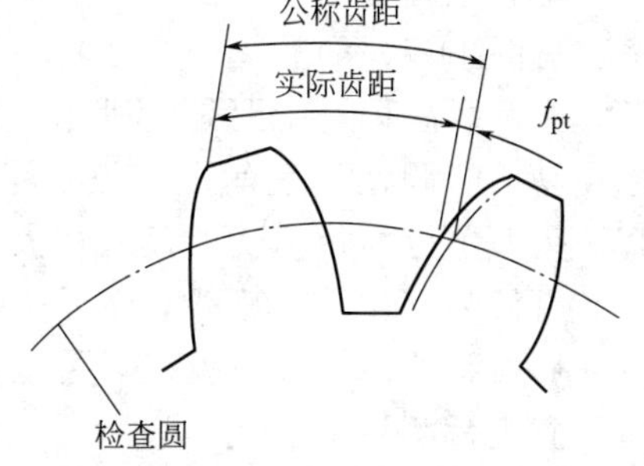

图 11-14　单个齿距偏差

在滚齿中，单个齿距偏差是由机床传动链（主要是分度蜗杆跳动）引起的。所以单个齿距偏差可以用来反映传动链的短周期误差或加工中的分度误差。

单个齿距偏差的测量也用齿距检查仪测量，可以在齿距累积总偏差的测量中经数据处理得到。采用相对法测量时，取所有实际齿距的平均值作为公称齿距。在测得的各个齿距偏差值中，可能出现正值或负值，以其最大数字的正值或负值作为该齿轮的单个齿距偏差值。

GB/T 10095.1—2008 给出了单个齿距偏差 f_{pt} 的允许值，见表 11-10。

表 11-10 单个齿距偏差 $\pm f_{pt}$（摘自 GB/T 10095.1—2008） μm

分度圆直径 d/mm	模数 m/mm	精度等级				
		5	6	7	8	9
$5 \leqslant d \leqslant 20$	$0.5 \leqslant m \leqslant 2$	4.7	6.5	9.5	13.0	19.0
	$2 < m \leqslant 3.5$	5.0	7.5	10.0	15.0	21.0
$20 < d \leqslant 50$	$0.5 \leqslant m \leqslant 2$	5.0	7.0	10.0	14.0	20.0
	$2 < m \leqslant 3.5$	5.5	7.5	11.0	15.0	22.0
	$3.5 < m \leqslant 6$	6.0	8.5	12.0	17.0	24.0
	$6 < m \leqslant 10$	7.0	10.0	14.0	20.0	28.0
$50 < d \leqslant 125$	$0.5 \leqslant m \leqslant 2$	5.5	7.5	11.0	15.0	21.0
	$2 < m \leqslant 3.5$	6.0	8.5	12.0	17.0	23.0
	$3.5 < m \leqslant 6$	6.5	9.0	13.0	18.0	26.0
	$6 < m \leqslant 10$	7.5	10.0	15.0	21.0	30.0
$125 < d \leqslant 280$	$0.5 \leqslant m \leqslant 2$	6.0	8.5	12.0	17.0	24.0
	$2 < m \leqslant 3.5$	6.5	9.0	13.0	18.0	26.0
	$3.5 < m \leqslant 6$	7.0	10.0	14.0	20.0	28.0
	$6 < m \leqslant 10$	8.0	11.0	16.0	23.0	32.0
$280 < d \leqslant 560$	$0.5 \leqslant m \leqslant 2$	6.5	9.5	13.0	19.0	27.0
	$2 < m \leqslant 3.5$	7.0	10.0	14.0	20.0	29.0
	$3.5 < m \leqslant 6$	8.0	11.0	16.0	22.0	31.0
	$6 < m \leqslant 10$	8.5	12.0	17.0	25.0	35.0

11.3.3 影响载荷分布均匀性的误差评定参数及检测

两齿轮啮合时，轮齿均匀受载和减小磨损的理想接触情况应沿齿长与齿高方向都能依次充分接触。但是由于齿轮的制造误差与安装误差，齿轮的实际啮合状态会偏离理想状态，影响载荷分布的均匀性。这类误差有三项：螺旋线总偏差 F_β、螺旋线形状偏差 $f_{f\beta}$ 与螺旋线倾斜偏差 $f_{H\beta}$。

(1) 螺旋线总偏差 F_β

螺旋线总偏差 F_β 是指在计值范围内，包容实际螺旋线迹线的两条设计螺旋线间的距离。见图 11-15(a)。

螺旋线总偏差主要是由机床刀架导轨倾斜和夹具齿坯安装误差引起的。对斜齿轮还与附加运动链的调整误差有关。它是影响齿轮传动承载均匀性的重要指标之一，此项误差大时，将使齿面单位面积承受的负载增大，大大降低齿轮使用寿命。

直齿圆柱齿轮螺旋线总偏差 F_β 可由跳动仪、万能工具显微镜等测量。

斜齿轮的螺旋线总偏差，可以在导程仪、螺旋角检查仪或在万能测齿仪上借助螺旋角测量装置进行测量。

GB/T 10095.1—2008 给出了螺旋线总偏差 F_β 的允许值，见表 11-11。

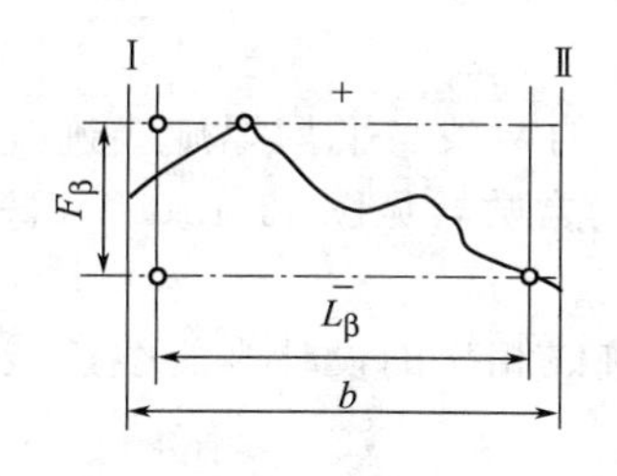

(a) 螺旋线总偏差F_β

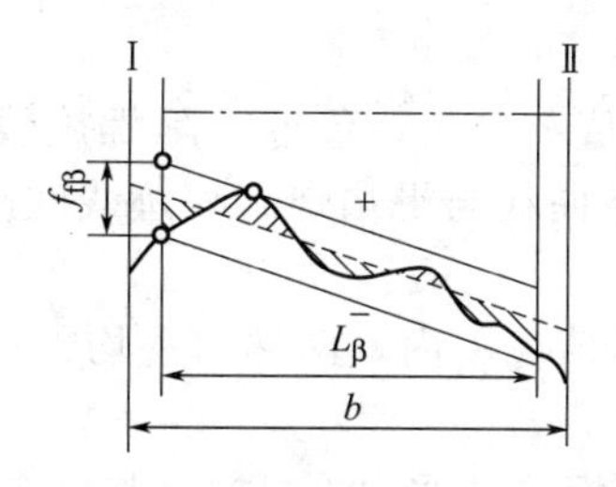

(b) 螺旋线形状偏差 $f_{f\beta}$

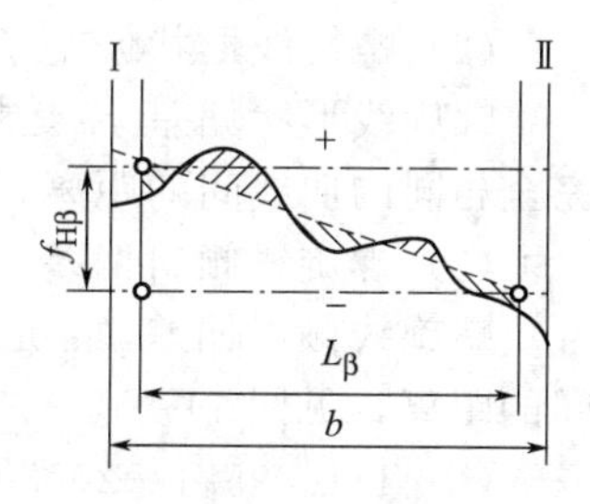

(c) 螺旋线倾斜偏差$f_{H\beta}$

图 11-15 螺旋线总偏差 F_β、螺旋线形状偏差 $f_{f\beta}$与螺旋线倾斜偏差 $f_{H\beta}$

点画线—设计齿廓；粗实线—实际齿廓；虚线—平均齿廓；

b—齿宽；L_β—螺旋线计值范围

表 11-11 螺旋线总偏差 F_β（摘自 GB/T 10095.1—2008） μm

分度圆直径 d/mm	齿宽 b/mm	精度等级				
		5	6	7	8	9
$5 \leqslant d \leqslant 20$	$4 \leqslant b \leqslant 10$	6.0	8.5	12.0	17.0	24.0
	$10 < b \leqslant 20$	7.0	9.5	14.0	19.0	28.0
	$20 < b \leqslant 40$	8.0	11.0	16.0	22.0	31.0
	$40 < b \leqslant 80$	9.5	13.0	19.0	26.0	37.0
$20 < d \leqslant 50$	$4 \leqslant b \leqslant 10$	6.5	9.0	13.0	18.0	25.0
	$10 < b \leqslant 20$	7.0	10.0	14.0	20.0	29.0
	$20 < b \leqslant 40$	8.0	11.0	16.0	23.0	32.0
	$40 < b \leqslant 80$	9.5	13.0	19.0	27.0	38.0
	$80 < b \leqslant 160$	11.0	16.0	23.0	32.0	46.0
$50 < d \leqslant 125$	$4 \leqslant b \leqslant 10$	6.5	9.0	13.0	19.0	27.0
	$10 < b \leqslant 20$	7.5	11.0	15.0	21.0	30.0
	$20 < b \leqslant 40$	8.5	12.0	17.0	24.0	34.0
	$40 < b \leqslant 80$	10.0	14.0	20.0	28.0	39.0
	$80 < b \leqslant 160$	12.0	17.0	24.0	33.0	47.0
	$160 < b \leqslant 250$	14.0	20.0	28.0	40.0	56.0
$125 < d \leqslant 280$	$4 \leqslant b \leqslant 10$	7.0	10.0	14.0	20.0	29.0
	$10 < b \leqslant 20$	8.0	11.0	16.0	22.0	32.0
	$20 < b \leqslant 40$	9.0	13.0	18.0	25.0	36.0
	$40 < b \leqslant 80$	10.0	15.0	21.0	29.0	41.0
	$80 < b \leqslant 160$	12.0	17.0	25.0	35.0	49.0
	$160 < b \leqslant 250$	14.0	20.0	29.0	41.0	58.0
$280 < d \leqslant 560$	$10 < b \leqslant 20$	8.5	12.0	17.0	24.0	34.0
	$20 < b \leqslant 40$	9.5	13.0	19.0	27.0	38.0
	$40 < b \leqslant 80$	11.0	15.0	22.0	31.0	44.0
	$80 < b \leqslant 160$	13.0	18.0	26.0	36.0	52.0
	$160 < b \leqslant 250$	15.0	21.0	30.0	43.0	60.0

（2）螺旋线形状偏差 $f_{f\beta}$

螺旋线形状偏差 $f_{f\beta}$ 是指在计值范围内，包容实际螺旋线迹线的两条与平均螺旋线迹线完全相同的曲线间的距离，且两条曲线与平均螺旋线迹线的距离为常数，见图 11-15(b)。

（3）螺旋线倾斜偏差 $f_{H\beta}$

螺旋线倾斜偏差 $f_{H\beta}$ 是指在计值范围内，两端与平均螺旋线迹线相交的设计螺旋线迹线间的距离，见图 11-15(c)。

GB/T 10095.1—2008 给出了螺旋线形状偏差 $f_{f\beta}$ 与螺旋线倾斜偏差 $f_{H\beta}$ 允许值，见表 11-12。

表 11-12 螺旋线形状偏差 $f_{f\beta}$ 与螺旋线倾斜偏差 $\pm f_{H\beta}$（摘自 GB/T 10095.1—2008） μm

分度圆直径 d/mm	齿宽 b/mm	精度等级				
		5	6	7	8	9
$5 \leqslant d \leqslant 20$	$4 \leqslant b \leqslant 10$	4.4	6.0	8.5	12.0	17.0
	$10 < b \leqslant 20$	4.9	7.0	10.0	14.0	20.0
	$20 < b \leqslant 40$	5.5	8.0	11.0	16.0	22.0
	$40 < b \leqslant 80$	6.5	9.5	13.0	19.0	26.0
$20 < d \leqslant 50$	$4 \leqslant b \leqslant 10$	4.5	6.5	9.0	13.0	18.0
	$10 < b \leqslant 20$	5.0	7.0	10.0	14.0	20.0
	$20 < b \leqslant 40$	6.0	8.0	12.0	16.0	23.0
	$40 < b \leqslant 80$	7.0	9.5	14.0	19.0	27.0
	$80 < b \leqslant 160$	8.0	12.0	16.0	23.0	33.0
$50 < d \leqslant 125$	$4 \leqslant b \leqslant 10$	4.8	6.5	9.5	13.0	19.0
	$10 < b \leqslant 20$	5.5	7.5	11.0	15.0	21.0
	$20 < b \leqslant 40$	6.0	8.5	12.0	17.0	24.0
	$40 < b \leqslant 80$	7.0	10.0	14.0	20.0	28.0
	$80 < b \leqslant 160$	8.5	12.0	17.0	24.0	34.0
	$160 < b \leqslant 250$	10.0	14.0	20.0	28.0	40.0
$125 < d \leqslant 280$	$4 \leqslant b \leqslant 10$	5.0	7.0	10.0	14.0	20.0
	$10 < b \leqslant 20$	5.5	8.0	11.0	16.0	23.0
	$20 < b \leqslant 40$	6.5	9.0	13.0	18.0	25.0
	$40 < b \leqslant 80$	7.5	10.0	15.0	21.0	29.0
	$80 < b \leqslant 160$	8.5	12.0	17.0	25.0	35.0
	$160 < b \leqslant 250$	10.0	15.0	21.0	29.0	41.0
$280 < d \leqslant 560$	$10 < b \leqslant 20$	6.0	8.5	12.0	17.0	24.0
	$20 < b \leqslant 40$	7.0	9.5	14.0	19.0	27.0
	$40 < b \leqslant 80$	8.0	11.0	16.0	22.0	31.0
	$80 < b \leqslant 160$	9.0	13.0	18.0	23.0	37.0
	$160 < b \leqslant 250$	11.0	15.0	22.0	30.0	43.0

11.3.4 影响齿轮副侧隙的误差评定参数及检测

具有公称齿厚的齿轮副在公称中心距下啮合时应是无侧隙的，但由于受到齿轮加工误差及工作状态等因素的影响，两个相啮合齿轮的工作齿面相接触时，在两个非工作齿面之间形成侧隙。侧隙在不同的轮齿位置上是变动的。影响侧隙大小和不均匀的主要因素是齿厚。评定侧隙的参数有齿厚偏差 E_{sn} 和公法线长度偏差 E_{bn}。

(1) 齿厚偏差 E_{sn}（极限偏差：上偏差 E_{sns}、下偏差 E_{sni}）

齿厚偏差 E_{sn} 是指分度圆柱面上，齿厚的实际值与公称值之差，如图 11-16 所示。对于斜齿轮，指法向齿厚。为保证一定的齿侧间隙，齿厚的上偏差、下偏差均为负值。规定齿厚的上偏差 E_{sns} 保证侧隙达到最小，规定齿厚公差 T_{sn} 限制侧隙过大，测量齿厚是以齿顶圆作为度量基准，测量结果受齿顶圆的直径偏差和径向跳动的影响，因此齿厚偏差适用于精度较低和尺寸较大的齿轮。因此需提高齿顶圆精度或改用测量公法线平均长度偏差的方法。

测量齿厚通常用齿厚游标卡尺，见图 11-17。由于弧长难以直接测量，因此以齿顶圆作为度量基准，测量其分度圆弦齿厚，再经计算得到齿厚偏差。

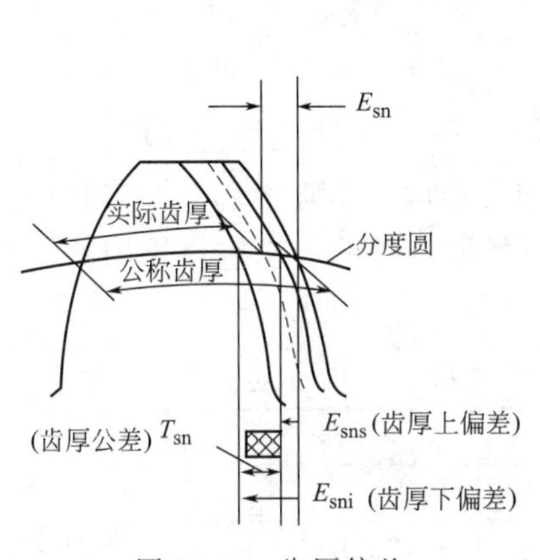

图 11-16 齿厚偏差

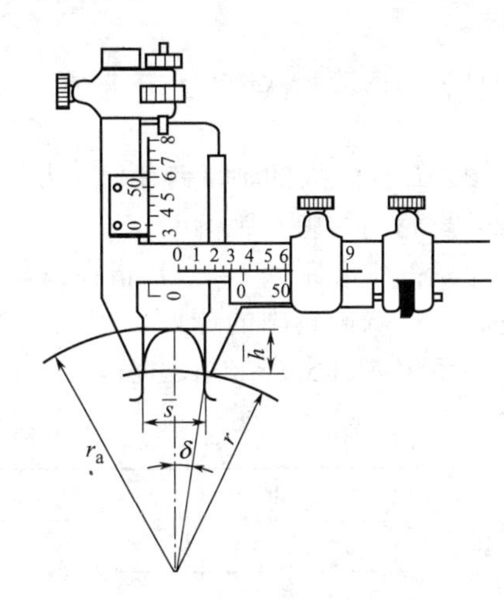

图 11-17 分度圆弦齿厚的测量

(2) 公法线长度偏差 E_{bn}（极限偏差：上偏差 E_{bns}、下偏差 E_{bni}）

公法线长度偏差 E_{bn} 是指公法线长度实际长度 W_{ka} 与其公称值长度 W_k 之差。公法线长度受齿厚影响，因此可用 E_{bn} 代替 E_{sn}。E_{sn} 与 E_{bn} 之间的换算公式如下

$$E_{bns}=E_{sns}\cos\alpha \qquad E_{bni}=E_{sni}\cos\alpha$$

直齿圆柱齿轮公法线长度的公称值 W 按下式计算

$$W=m\cos\alpha[\pi(k-0.5)+z\,\mathrm{inv}\alpha+2x\sin\alpha]$$

式中，m、z、α、x 分别为齿轮的模数、齿数、标准压力角及变位系数；$\mathrm{inv}\alpha$ 为渐开线函数，$\mathrm{inv}20°=0.014904$；k 为测量时的跨齿数，测量直齿圆柱齿轮时可按公式 $k=z/9+0.5$ 计算取最近的整数。

测量公法线长度要比测量齿厚方便，测量精度也较高，通常用公法线千分尺进行测量，见图 11-18。

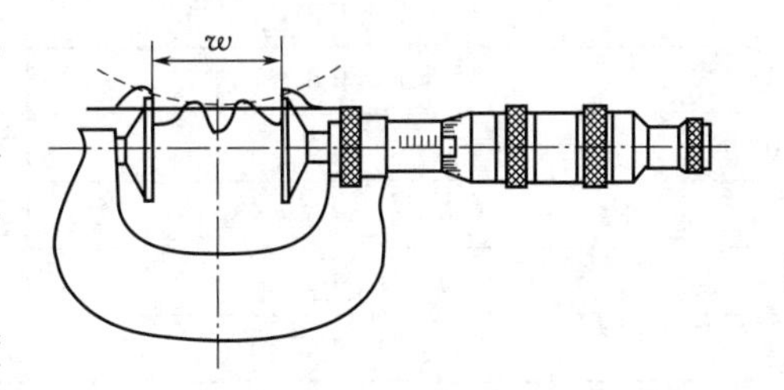

图 11-18 公法线长度测量

11.3.5 齿轮副的误差项目及检测

为了保证传动质量，应限制齿轮副的安装误差。另外组成齿轮副的两个齿轮的制造误差在啮合传动时还有可能互相补偿。所以应对齿轮副的以下几项指标进行检测。

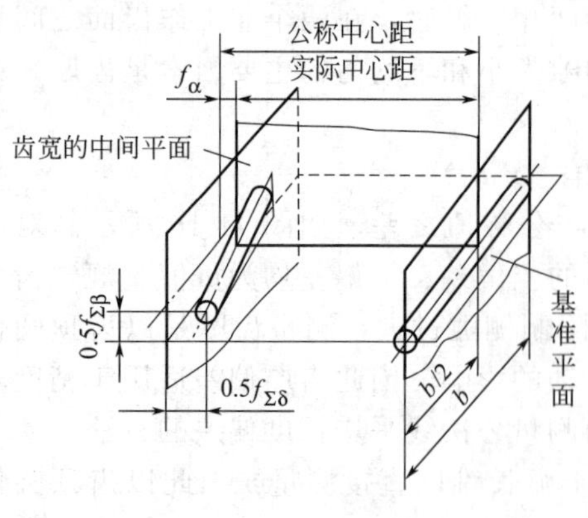

图 11-19 轴线平行度偏差和中心距偏差

(1) 轴线的平行度偏差 $f_{\Sigma\delta}$、$f_{\Sigma\beta}$

除单个齿轮的误差项目，齿轮副轴线的平行度偏差也同样影响接触精度。

轴线平面内的轴线的平行度偏差 $f_{\Sigma\delta}$ 是指一对齿轮的轴线，在其轴线平面上投影的平行度偏差，见图 11-19。

垂直平面内的轴线的平行度偏差 $f_{\Sigma\beta}$ 是指一对齿轮的轴线，在与轴线平面垂直的平面上投影的平行度偏差，见图 11-19，在等于齿宽的长度上测量。

公共平面内的轴线的平行度偏差 $f_{\Sigma\delta}$ 的公差计算公式为

$$f_{\Sigma\delta}=2f_{\Sigma\beta}$$

垂直平面内的轴线的平行度偏差 $f_{\Sigma\beta}$ 的公差计算公式为

$$f_{\Sigma\beta}=0.5F_\beta(L/b)$$

式中，L 为较大的轴承跨距；b 为齿宽。

(2) 齿轮副的中心距偏差 f_a

齿轮副的中心距偏差 f_a 是指在齿轮副的齿宽中间平面内，实际中心距与设计中心距之差。它直接影响齿轮副的侧隙。通常，当箱体孔中心距合格时可不检验齿轮副的中心距偏差。中心距偏差可由表 11-13 查得。

表 11-13 中心距极限偏差 $\pm f_a$ μm

齿轮副中心距 a/mm	5～6	7～8	9～10
$6<a\leqslant10$	±7.5	±11	±18
$10<a\leqslant18$	±9	±13.5	±21.5
$18<a\leqslant30$	±10.5	±16.5	±26
$30<a\leqslant50$	±12.5	±19.5	±31
$50<a\leqslant80$	±15	±23	±37
$80<a\leqslant120$	±17.5	±27	±43.5
$120<a\leqslant180$	±20	±31.5	±50
$180<a\leqslant250$	±23	±36	±57
$250<a\leqslant315$	±26	±40.5	±65
$315<a\leqslant400$	±28.5	±44.5	±70
$400<a\leqslant500$	±31.5	±48.5	±77.5
$500<a\leqslant630$	±35	±55	±87
$630<a\leqslant800$	±40	±62	±100
$800<a\leqslant1000$	±45	±70	±115

(3) 齿轮副的接触斑点

齿轮副的接触斑点是指装配好的齿轮副在轻微的制动下，运转后齿面上分布的接触擦亮痕迹，如图 11-20 所示。轻微制动是指所加制动扭矩能够保证啮合齿面不脱离，又不致使任何零部件（包括被测轮齿）产生可以觉察的弹性变形。

接触斑点主要反映载荷分布均匀性，是齿面接触精度的综合评定指标。

接触痕迹的大小是一个特殊的非几何量的检验项目，在齿面展开图上用百分数计算。

① 齿宽方向　$\frac{b''-c}{b'}\times 100\%$

② 齿高方向　$\frac{h''}{h'}\times 100\%$

式中　b''——接触痕迹的长度（扣除超过模数值的断开部分 c）；

b'——设计工作长度；

h''——接触痕迹的平均高度；

h'——设计工作高度。

一般齿轮副接触斑点的分布位置及大小按表 11-14 规定。

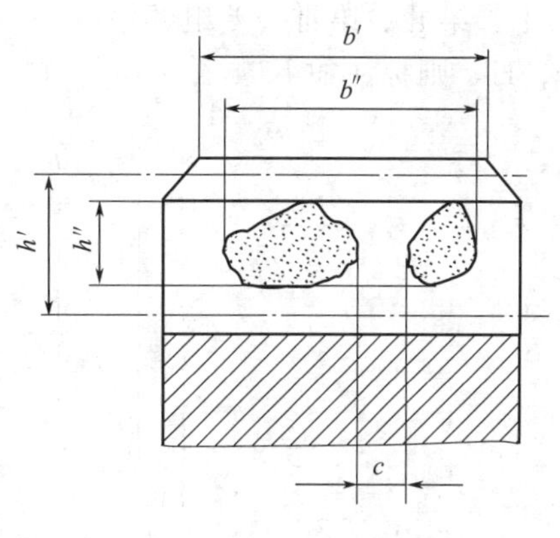

图 11-20　接触斑点

表 11-14　接触斑点　　%

精度等级		5	6	7	8	9
接触斑点	按高度不小于	55(45)	50(40)	45(35)	40(30)	30
	按长度不小于	80	70	60	50	40

注：1. 接触斑点的分布位置应趋近齿面中部，齿顶和两端部棱边处不允许接触。

2. 括号内数值，用于轴向重合度 $\varepsilon_\beta>0.8$ 的斜齿轮。

用“光泽法”检验接触斑点时，须经过一定时间的转动方能使齿面上呈现擦痕。同时保证齿轮中每个轮齿都啮合过，必须对两个齿轮所有的齿都加以观察，按齿面上实际擦亮的摩擦痕迹为依据，并且以接触斑点占有面积最小的那个齿作为齿轮副的检验结果。标准规定，检验接触斑点不得用红丹粉，但可用国内已生产的 CT1 或 CT2 等齿轮接触涂料着色法，代替接触擦亮痕迹法。检验时，对较大的齿轮副一般在安装好的齿轮传动装置中检验，对于成批生产的机器中的中小齿轮，允许在啮合机上与精确齿轮啮合检验。

11.4　渐开线圆柱齿轮精度及标注

11.4.1　齿轮精度等级的划分

GB 10095—1988 对齿轮和齿轮副规定了 12 个精度等级，从 1 级精度由高到低依次降为 12 级。其中，6 级是制订标准的基础级，3～5 级为高精度级，6～8 级为中等精度级，9～12 级为低精度级；1、2 级齿轮，目前机械加工难以达到，是考虑到发展前景而规定的。

2001 年对上述国标作了修订，新国标代号为 GB/T 10095.1—2001、GB/T 10095.2—2001。新标准对齿轮规定了 13 个精度等级，分别用阿拉伯数字 0、1、2、3、…、12 表示。其中，0 级精度最高，12 级精度最低。径向综合偏差（F''_i、f''_i）的精度等级规定为 4、5、6…、12 共 9 个等级，其中 4 级精度最高，12 级精度最低。2008 年的新标准沿用了 2001 年的精度等级划分。新旧标准的同级精度不能等同。因此在标注精度等级时应该注明所依据的标准代号。

11.4.2　齿轮精度在图纸上的标注

GB 10095—1988 中规定，在齿轮零件图上应标注出齿轮三个公差组的精度等级和齿厚极限偏差的代号（或极限偏差数值）。对齿轮副，须标注齿轮副精度和侧隙要求。例如齿轮

第Ⅰ、第Ⅱ、第Ⅲ公差组的精度等级分别为7级、6级、6级，齿厚上、下偏差代号分别为D、H，则标注如下

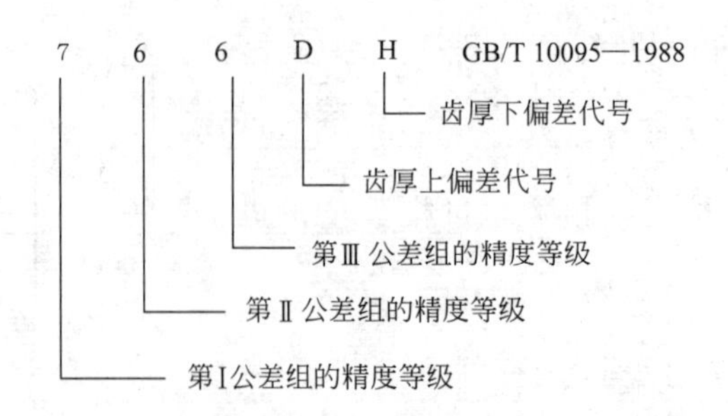

如果齿轮三个公差组的精度等级相同，则只需标注一个精度等级代号的数字，例“6FL GB 10095—1988”，表示齿轮三个公差组的精度等级均为6，齿厚上、下偏差代号分别为F、L。

齿厚上、下偏差还可以不标注代号，而直接标注数值，如“5$\left(^{-0.033}_{-0.495}\right)$ GB 10095—1988”。

在2001年与2008年的标准中齿轮精度等级在图样上的标注未明确规定，只说明在文件需要叙述齿轮精度要求时，应注明GB/T 10095.1或GB/T 10095.2。为此，建议这样标注：

若齿轮轮齿同侧齿面各检验项目同为某一级精度等级时，可标注为：

7GB/T 10095.1　2008

若齿轮检验项目的精度等级不相同时，如齿廓总偏差和单个齿距偏差为7级、齿距累积总偏差和螺旋线总偏差为8级，则标注为

$$7(F_{\alpha}、f_{pt})8(F_{\alpha}、F_{\beta})\text{GB/T 10095.1—2008}$$

齿轮各检验项目及其允许值标注在齿轮工作图右上角参数表中。

11.5　渐开线圆柱齿轮精度等级的选择

选择齿轮的精度等级，必须以传动的用途、使用条件以及技术要求为依据，综合考虑齿轮的圆周速度，所传递的功率，工作持续时间，对传递运动的准确性、平稳性、承载均匀性以及使用寿命的要求等多项因素，同时兼顾工艺性和经济性。

齿轮副中两个齿轮的精度等级一般取相同等级，也可以取不同的。不同时，则按其中精度等级较低者确定齿轮副的精度等级。

11.5.1　齿轮精度等级的选择方法

选择齿轮精度等级方法有计算法和类比法，其中类比法应用最广。常用齿轮精度等级的选择见表11-15与表11-16。

(1) 计算法

齿轮在机械传动中应用最多，既传递运动又传递动力，其精度等级与齿轮的圆周线速度密切相关，因此可先计算出齿轮的最高圆周线速度，再参考表11-15确定齿轮精度等级。

(2) 类比法（经验法）

类比法是根据以往产品设计、性能试验、使用过程中所积累的经验以及较可靠的技术资料进行对比，从而确定齿轮精度等级的一种方法。表11-16列出了各种常用机械所采用的齿轮精度等级，可供选用时参考。

表 11-15 齿轮常用精度等级的应用范围

精度等级		4 级	5 级	6 级	7 级	8 级
应用范围		极精密分度机构的齿轮；非常高速并要求平稳与无噪声的齿轮；高速涡轮机齿轮；检查 7 级齿轮的理想精确的测量齿轮	精密分度机构的齿轮；高速并要求平稳、无噪声的齿轮；高速涡轮机齿轮；检查 8 级、9 级齿轮的理想精确的测量齿轮	高速、平稳、无噪声、高效率齿轮；航空、汽车、机床中的重要齿轮；分度机构齿轮读数机构齿轮	高速、动力小而需逆转的齿轮；机床中的进给齿轮；航空齿轮；读数机构齿轮；具有一定速度的减速器齿轮	一般内燃机中的普通齿轮；汽车、拖拉机、减速器中的一般齿轮；航空器中不重要的齿轮；农业机械中的重要齿轮
圆周速度 $/m\cdot s^{-1}$	直齿	<35	<20	<15	<10	<6
	斜齿	<70	<40	<30	<15	<10

表 11-16 各种机器中的齿轮所采用的精度等级

应用范围	精度等级	应用范围	精度等级
单啮仪、双啮仪	2～5	载重汽车	6～9
涡轮机减速器	3～5	通用减速器	6～8
金属切削机床	3～8	轧钢机	5～10
航空发动机	4～7	矿用绞车	6～10
内燃机车、电气机车	5～8	起重机	6～9
轿车	5～8	拖拉机	6～10

11.5.2 齿轮检验项目的选择

齿轮检验项目的选择主要考虑精度级别、项目间的协调、生产批量和检测费用等因素。为保证齿轮的制造精度，在生产中不可能也没有必要对所有误差项目全部进行检验。根据我国多年来的生产实践及目前齿轮生产的质量控制水平，建议供需双方依据齿轮的功能要求、生产批量和检测条件在以下（推荐的）检验组如表 11-17 中选取一个检验组来评定齿轮的精度等级。

表 11-17 常用检验组选择

检验组	检验项目	适用等级	测量仪器
1	F_p、F_α、F_β、F_r、E_{sn}	3～9	齿距仪、齿形仪、齿向仪、摆差测定仪、齿厚卡尺或公法线千分尺
2	F_p、F_{pk}、F_α、F_β、F_r、E_{sn}	3～9	齿距仪、齿形仪、齿向仪、摆差测定仪、齿厚卡尺或公法线千分尺
3	F_p、f_{pt}、F_α、F_β、F_r、E_{sn}	3～9	齿距仪、齿形仪、齿向仪、摆差测定仪、齿厚卡尺或公法线千分尺
4	F''_i、f''_i、E_{sn}	6～9	双面啮合仪、齿厚卡尺
5	F_r、f_{pt}、E_{sn}	10～12	齿距仪、摆差测定仪、齿厚卡尺
6	F''_i、f''_i、F_β、E_{sn}	3～6	单啮仪、齿向仪、齿厚卡尺

设计过程中，检验组的组合方案的选择主要考虑齿轮的精度等级、尺寸大小、生产批量和仪器情况。一般来说，精度高的齿轮宜采用能较好反映误差情况的综合指标，精度较低的齿轮可采用单项指标；成批、大量生产的齿轮宜采用检测效率较高的指标，尽量用同一仪器测量较多的指标。需要注意的是，在齿轮精度设计时，如果给出按 GB/T 10095.1—2008 的某级精度无其他规定时，则该齿轮的同侧齿面的各精度项目均按该精度等级确定其公差或偏差的最大允许值。对于非工作齿面可以根据供需双方的协议不用提出精度要求，或者对齿轮的工作齿面与非工作齿面给出不同精度要求。

11.5.3 齿轮副侧隙及齿厚极限偏差的确定

齿轮传动装置中对侧隙的要求，主要取决于其工作条件和使用要求，与齿轮的精度等级无关，应另外选择。齿厚极限偏差的确定一般采用计算法。计算法的步骤如下。

(1) 计算最小极限侧隙

最小极限侧隙是指在标准温度（20℃）下齿轮副无载荷时所需最小的侧隙。设计时选定的最小极限侧隙必须保证补偿传动时温度上升引起的变形和正常储油润滑。

① 保证正常润滑条件所需的法向侧隙 j_{bn1}　j_{bn1} 取决于润滑方法和齿轮圆周速度，可参考表 11-18 选取。

表 11-18　j_{bn1} 的推荐值

润滑速度	圆周速度 v/m·s^{-1}			
	≤10	10～25	>25～60	>60
喷油润滑	$0.01m_n$	$0.02m_n$	$0.03m_n$	$(0.03～0.05)m_n$
油池润滑	$(0.005～0.01)m_n$			

注：m_n——法向模数（mm）。

② 温升引起的变形，所必需的法向侧隙 j_{bn2}

$$j_{bn2}=a(\alpha_1\Delta t_1-\alpha_2\Delta t_2)2\sin\alpha$$

式中　a——齿轮副的中心距；

α_1，α_2——齿轮和箱体材料的线胀系数，℃$^{-1}$；

Δt_1，Δt_2——齿轮温度和箱体温度对标准温度 20℃的偏差；

α——齿轮的压力角，标准齿轮为 20°。

齿轮副所需的最小保证侧隙为：$j_{bnmin}=j_{bn1}+j_{bn2}$。

(2) 计算齿厚公差 T_{sn} 和齿厚下偏差 E_{sni}

① 齿厚上偏差。对于齿厚上偏差，可以参考同类产品的设计经验或查阅有关资料进行选取。若无此方面资料，可按下述方法计算选取。齿厚上偏差是保证获得最小极限侧隙的齿轮齿厚的最小减薄量。计算时应考虑加工误差和安装误差的影响。通常设两齿轮齿厚上偏差相等，求得齿厚上偏差为

$$j_{bnmin}=2|E_{sns}|\cos\alpha_n$$

因此得

$$E_{sns}=j_{bnmin}/2\cos\alpha_n$$

为了提高小齿轮的承载能力，当两个齿轮的齿数相差较大时，小齿轮的齿厚最小减薄量可取得比大齿轮小些。

② 齿厚公差。齿厚公差由下式计算

$$T_{sn}=2\tan\alpha_n\sqrt{F_r^2+b_r^2}$$

式中　F_r——齿圈径向跳动公差。

b_r——切齿进刀公差，其推荐值按表 11-19 选用，表中 IT 值按齿轮的分度圆直径查标准公差值表。

表 11-19　b_r 推荐值

切齿加工方法	齿轮精度等级	b_r	切齿加工方法	齿轮精度等级	b_r
磨	4	1.26IT7	滚、插	7	IT9
	5	IT8		8	1.26IT9
	6	1.26IT8	铣	9	IT10

注：IT 值按分度圆直径查 GB/T 1800.3。

③ 齿厚下偏差。由下式计算

$$E_{sni}=E_{sns}-T_{sn}$$

11.5.4 齿坯精度的确定

齿坯是指轮齿在加工前供制造齿轮的工件，齿坯的尺寸偏差和形位误差必须加以控制，以免影响齿轮的加工和检验。齿坯公差应标注在齿轮图样上。通常采用齿坯的内孔或端面、顶圆作为齿轮加工、装配和检验的基准，表 11-20 列出了齿坯公差，表 11-21 列出了齿轮各表的面表面粗糙度。

表 11-20 齿坯公差值

齿轮精度等级		6	7	8	9
孔	尺寸公差、形状公差	IT6	IT7		IT8
轴	尺寸公差、形状公差	IT5	IT6		IT7
顶圆直径/mm		IT8			IT9
分度圆直径/mm		精度等级			
		齿坯基准面径向和端面圆跳动/μm			
		6	7	8	9
＞125		11	18	18	28
＞125～400		14	22	22	36
＞400～800		20	32	32	50

注：1. 当各项公差精度等级不同时，按最高的精度等级确定公差值。

2. 当顶圆不做测量齿厚基准时，尺寸公差按 IT11 给定，但不大于 $0.1m_n$；当以顶圆为基准面时，齿坯基准同径向跳动指顶圆的径向跳动。

3. 孔、轴的尺寸公差与形位公差遵守包容要求。

表 11-21 齿轮各表面的表面粗糙度推荐值 μm

精度等级	6	7		8	9	
齿面	0.8～1.6	1.6	3.2	6.3(3.2)	6.3	12.5
齿面加工方法	磨或珩齿	剃或珩齿	滚或插	滚或插	滚	铣
基准孔	1.6	1.6～3.2			6.3	
基准轴径	0.8	1.6			3.2	
基准端面	3.2～6.3				6.3	
顶圆	6.3					

注：当三个公差组的精度等级不同时，按最高的精度等级确定 Ra 值。

11.5.5 综合举例

【例 11-1】 已知一带孔直齿圆柱齿轮，应用于通用减速器。齿轮齿数 $z=32$，模数 $m=3$mm，压力角 $\alpha=20°$，中心距 $a=288$mm，齿宽 $b=20$mm，$n=1280$r/min，两轴承跨距为 90mm，齿轮材料为 45 钢，其线胀系数 $\alpha_1=11.5\times10^{-6}$，箱体为铸铁，其线胀系数 $\alpha_2=10.5\times10^{-6}$。齿轮工作温度为 $t_1=60$℃，箱体温度为 $t_2=40$℃，内孔尺寸为 $\phi40$mm。试确定齿轮的精度等级、侧隙种类、检验参数及公差值、齿坯精度，并将这些要求标注在齿轮零件图上，齿轮结构如图 11-21 所示。

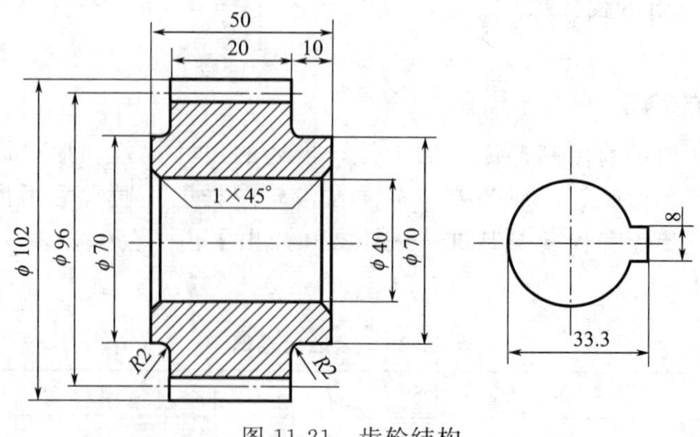

图 11-21 齿轮结构

解：（1）确定齿轮的精度等级

由分度圆圆周速度选取齿轮的精度等级。

$$v=\frac{\pi dn}{60\times1000}=\frac{3.14\times3\times32\times1280}{60000}=6.43\ (\mathrm{m/s})$$

参考表 11-15 与表 11-16 选取齿轮的精度等级为 7 级。因该齿轮属于一般减速器中的齿轮，对运动准确性要求不高，故其中切向综合总偏差 F_i'和齿距累积总偏差 F_p（F_{pk}）等指标可选低一级，即选为 8 级精度。

（2）确定最小极限侧隙

按表 11-18，$v<10\mathrm{m/s}$，保证正常润滑条件所需的侧隙为

$$j_{bn1}=0.01m_n=0.01\times3=0.03\mathrm{mm}=30\mu\mathrm{m}$$

补偿热变形所需的侧隙为

$$\begin{aligned}j_{bn2}&=a(\alpha_1\Delta t_1-\alpha_2\Delta t_2)2\sin\alpha\\&=288\times(11.5\times10^{-6}\times40-10.5\times10^{-6}\times20)\times2\times0.342\\&=0.049\mathrm{mm}=49\mu\mathrm{m}\end{aligned}$$

因此，最小极限侧隙为：$j_{nmin}=j_{bn1}+j_{bn2}=30+49=79\mu\mathrm{m}$

（3）确定齿厚上偏差

$$|E_{sns}|=\frac{j_{bnmin}}{2\cos\alpha}=\frac{79}{2\cos20^\circ}=42\mu\mathrm{m}$$

$$E_{sns}=42\mu\mathrm{m}$$

（4）计算齿厚公差

由表 11-19 查得

$$b_r=\mathrm{IT9}=87\mu\mathrm{m}$$

由表 11-3 查得

$$F_r=43\mu\mathrm{m}$$

则

$$T_s=2\tan\alpha\sqrt{F_r^2+b_r^2}=2\tan20^\circ\sqrt{87^2+43^2}\approx97\mu\mathrm{m}$$

（5）计算齿厚下偏差

$$E_{sni}=E_{sni}-T_{sn}=-42-79=-139\mu\mathrm{m}$$

（6）确定公法线公称长度

$$跨齿数\ k=z/9+0.5=32/9+0.5=4$$

公法线长度公称值

$$W = m\cos\alpha[\pi(k-0.5)+z\,\mathrm{inv}\alpha+2x\sin\alpha$$
$$=3\times\cos20°[3.1416\times(4-0.5)+32\times\mathrm{inv}20°]$$
$$=32.34\mathrm{mm}$$

（7）确定公法线长度极限偏差

$$E_{\mathrm{bns}}=E_{\mathrm{sns}}\cos\alpha=-42\times\cos20°=-39.5\mu\mathrm{m}$$
$$E_{\mathrm{bni}}=E_{\mathrm{sni}}\cos\alpha=-139\times\cos20°=-130.6\mu\mathrm{m}$$

因此在齿轮工作图上的标注为：$32.34_{-0.1306}^{-0.0395}$。

（8）检验参数的确定

一般检验参数应尽量满足使用同一仪器测量较多的评定指标这一经济性要求。

根据齿轮的用途，属于小批量生产，一般常用双啮仪测量，由表 11-17 查得评定参数为：F_p、F_α、F_r、F_β、E_{sn}。各项公差值和极限偏差值查表得 $F_p=53\mu$m、$F_\alpha=16\mu$m、$F_r=43\mu$m、$F_\beta=15\mu$m。

（9）齿坯公差的确定

① 内径尺寸精度：查机械设计手册选用 IT7，已知内径尺寸为 ϕ40mm，则内径的尺寸公差带确定为 ϕ40H7，采用包容原则。

② 齿顶圆可作为加工找正基准，应要求齿顶圆直径公差和径向圆跳动。齿顶圆直径的

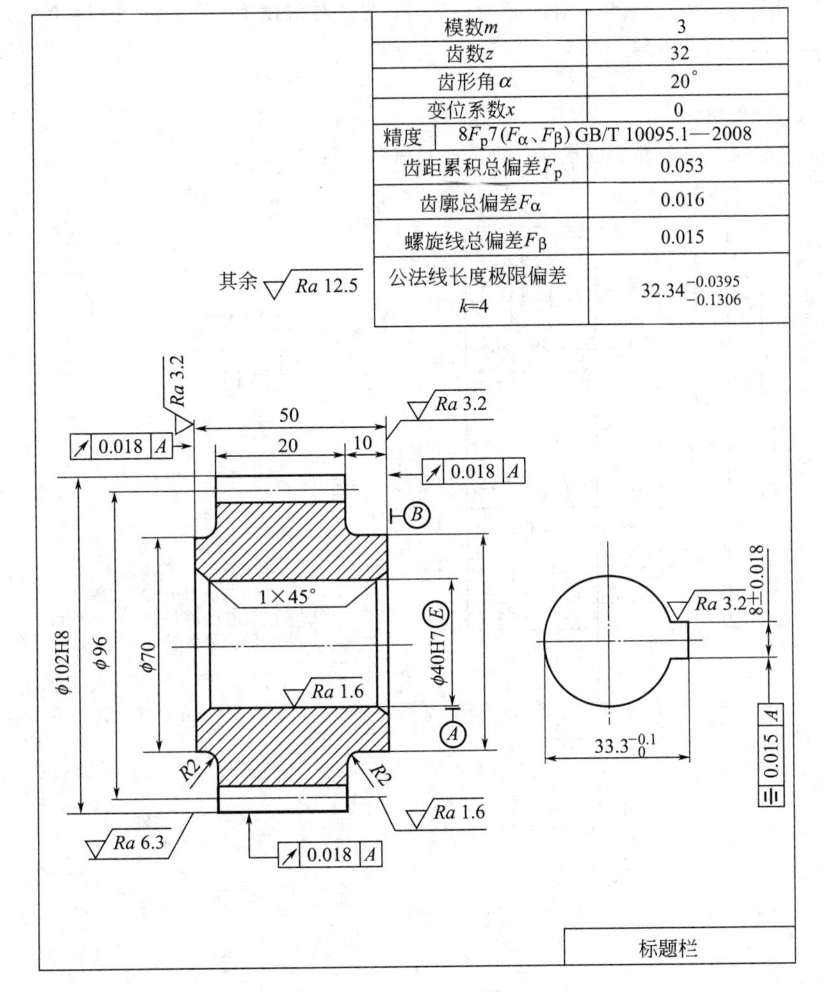

图 11-22　齿轮零件图

尺寸公差确定为 ϕ102H8，顶圆径向圆跳动为 0.018mm。

③ 端面也要作为加工定位基准，所以要求端面圆跳动。设端面定位部分尺寸为 50mm，则查表 11-20 得端面圆跳动为 0.018mm。

④ 各加工表面的表面粗糙度：查表 11-21 得齿面 $Ra=1.6\mu m$，齿顶圆 $Ra=6.3\mu m$ 齿轮内孔 $Ra=1.6\mu m$，基准端面 $Ra=3.2\mu m$，其余表面取 $Ra=12.5\mu m$。

齿轮零件图如图 11-22 所示。

习　　题

11-1　对齿轮传动有哪些使用要求？齿轮加工误差产生的原因有哪些？

11-2　选择齿轮精度等级时的依据是什么？在齿轮精度标准中，为什么规定检验组？应如何进行选择？

11-3　齿轮副的侧隙的作用是什么？如何保证齿轮副的侧隙？可以表征齿轮副侧隙的指标有哪些？

11-4　某直齿圆柱齿轮代号为 7（F_α、f_{pt}）8（F_α、F_β）GB/T 10095.1—2008，模数 $m=2.5$mm，齿数 $z=56$，齿宽 $b=28$mm，压力角 $\alpha=20°$。试查出所有参数的偏差值。

11-5　有一直齿圆柱齿轮，模数 $m=3$mm，齿数 $z=38$，齿宽 $b=25$mm，压力角 $\alpha=20°$。测量后得到各参数实际偏差值为：$F_\alpha=14\mu m$，$f_{pt}=-12\mu m$，$F_p=38\mu m$，$F_\beta=22\mu m$。试判断该齿轮精度等级。

11-6　如图 11-23 所示的减速器中输出轴上直齿圆柱齿轮，已知：模数 $m=3$mm，齿数 $z=76$，齿形角 $\alpha=20°$，齿宽 $b=63$mm，中心距 $a=147$mm；孔径 $D=60$mm，输出转速 $n=805$r/min，轴承跨距 $L=110$mm，齿轮材料为 45 钢，减速器箱体材料为铸铁，齿轮工作温度为 55℃，减速器箱体工作温度为 35℃，小批量生产。输入轴上齿轮齿数 $z=22$。

试确定：

（1）齿轮的精度等级；

（2）齿轮的检验组、有关侧隙的指标、齿坯公差和表面粗糙度；

（3）绘制齿轮零件图。

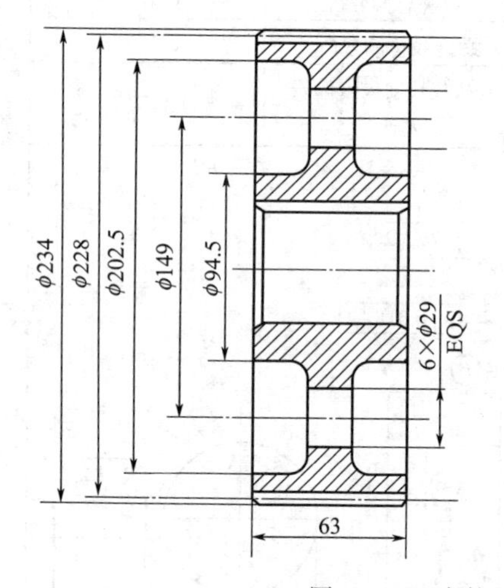

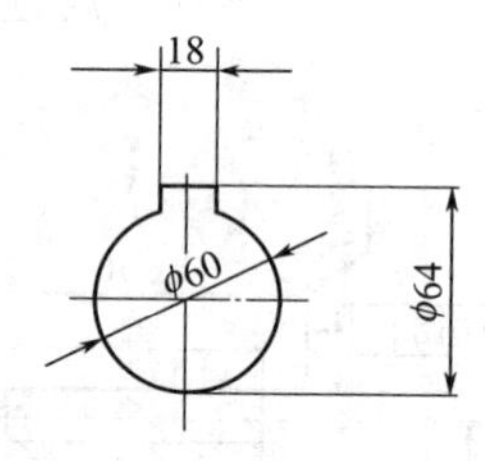

技术要求：
1. 热处理调质210～230HBS。
2. 未注尺寸公差按GB/T 1804-m。
3. 未注形位公差按GB/T 1184-K。

图 11-23　齿轮零件结构图

12 尺 寸 链

机器设计时，需要进行三方面的分析和计算：运动链的分析和计算，强度刚度分析和计算、几何精度的分析和计算。通过运动链及强度刚度的分析计算，可以确定零件的尺寸和传动关系；但为了保证机器的顺利装配和使用性能要求，还应进一步经济合理地确定各有关零件的尺寸公差与形位公差。保证机器精度的各尺寸不是孤立的，而是相互关联的统一的有机整体，它们之间的关系可以用尺寸链理论进行分析研究。

通过尺寸链的分析计算，主要解决以下问题。

① 分析结构设计的合理性。在机械设计中，通过对各种方案装配尺寸链的分析比较，可确定最佳的结构。

② 合理地分配公差。按封闭环的公差与极限偏差，合理地分配各组成环的公差与极限偏差。

③ 检校图样。可按尺寸链分析计算，检查、校核零件图上尺寸、公差与极限偏差是否正确合理。

④ 基面换算。当按零件图样标注不便加工和测量时，可按尺寸链进行基面换算。

⑤ 工序尺寸计算。根据零件封闭环和部分组成环的基本尺寸及极限偏差，确定某一组成环的基本尺寸及极限偏差。

12.1 尺寸链的基本概念

12.1.1 尺寸链的含义及特性

在零件加工或机器装配过程中，相互联系的尺寸按一定顺序排列成一个封闭的尺寸组被称为尺寸链。

图 12-1 所示的轴套，由 2 个端平面的轴向尺寸 A_1、A_2 和 A_0 按照一定顺序构成一个相互联系的封闭尺寸“回路”，该尺寸“回路”反映了零件上的设计尺寸之间的关系，因此，这三个尺寸构成一个尺寸链，即

$$A_1-A_2-A_0=0$$

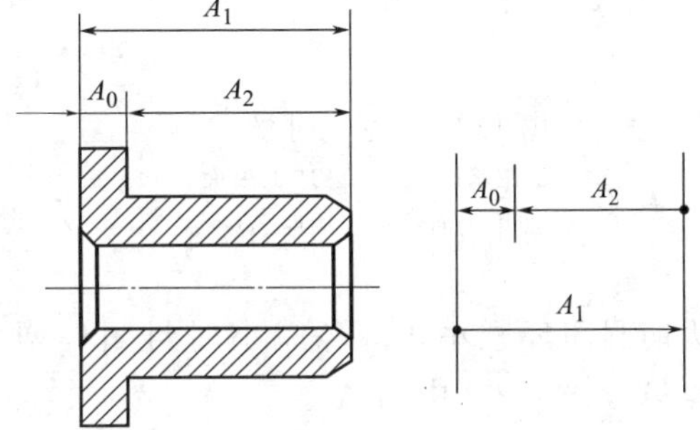

图 12-1 轴套零件尺寸链

图 12-2 所示的齿轮部件，A_1、A_2、A_3、A_4、A_5 分别为 5 个不同零件的轴向设计尺寸，A_0 是各个零件装配后，在齿轮端面与挡圈端面之间形成的间隙，受其他 5 个尺寸变化的影响。因而 A_0 和 A_1、A_2、A_3、A_4、A_5 构成一个尺寸链，该尺寸链反映了部件装配之间的关系，即

$$A_3-A_1-A_2-A_4-A_5-A_0=0$$

图 12-3 所示的阶梯零件，在加工过程中，尺寸的形成是相互联系的。已加工尺寸 A_2 和本工序尺寸 A_1 直接影响尺寸 A_0。因而三个尺寸构成一个相互联系的封闭尺寸回路，该尺寸回路反映了零件上的加工关系，它们之间的关系为

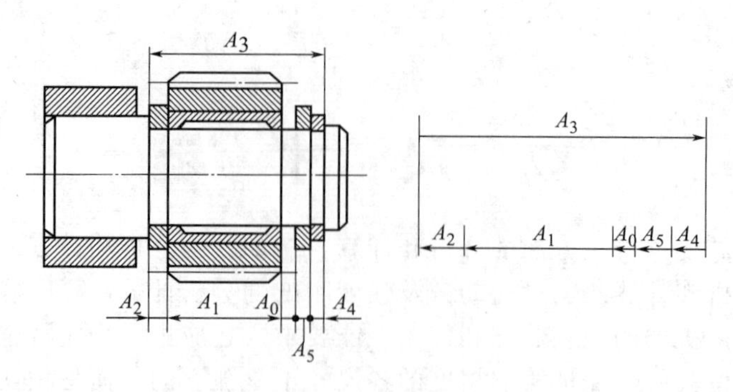

图 12-2 齿轮装配尺寸链

$$A_2 - A_1 - A_0 = 0$$

综上所述，尺寸链的特征如下。

① 封闭性 组成尺寸链的各个尺寸按一定顺序形成一个封闭回路。

② 关联性 某一尺寸的变化将影响其他尺寸的变化。

③ 唯一性 一个尺寸链只有一个封闭环。

12.1.2 尺寸链的组成

组成尺寸链中的每一个尺寸都称为环，一般用大写的拉丁字母表示。

按环的不同性质分为封闭环和组成环两种。

① 封闭环 加工或装配过程最后自然形成的一环，一般用大写拉丁字母加下角标“0”表示，如图 12-1、图 12-2 与图 12-3 中的 A_0。

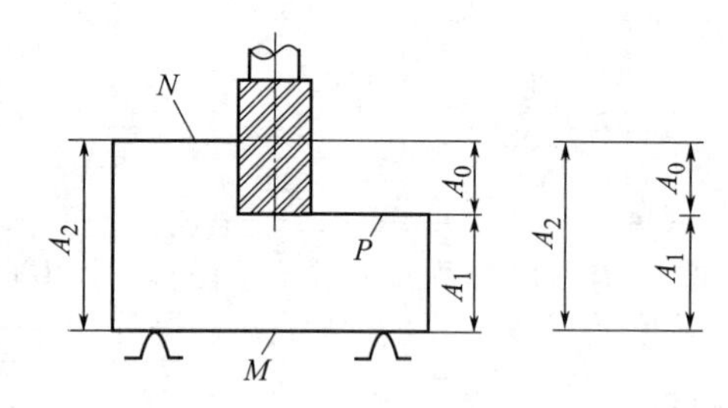

图 12-3 工艺尺寸链

M—定位基准；N—已加工表面；P—待加工表面；加工顺序 $A_2 \rightarrow A_1$

② 组成环 尺寸链中除封闭环以外的其他环。一般用加阿拉伯数字下角标的大写拉丁字母表示，如图 12-1 中的 A_1、A_2，图 12-2 中的 A_1、A_2、A_3、A_4、A_5，图 12-3 中的 A_1、A_2。

按组成环的变化对封闭环影响的不同，组成环又可分为增环和减环。

a. 增环：在其他组成环不变的情况下，该环增大时封闭环增大，该环减小时封闭环减小。如图 12-1 中的 A_1、图 12-2 中的 A_3 与图 12-3 中的 A_2。

b. 减环：在其他组成环不变的情况下，该环增大时封闭环减小，该环减小时封闭环增大，如图 12-1 中的 A_2，图 12-2 中的 A_1、A_2、A_4、A_5，图 12-3 中的 A_1。

12.1.3 尺寸链分类

（1）按组成环的几何特征分

① 线性尺寸链：各环均为长度尺寸，长度环的代号用大写斜体英文字母 A、B、C…表示，如图 12-1 所示。

② 角度尺寸链：各环均为角度，这种尺寸链多为形位公差构成的尺寸链。角度环的代号用小写斜体希腊字母 α、β、γ、…表示，如图 12-4 所示。

（2）按各环所在的空间位置分

① 直线尺寸链：各环平行，如图 12-1 所示。

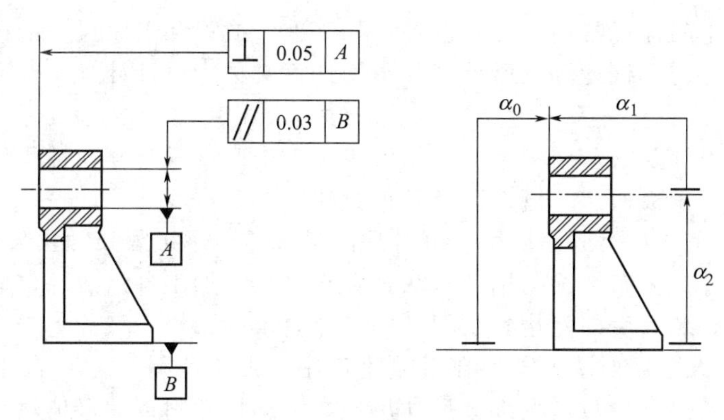

图 12-4 角度尺寸链

② 平面尺寸链：各环位于一个平面或几个平行的平面上，且有的环不是平行排列的尺寸链，如图 12-5 所示，床身 2 上的齿条与走刀箱 3 上齿轮，通过床鞍 1 及两块过渡导板组成一个平面尺寸链，其封闭环 A_0 反映齿轮副的啮合间隙。

③ 空间尺寸链：各环位于几个不平行平面内的尺寸链，如图 12-6 所示。

(3) 按生产中的应用分

① 零件尺寸链：全部组成环为同一零件尺寸所形成，如图 12-1 所示。

② 装配尺寸链：组成环为不同零件设计尺寸所形成，如图 12-2 所示。

③ 工艺尺寸链：全部组成环为同一零件工艺尺寸所形成的尺寸链，如图 12-3 所示。

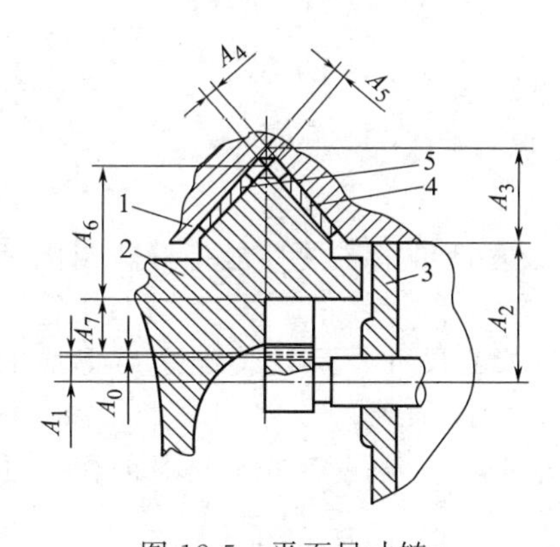

图 12-5 平面尺寸链

1—床鞍；2—床身；3—走刀箱

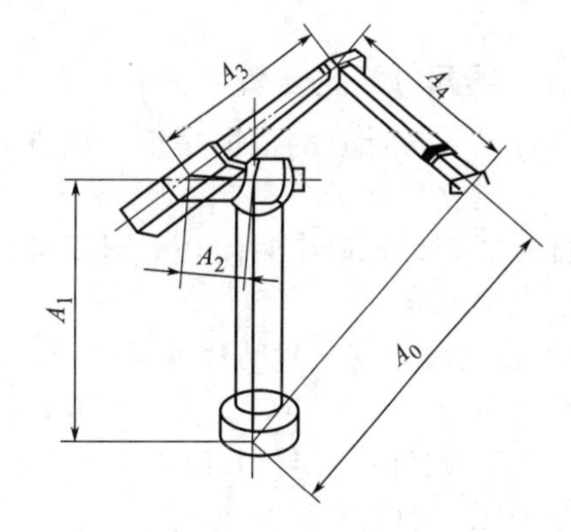

图 12-6 空间尺寸链

12.1.4 尺寸链计算的类型及方法

(1) 计算类型

尺寸链计算目的是在设计时能正确确定尺寸链各环的基本尺寸和极限偏差。按不同要求尺寸链计算可分为：正计算、反计算和中间计算。

① 正计算 已知各组成环的基本尺寸和极限偏差，求封闭环的基本尺寸和极限偏差。常用于验证设计的正确性。

② 反计算 已知封闭环的基本尺寸和极限偏差及各组成环的基本尺寸，求各组成环的极限偏差。常用于机械设计计算，根据使用要求将封闭环公差正确合理地分配到各组成环上去。

③ 中间计算 已知封闭环和部分组成环的基本尺寸和极限偏差，求某一组成环的基本

尺寸和极限偏差。中间计算常用于工艺设计，如基准的换算和工序尺寸的确定等。

通常正计算又称为校核计算，反计算和中间计算又称为设计计算。

(2) 计算方法

据不同的产品设计要求、结构特征、精度等级、生产批量与互换性程度，可采用的尺寸链的计算方法有三种：极值法、概率法及其他方法。

① 极值法——完全互换法　从尺寸链各环的最大与最小极限尺寸出发进行尺寸链计算，不考虑各环实际尺寸的分布情况。用此方法计算出来尺寸加工各组成环，装配时各组成环不需挑选或辅助加工，装入后即能达到封闭环的公差要求。

② 概率法——大数互换法　零件在批量生产中，加工所得尺寸符合正态分布规律，即尺寸出现在极值的情况是少数，大部分尺寸出现在平均尺寸附近，极值法虽然能实现完全互换，但往往不经济。

概率法也称大数互换法，就是按正态分布规律进行尺寸链计算。按此方法，在相同封闭环条件下，可使组成环的公差扩大，获得良好的经济效益，常用于大批量生产中。

③ 其他方法　如果产品的装配精度要求很高，则其封闭环公差要求很小，用完全互换法和概率法算出的组成环的公差将更小，加工变得很不经济甚至难以实现。故需通过某些补偿措施来解决。常用的方法有分组装配法、修配法和调整法。

本章主要介绍极值法解尺寸链。

12.2 用极值法解尺寸链

12.2.1 解尺寸链的步骤

进行尺寸链计算的依据是正确地查明尺寸链的组成。其具体步骤如下。

(1) 建立尺寸链

首先要正确地确定封闭环。封闭环直接反映机器或零部件的主要性能指标，封闭环分以下三种情况确定。

① 装配尺寸链：封闭环就是产品上有装配精度要求的尺寸，是在装配之后形成的，如保证机器可靠工作的相对位置尺寸或保证零件相对运动的间隙等。

② 零件尺寸链：封闭环应为公差等级要求最低的环，一般在零件图上不进行标注，以免引起加工中的混乱。

③ 工艺尺寸：加工中最后自然形成的环，一般为被加工零件要求达到的设计尺寸或工艺过程中需要的余量尺寸。

(2) 查找组成环

组成环是对封闭环有直接影响的那些尺寸，与此无关的尺寸要排除在外。一个尺寸链的环数应尽量地少。

查找装配尺寸链的组成环时，先从封闭环的任意一端开始，找相邻零件的尺寸，然后再找与第一个零件相邻的第二个零件的尺寸，这样一环接一环，直到封闭环的另一端为止，从而形成封闭的尺寸组。

(3) 画尺寸链图

为了讨论问题方便，更清楚地表达尺寸链的组成，通常不需要画出零件或部件的具体结构，也不必按照严格的比例，只需将链中各尺寸依次画出，形成封闭的图形即可，这样的图形称为尺寸链图。如图 12-1～图 12-3 所示。

(4) 判断增减环

在尺寸链图中，在每一环下方标注单向箭头，各箭头首尾相连形成封闭回路，与封闭环箭头同向的为减环，反向的为增环，如图 12-7 所示。

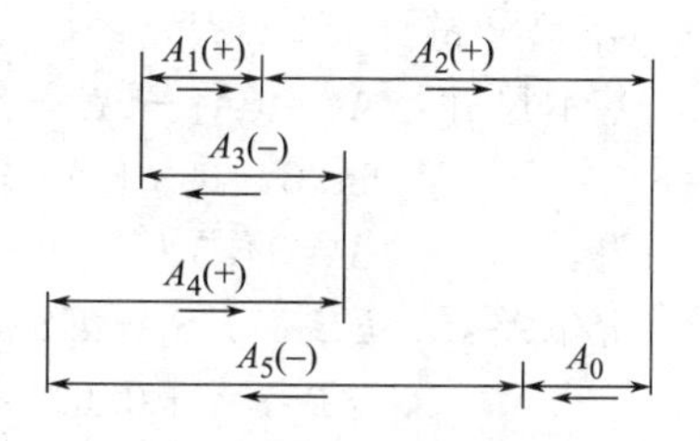

图 12-7 增减环判断

（5）计算

12.2.2 极值法基本公式

极值法基本公式参见表 12-1。

12.2.3 工艺尺寸链计算

这类问题多属于中间计算，常用于工艺中的工序尺寸计算或基准转换的计算。

表 12-1 极值法基本公式

封闭环基本尺寸	封闭环的极限尺寸	封闭环的极限偏差	封闭环的公差
$A_0=\sum_{i=1}^{m}\overrightarrow{A}_i-\sum_{j=m+1}^{n-1}\overleftarrow{A}_j$	$A_{0\max}=\sum_{i=1}^{m}\overrightarrow{A}_{i\max}-\sum_{j=m+1}^{n-1}\overleftarrow{A}_{j\min}$ $A_{0\min}=\sum_{i=1}^{m}\overrightarrow{A}_{i\min}-\sum_{j=m+1}^{n-1}\overleftarrow{A}_{j\max}$	$ES_{A_0}=\sum_{i=1}^{m}ES_{\overrightarrow{A}_i}-\sum_{j=m+1}^{n-1}EI_{\overleftarrow{A}_j}$ $EI_{A_0}=\sum_{i=1}^{m}EI_{\overrightarrow{A}_i}-\sum_{j=m+1}^{n-1}ES_{\overleftarrow{A}_j}$	$T_0=\sum_{i=1}^{n-1}T_i$

A_0——封闭环基本尺寸；$A_{0\max}$，$A_{0\min}$——封闭环的最大、最小极限尺寸；T_0——封闭环的公差；$\overrightarrow{A}_i$——各增环基本尺寸；$\overrightarrow{A}_{i\max}$、$\overrightarrow{A}_{i\min}$——各增环的最大、最小极限尺寸；$T_i$——各组成环的公差；$\overleftarrow{A}_j$——各减环基本尺寸；$\overleftarrow{A}_{j\max}$、$\overleftarrow{A}_{j\min}$——各减环的最大、最小极限尺寸；$m$——增环环数；$n$——尺寸链总环数；$ES_{\overrightarrow{A}_0}$、$EI_{\overrightarrow{A}_0}$——各封闭环的上、下偏差；$ES_{\overrightarrow{A}_i}$、$EI_{\overrightarrow{A}_i}$——各增环的上、下偏差；$ES_{\overleftarrow{A}_j}$、$ES_{\overleftarrow{A}_j}$——各减环的上、下偏差

【例 12-1】 如图 12-8 所示，零件的内孔与键槽，其机械加工工序安排是：①镗孔至 $\phi49.8^{+0.1}_{0}$；②加工键槽至尺寸 A；③热处理；④磨内孔至 $\phi50^{+0.05}_{0}$，同时间接保证键槽深度 $\phi54.3^{+0.3}_{0}$。试计算工序尺寸 A 的基本尺寸和极限偏差。

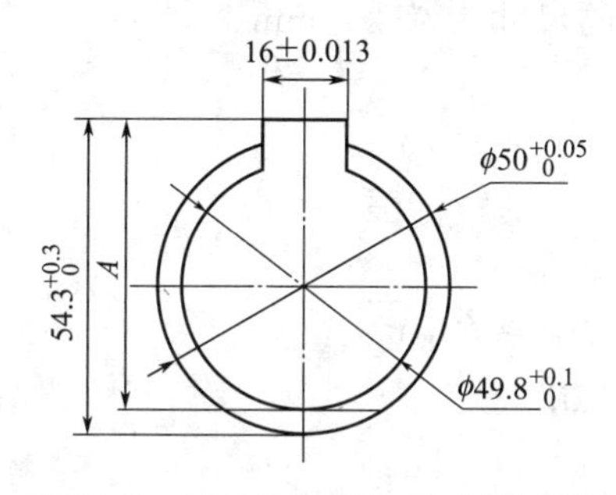

图 12-8 加工孔和键的尺寸链计算

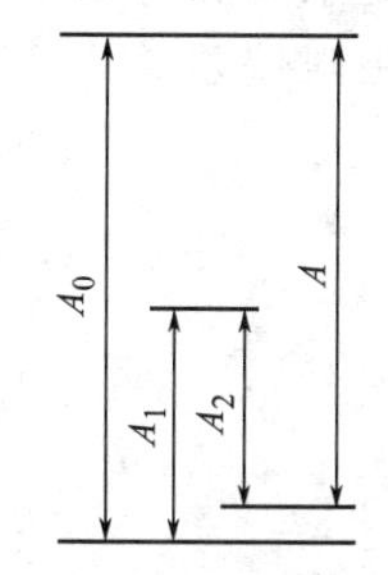

图 12-9 加工孔和键的尺寸链图

解： ① 确定封闭环。在工艺尺寸链中，封闭环随加工顺序不同而改变，因此工艺尺寸链的封闭环要根据工艺路线去查找。

根据题目已知条件可知，加工最后形成的尺寸就是封闭环。即

$$A_0=54.3^{+0.3}_{0}$$

② 查找组成环。根据题目要求，可得组成环：

$$A_1=25^{+0.025}_{0}\qquad A_2=24.9^{+0.05}_{0}\qquad A_3=A$$

③ 画尺寸链图，并判断增环和减环。画尺寸链如图 12-9 所示。其中 A 与 A_1 为增环，A_2 为减环。

④ 尺寸链计算。

基本尺寸：$A_0=(A_1+A)-A_2$

$54.3=(25+A)-24.9$

得：$A=54.3+24.9-25=54.2$ mm

上偏差：$ES_0=ES_1+ES_A-EI_2$

$+0.3=+0.025+ES_A-0$　得：$ES_A=+0.275$ mm

下偏差：$EI_0=EI_1+EI_A-ES_2$

$0=0+EI_A-0.05$　得：$EI_A=+0.05$

因此　$A=54.2^{+0.275}_{+0.05}$

验算：$T_0=T_1+T_2+T_3$　即：$0.3=0.025+0.05+0.225$

所以极限偏差的计算正确。

12.2.4 装配尺寸链计算

用正计算法和反计算法两种方法解装配尺寸链。

(1) 正计算（公差校核计算）

【例 12-2】 如图 12-2 所示齿轮部件装配结构，已知各零件尺寸为：$A_1=30^{\ 0}_{-0.15}$ mm、$A_2=A_5=5^{\ 0}_{-0.055}$ mm、$A_3=43^{+0.20}_{+0.04}$ mm、$A_4=3^{\ 0}_{-0.05}$ mm，设计要求间隙 A_0 为 0.1～0.45 mm，试进行公差校核计算。

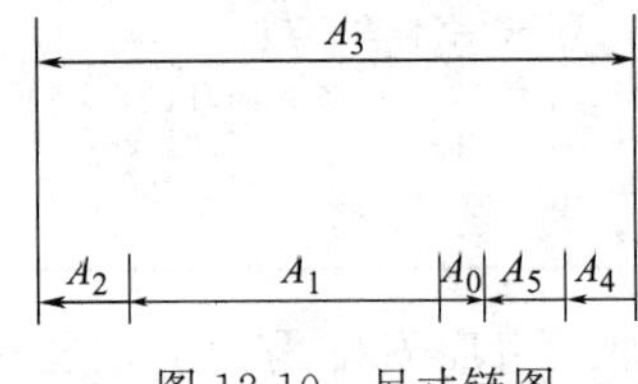

图 12-10　尺寸链图

解： ① 确定封闭环。间隙 A_0 为设计要求尺寸，为封闭环。

② 确定组成环。画出尺寸链图，如图 12-10 所示。

③ 判断增减环。A_3 为增环，A_1、A_2、A_4 和 A_5 为减环。

④ 尺寸链计算。

封闭环基本尺寸 $A_0=A_3-(A_1+A_2+A_4+A_5)=43-(30+5+3+5)=0$。

由于设计要求间隙为 0.1～0.45 mm，可知封闭环的尺寸为 $0^{+0.45}_{+0.10}$ mm。

封闭环的极限偏差

$$\begin{aligned}ES_0&=ES_3-(EI_1+EI_2+EI_4+EI_5)\\&=+0.20-(-0.15-0.055-0.05-0.055)\\&=0.51\ (\text{mm})\end{aligned}$$

$$\begin{aligned}EI_0&=EI_3-(ES_1+ES_2+EI_4+EI_5)\\&=+0.04-(0+0+0+0)\\&=+0.04\end{aligned}$$

封闭环的公差

$$\begin{aligned}T_0&=T_1+T_2+T_3+T_4+T_5\\&=0.15+0.055+0.16+0.05+0.055=0.47\ (\text{mm})\end{aligned}$$

由上可见，封闭环公差与极限偏差超出设计要求，各环公差分配不合理。

(2) 反计算（公差设计计算）

【例 12-3】 如图 12-2 所示，已知 $A_1=30$mm，$A_2=A_5=5$mm，$A_3=43$mm，$A_4=3$mm，设计要求间隙 A_0 为 0.1～0.35mm。试确定各组环的公差与极限偏差。

解： ① 确定封闭环。间隙 A_0 为最后自然形成的尺寸，为封闭环。

② 确定组成环。画出尺寸链图，如图 12-10 所示。

③ 判断增减环。A_3 为增环，A_1、A_2、A_4 和 A_5 为减环。

④ 尺寸链计算。

封闭环基本尺寸 $A_0=A_3-(A_1+A_2+A_4+A_5)=43-(30+5+3+5)=0$

封闭环极限偏差

$$ES_0=+0.35\text{mm} \quad EI_0=+0.10\text{mm}$$

封闭环公差 $T_0=+0.35-(+0.10)=0.25\ (\text{mm})$

各组成环的平均公差 $T_{av}=\dfrac{T_0}{m}=\dfrac{0.25}{5}=0.05\ (\text{mm})$

根据各环基本尺寸大小及加工难易程度，将各环公差调整为

$$T_1=T_3=0.06\text{mm}$$

$$T_2=T_5=0.05\text{mm}$$

确定各组成环的极限偏差，A_1、A_2、A_4 和 A_5 为被包容件尺寸，则可得协调环 A_3 的极限偏差为

$$0.35=ES_3-(-0.06-0.04-0.05-0.04)$$

$$ES_3=+0.16\text{mm}$$

$$0.10=EI_3-0-0-0-0$$

$$EI_3=+0.10\text{mm}$$

因此，$A_3=43^{+0.16}_{+0.10}$

习　题

12-1 什么是尺寸链？它有何特点？

12-2 解尺寸链的基本方法有几种？各有何特点？其应用场合是什么？

12-3 在尺寸链中如何确定封闭环及组成环？能不能说未知的环就是封闭环？

12-4 某轴磨削加工后表面镀铬，镀铬层深为 0.025～0.040mm。镀铬后轴的直径尺寸为 ϕ28mm。试用极值法求该轴镀铬前的尺寸。

12-5 对于轴承端盖零件尺寸链，如图 12-11 所示。假设从装配角度考虑，设计工程图样标注出的尺寸为 $A_1=(18\pm0.055)$mm 和 $A_2=(10\pm0.075)$mm，而实际制造时从易于测量角度考虑，首先形成基本尺寸 A_1，通过测量后续加工尺寸 A_0，自然形成尺寸 A_2。为了保证原装配设计要求 A_2，试计算 A_0 的基本尺寸和偏差。

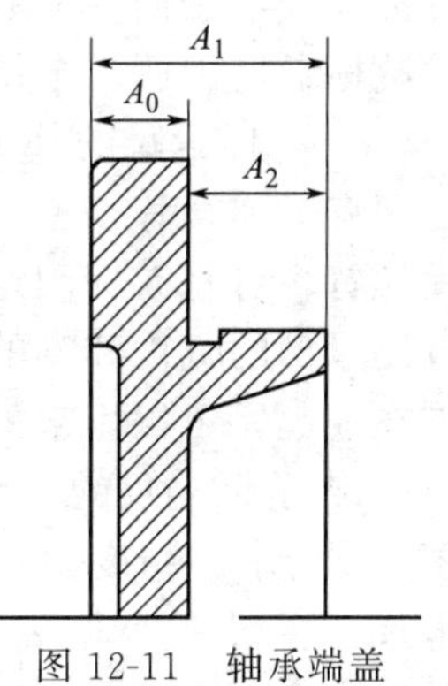

图 12-11 轴承端盖零件尺寸链

12-6 如图 12-12 所示，在曲柄轴轴向装配尺寸链中，零件的尺寸和极限偏差分别为 $A_1=43.5^{+0.10}_{+0.05}$，$A_2=2.5^{\ 0}_{-0.04}$，$A_3=38.5^{\ 0}_{-0.07}$，$A_4=2.5^{\ 0}_{-0.04}$。试验算轴向间隙 A_0 是否在所要求的间隙 0.05～0.25mm 范围内。

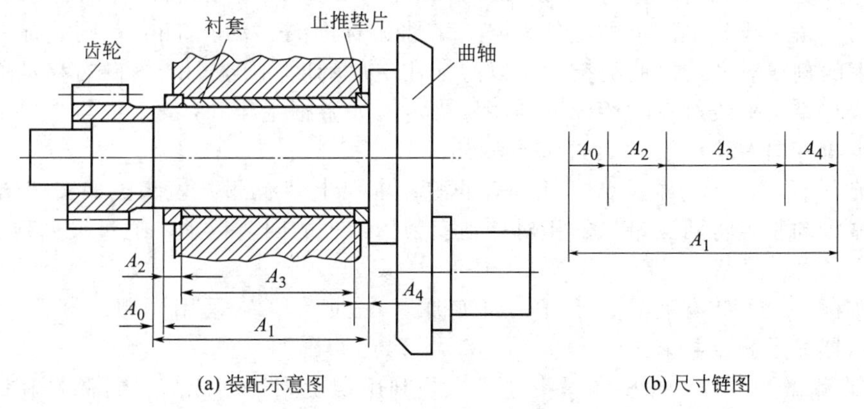

图 12-12 曲柄轴向间隙装配示意图

实训指导书

实训1　内、外径及长度的测量

实训目的：

① 了解内、外径及长度的测量原理及方法。

② 熟悉游标类和螺旋测微类量具的测量原理和使用方法。

③ 掌握内径百分表的测量原理和使用方法。

④ 掌握立式光学计的测量原理和使用方法。

实训1.1　使用游标类和螺旋测微类量具

(1) 任务

使用游标类和螺旋测微类量具。

(2) 测量原理及计量器具

① 游标类量具　游标类量具是利用游标读数原理制成的一种常用量具，它具有结构简单、使用方便、测量范围大等特点。常用的长度游标类量具有游标卡尺、深度游标尺、高度游标尺等，它们的读数原理相同，所不同的是测量面的位置不同。如实训图1-1所示。下面以游标卡尺为例，介绍游标类量具的刻线原理和读数方法。

a. 游标卡尺的外观结构　如实训图1-2所示，游标卡尺由主尺和游标组成。游标与尺身之间有一弹簧片（图中未能画出），利用弹簧片的弹力使游标与尺身靠紧。游标上部有一紧固螺钉，可将游标固定在尺身上的任意位置。尺身和游标上都有外测量爪。利用内测量爪可以测量槽的宽度和管的内径，利用外测量爪可以测量零件的厚度和管的外径。测深尺与游标连在一起，可以用来测量槽的深度。

b. 游标卡尺的读数　实际工作中常用精度为0.05mm和0.02mm的游标卡尺。如实训图1-3所示。精度为0.05mm的游标卡尺的游标上有20个等分刻度，总值为19mm。游标卡尺：主尺一小格$a=1$mm，游标尺一小格b间隔比尺身刻度间隔小。主尺上的19格(19mm)与游标尺上的20格长度相等，则游标尺每一小格b刻线间距$=19/20=0.95$mm，主尺、游标尺上的刻线间隔差为$i=a-b=1-0.95=0.05$mm。若将游标向右移动0.05mm，则游标上第1条刻线与主尺上的刻线对齐；若将游标向右移动0.1mm，则游标上第2条刻线与主尺上的刻线对齐，以此类推。所以游标在主尺刻度间隔1mm内向右移动的距离，可由游标刻线与主尺刻线对齐时游标上的序号决定。如游标上第13条刻线与主尺上的刻线对齐，则表示游标向右移动了$13\times0.05=0.65$mm。

c. 其他游标卡尺　为了读数方便，有的游标卡尺上装有测微表头，如实训图1-4所示，它利用机械传动装置将两测量爪的相对移动变为指示表的回转运动，通过尺身刻度和指示表读数。

有的游标卡尺上装有液晶显示屏，如实训图1-5所示。它采用光栅、容栅等测量系统，由液晶显示器显示测量数值。

② 螺旋测微类量具　螺旋测微类量具，是利用螺旋副运动原理进行测量和读数的一种测微量具。按用途分为外径千分尺、内径千分尺、深度千分尺。

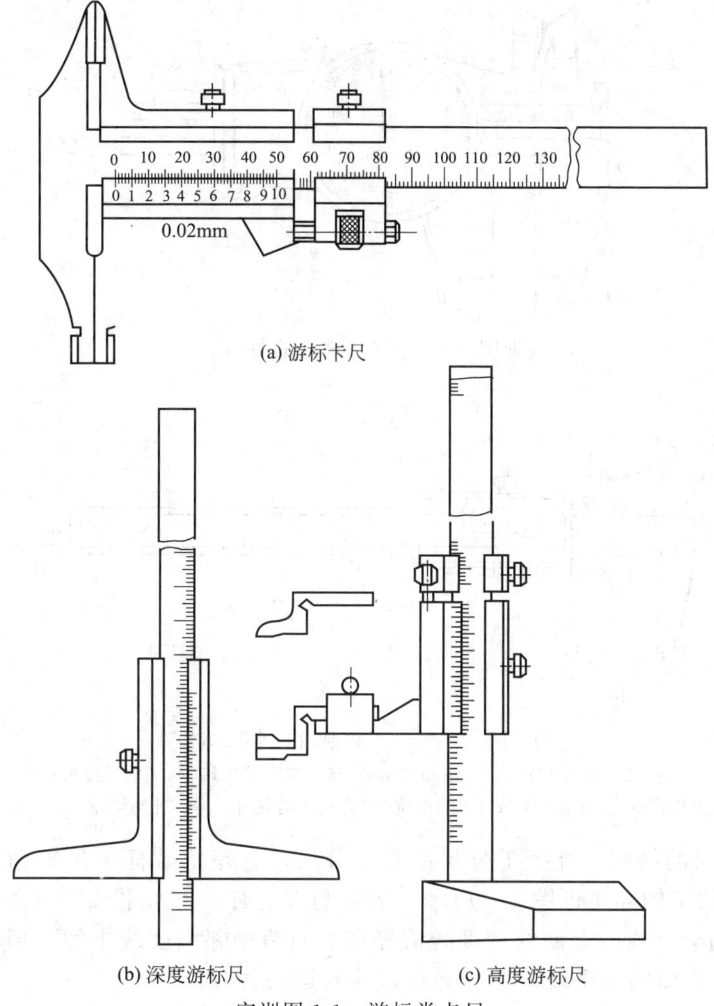

(a) 游标卡尺

(b) 深度游标尺　　(c) 高度游标尺

实训图 1-1　游标类卡尺

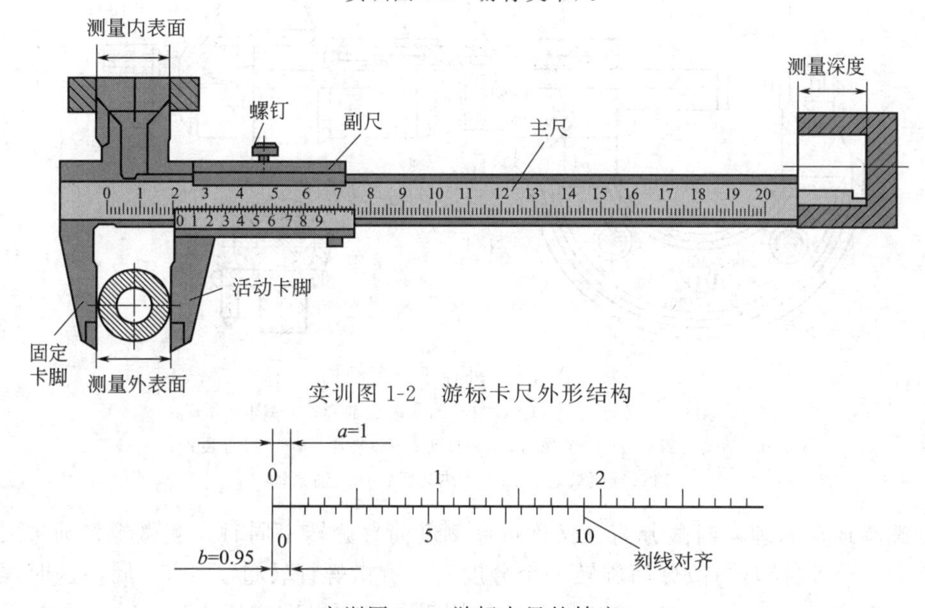

实训图 1-2　游标卡尺外形结构

实训图 1-3　游标卡尺的精度

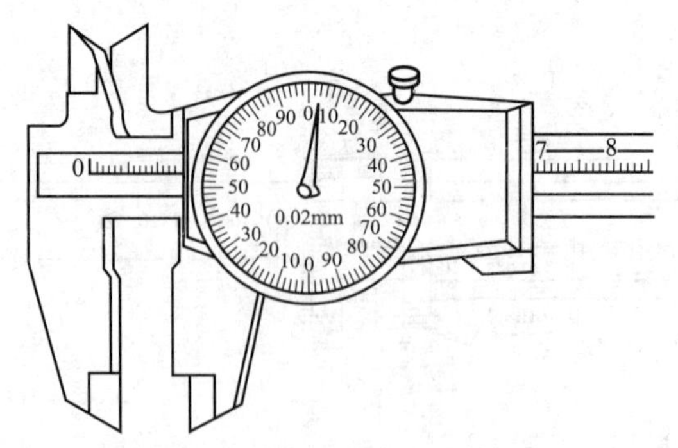

实训图 1-4 带测微表头的游标卡尺

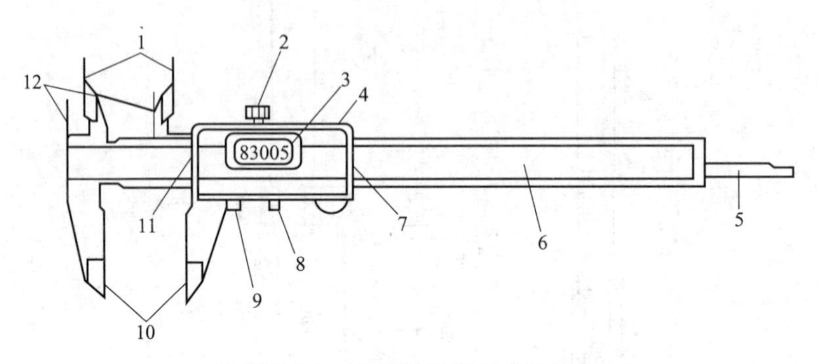

实训图 1-5 电子数显游标卡尺结构

1—内测量爪；2—紧固螺钉；3—液晶显示器；4—数据输出端口；5—深度尺；6—主尺；7，11—防尘板；8—置零按钮；9—国际单位制/英制转换按钮；10—外测量爪；12—台阶测量面

a. 外径千分尺的结构 外径千分尺简称千分尺，它是比游标卡尺更精密的长度测量仪器。外径千分尺的结构如实训图 1-6 所示。固定套管上有一条水平线，这条线上、下各有一列间距为 1mm 的刻度线，上面的刻度线恰好在下面两相邻刻度线中间。微分筒上的刻度线是将圆周分为 50 等份的水平线，微分筒可作旋转运动。

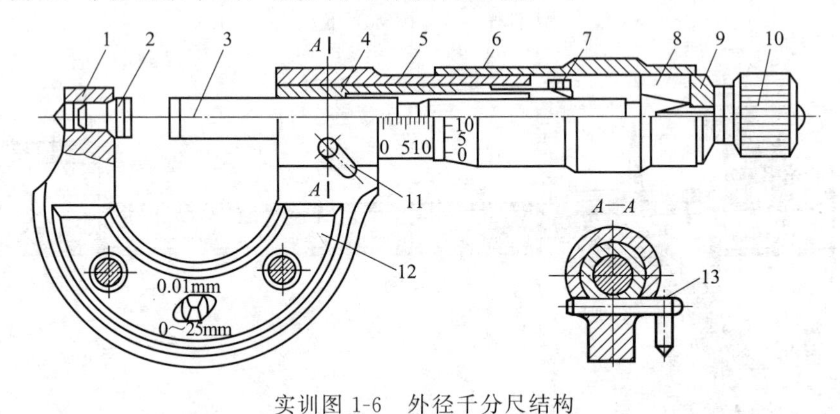

实训图 1-6 外径千分尺结构

1—尺架；2—测砧；3—测微螺杆；4—螺纹轴套；5—固定套管；6—活动套管；7—调节螺钉；8—接头；9—垫片；10—测力装置；11—锁紧装置；12—隔热装置；13—锁紧轴

根据螺旋运动原理，当微分筒（又称可动刻度筒）旋转一周时，测微螺杆前进或后退一个螺距 0.5mm。这样，当微分筒旋转一个分度后，测微螺杆转过了 1/50 周，这时螺杆沿轴线移动了 1/50×0.5mm=0.01mm，因此，使用千分尺可以准确读出 0.01mm 的数值。

b. 外径千分尺的读数　读数时，先以微分筒的端面为准线，读出固定套管下刻度线的分度值（只读出以 mm 为单位的整数），再以固定套管上的水平横线作为读数准线，读出可动刻度上的分度值。如果微分筒的端面与固定刻度的上刻度线之间无下刻度线，测量结果即为上刻度线的数值加可动刻度的值；如微分筒端面与上刻度线之间有一条下刻度线，测量结果应为上刻度线的数值加上 0.5mm，再加上可动刻度的值，如实训图 1-7 所示。

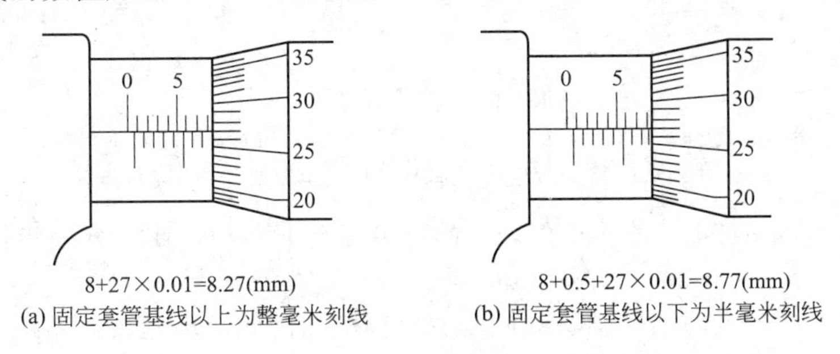

(a) 固定套管基线以上为整毫米刻线　(b) 固定套管基线以下为半毫米刻线

实训图 1-7　千分尺刻线原理与读数示例

（3）测量步骤

① 游标类量具使用步骤　使用前应用软布将量爪擦干净，使其并拢，查看游标和尺身的零刻度线是否对齐。如果对齐就可以进行测量；如果没对齐则要记取零误差。游标的零刻度线在尺身零刻度线右侧的称为正零误差，在尺身零刻度线左侧的称为负零误差。

测量时，右手拿住尺身，大拇指移动游标，左手拿住待测外径（或内径）的物体，使待测物体位于外（或内）测量爪之间，当与量爪紧紧相贴时，即可读数，如实训图 1-2 所示。用游标量具测量零件进行读数时，应先根据游标零线所处位置读出尺身刻度的整数部分的值，其次再判断游标第几根刻线与尺身刻线对推，用游标刻线的序号乘读数值，即得到小数部分的读数。将整数部分与小数部分相加即为测量结果。

② 螺旋测微类量具使用步骤　测量时，当测砧和测微螺杆并拢时，有两种情况。

a. 可动刻度的零点恰好与固定刻度的零点重合：旋出测微螺杆，并使测砧和测微螺杆的面正好接触待测长度的两端（注意不可用力旋转否则测量不准确），一旦接触到测量面，慢慢旋转测力装置的小型旋钮直至产生咔咔的响声，那么测微螺杆向右移动的距离就是所测的长度。这个距离的整毫米数由固定刻度读出，小数部分则由可动刻度读出。

b. 可动刻度的零点与固定刻度的零点不重合时，需对读数予以修正。

实训 1.2　用内径百分表测量孔径

（1）任务

用内径百分表测量孔径。

（2）测量原理及计量器具

内径百分表是用相对测量法测量孔径的常用量仪。测量时先根据孔的基本尺寸 L 组合成量块组，并以此作为标准尺寸（或用精密标准环规），用该标准尺寸 L 来调整内径百分表的零位，然后用内径百分表测出被测孔径相对零位的偏差 ΔL，则被测孔径为量 $D=L+\Delta L$。内径百分表可测量 6～1000mm 范围内的内尺寸，特别适宜于测量深孔。

① 内径百分表的结构　内径百分表由百分表和装有杠杆系统的测量装置组成。如实训图 1-8 所示为内径百分表的结构。百分表是其主要部件，百分表是借助于齿轮齿条传动或杠杆齿轮传动机构将测杆的线位移转变为指针回转运动的指示量仪。

内径百分表在测量装置下端装有活动测量头 1，另一端装有可换测量头 2，表架套杆 4 的管口上端装有百分表 7，当活动测量头 1 沿水平方向移动时，推动直角杠杆 8 产生回转运

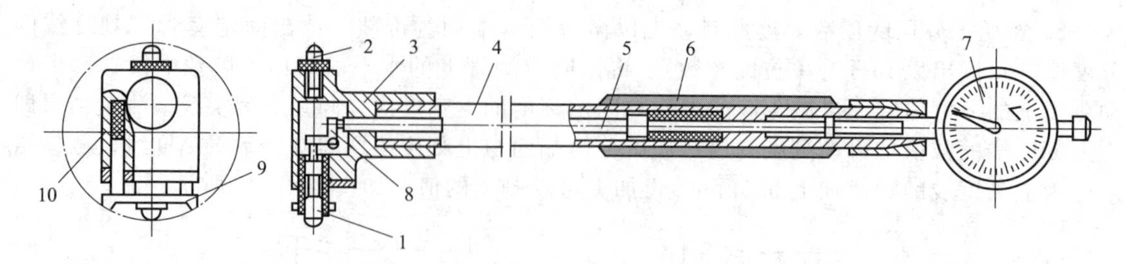

实训图 1-8 内径百分表结构

1—活动测量头；2—可换测量头；3—表架头；4—表架套杆；5—传动杆；
6—测力弹簧；7—百分表；8—杠杆；9—定位装置；10—定位弹簧

动，通过它又推动传动杆 5，带动百分表 7 的测量杆上下移动，使百分表指针产生回转，指示出读数值来。

由于杠杆 8 的两触点与回转轴心线间是等距离的，因此活动测头移动距离与活动杠杆的移动距离完全相同，当活动测头上的尺寸变化时，就直接反映到上端的百分表上。

测量架下端的定位装置 9 和定位弹簧 10 是用来测量内径时，帮助找正直径位置，以保持两个测量头正好在内径直径的两端位置上。

内径百分表附有一套各种长度的可换测量头 2，可根据被测尺寸的大小选用长度适当的可换测量头。

② 内径百分表的测量原理　百分表的测量杆移动 1mm，指针转动一圈，刻度盘沿圆周刻有 100 条等分刻度，当测量杆上下移动 0.01mm，指针转一格，即百分表的分度值为 0.01mm。这样通过齿轮传动系统，将测量杆的微小位移经放大转变为指针的偏转。百分表的示值范围有 0～3mm、0～5mm、0～10mm。

(3) 测量步骤

① 预调整　将百分表装入量杆内，预压缩 1mm 左右（百分表的小指针指在 1 的附近）后锁紧。根据被测零件基本尺寸选择适当的可换测头装入量杆的头部，用专用扳手锁紧螺母。

② 对零位　因内径百分表是相对法测量的器具，故在使用前必须用其他量具根据被测件的基本尺寸校对内径百分表的零位。

按被测零件的基本尺寸组合量块，并装夹在量块的附件中（或用精密标推环规、或按基本尺寸调整好装在外径千分尺两测砧上），如实训图 1-9(a) 所示，将内径百分表的两测头放在量块附件两量脚之间，摆动量杆使百分表读数最小，此时可转动百分表的滚花环，将刻度盘的零刻线转到与百分表的长指针对齐。如此反复几次检验零位的正确性，记住百分表小指针的读数，即调好零位。然后用手轻压定位板使活动测头内缩，当固定测头脱离接触时，再将内径百分表缓慢地从量块夹（或千分尺测砧）内取出。这样的零位校对方法能保证校对零

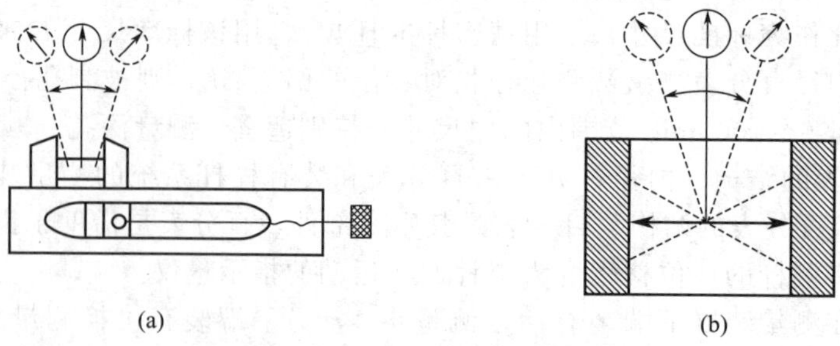

实训图 1-9 内径百分表找点

位的准确度及内径百分表的测量精度，但其操作比较麻烦，且对量块的使用环境要求较高。

③ 测量　手握内径百分表的隔热手柄，先将内径百分表的活动量头和定心护桥轻轻压入被测孔径中，然后再将固定量头放入。当测头达到指定的测量部位时，将表微微在轴向截面内摆动，如实训图 1-9(b) 所示，读出指示表最小读数，即为该测量点孔径的实际偏差(是指表的实际读数与零位读数之差)。由各测得的实际偏差值计算孔的实际尺寸。

测量时要特别注意该实际偏差的正、负符号，当表针按顺时针方向未达到零点的读数是正值，当表针按顺时针方向超过零点的读数是负值。在孔轴向的不同截面及径向截面的不同方向上进行测量，并记录测量数据。

实训 1.3　用游标卡尺和千分尺测量轴径

(1) 任务

用游标卡尺和千分尺测量轴径

(2) 测量原理及计量器具

游标卡尺和千分尺的测量原理见实训一。

(3) 测量步骤

① 用游标卡尺测量轴径

a. 用游标卡尺测量前先校对零位　使用前应用软布将量爪擦干净，使其并拢，查看游标和尺身的零刻度线是否对齐。如果对齐就可以进行测量；如果没对齐则要记取零误差。游标的零刻度线在尺身零刻度线右侧的称为正零误差，在尺身零刻度线左侧的称为负零误差。

b. 用游标卡尺测量传动件的轴颈　测量时，右手拿住尺身，大拇指移动游标，左手拿住待测外径（或内径）的物体，使待测物体位于外（或内）测量爪之间，当与量爪紧紧相贴时，即可读数。

c. 读取测量数据　用游标量具测量零件进行读数时，应先根据游标零线所处位置读出尺身刻度的整数部分的值，其次再判断游标第几根刻线与尺身刻线对准，用游标刻线的序号乘以读数值，即得到小数部分的读数。将整数部分与小数部分相加即为测量结果。

② 用千分尺测量轴径

a. 校对外径千分尺的零位　使用千分尺前先要检查其零位是否校准。因此，先松开锁紧装置，清除油污，特别是对测砧与测微螺杆间的接触面要清洗干净；检查微分筒的端面是否与固定套管的零刻度线重合，若不重合应先旋转旋钮，直至螺杆要接近测砧时，旋转测力装置，当螺杆刚好与测砧接触时会听到喀喀声，这时停止转动；如两零线仍不重合（两零线重合的标志是：微分筒的端面与固定刻度的零线重合，且可动刻度的零线与固定刻度的水平横线重合），可将固定套管上的小螺钉松动，用专用扳手调节套管的位置，使两零线对齐，再把小螺钉拧紧。不同厂家生产的千分尺的调零方法不一样，这里介绍的仅是其中一种调零的方法。

检查千分尺零位是否校准时，要使螺杆和测砧接触，偶尔会发生向后旋转测力装置时两者不分离的情形。这时可用左手手心用力顶住尺架上测砧的左侧，右手手心顶住测力装置，再用手指沿逆时针方向旋转旋钮，可以使螺杆和测砧分开。

b. 测量起支承作用的轴颈　测量时，当测砧和测微螺杆并拢时，可动刻度的零点若恰好与固定刻度的零点重合，旋出测微螺杆，并使测砧和测微螺杆的面正好接触轴颈的两端，注意不可用力旋转否则测量不准确，一旦接触到测量面时慢慢旋转测力装置的小型旋钮直至发出咔咔的响声，那么测微螺杆向右移动的距离就是所测的轴径。

c. 读取测量数据　所测轴径的整毫米数由固定刻度上读出，小数部分则由可动刻度读出。

实训 1.4 用立式光学计测量塞规

（1）任务

用立式光学计测量塞规。

（2）测量原理及计量器具

立式光学计是一种精度较高而结构简单的常用光学测量仪。其所用长度基准为量块，按比较测量法测量各种工件的外尺寸。立式光学计外形如实训图 1-10 所示。

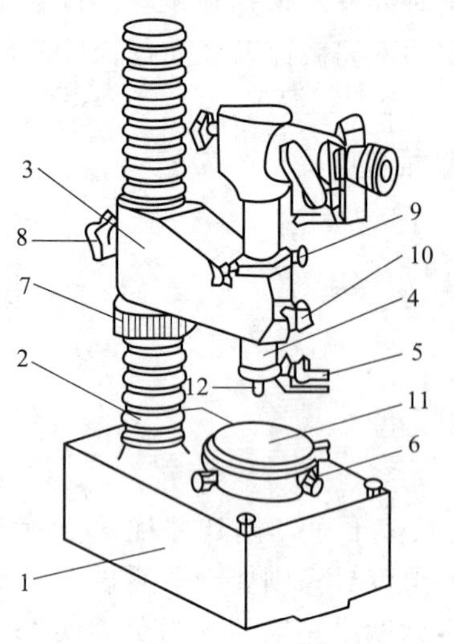

实训图 1-10 立式光学计外形结构

1—底座；2—立柱；3—横臂；4—光学计管，5 螺钉；6—调整螺钉；7—升降螺母；8、10—紧固螺钉；9—调节轮；11—工作台；12—测量头

光学计是利用光学杠杆放大原理进行测量的仪器，其光学系统如实训图 1-11 所示。照明光线经平面反射镜 1 照射到刻度尺 9 上，再经直角棱镜 3、物镜 2，照射到进光反射镜 6 上。由于刻度尺 9 位于物镜 2 的焦平面上，故从刻度尺 9 上发出的光线经物镜 2 后成为平行光束。若反射镜 6 与物镜 2 之间相互平行，则反射光线折回到焦平面，刻度尺的像 8 与刻度尺 9 对称。若被测尺寸变动使测量杆 5 推动反射镜 6 绕支点转动某一角度 α [实训图 1-11(c)]，则反射光线相对于入射光线偏转 2α 角度，从而使刻度尺像 8 产生位移 t [实训图 1-11(a)]，它代表被测尺寸的变动量。物镜至刻度尺 9 间的距离为物镜焦距 f，设 b 为测杆中心至反射镜支点间的距离，s 为测量杆 5 移动的距离，则仪器的放大比 K 为

$$K=\frac{t}{s}=\frac{f\tan 2\alpha}{b\tan\alpha}$$

当 α 很小时，$\tan 2\alpha\approx 2\alpha$，$\tan\alpha\approx\alpha$，因此

$$K=\frac{2f}{b}$$

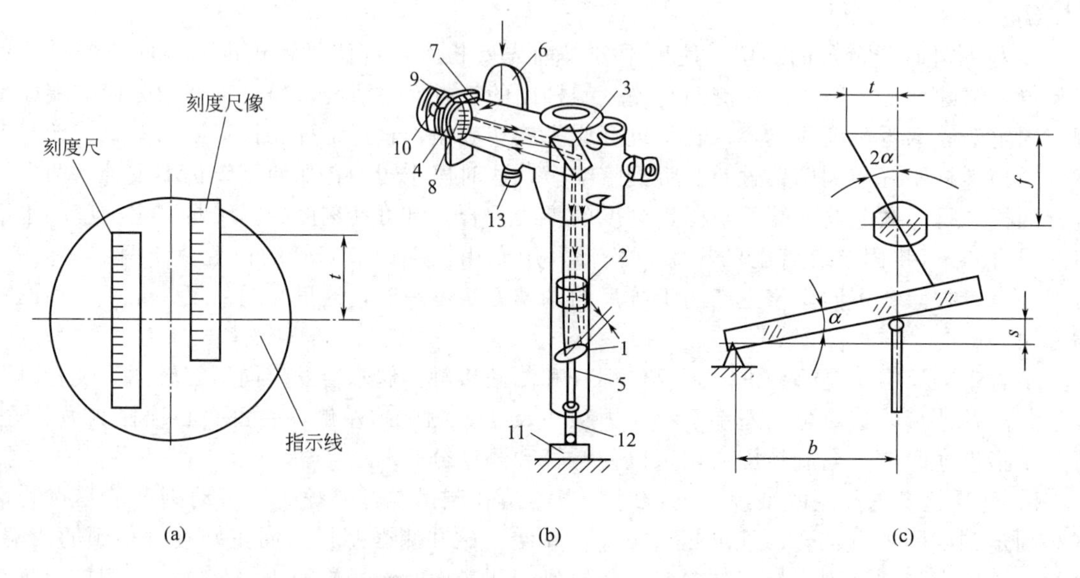

实训图 1-11 立式光学计光学系统

1—平面反射镜；2—物镜；3—直角棱镜；4—分划板；5—测量杆；6—进光反射镜；7—通光棱镜；8—指示线；9—刻度尺；10—目镜；11—量块；12—测量头；13—微调螺钉

光学计的目镜放大倍数为 12，$f=200\text{mm}$，$b=5\text{mm}$，故仪器的总放大倍数 n 为

$$n=12K=12\,\frac{2f}{b}=12\times\frac{2\times200}{5}=960$$

由此说明，当测杆移动 0.001mm 时，在目镜中可见到 0.96mm 的位移量。

(3) 测量步骤

① 按被测塞规的基本尺寸组合量块。

② 选择测头。测头有球形、平面形和刀口形三种，根据被测零件表面的几何形状来选择。使测头与被测表面尽量满足点接触。所以，测量平面或圆柱面工件时，选用球形测头；测量球面工件时，选用平面形测头；测量小于 10mm 的圆柱面工件时，选用刀口形测头。

③ 调整仪器零位。

a. 见实训图 1-10，将所选好的量块组的下测量面置于工作台 11 的中央，并使测量头 12 对准上测量面中央。

b. 粗调节。松开支臂紧固螺钉 8，转动螺母 7，使横臂 3 缓慢下降. 直到测头与量块上测量面轻微接触，并能在现场中看到刻度尺像时，将螺钉 8 锁紧。

c. 细调节。松开紧固螺钉 10，转动调节轮 9，直至在目镜中观察到刻度尺像与 μ 指示线接近为止［实训图 1-12(a)］。然后拧紧螺钉 10。

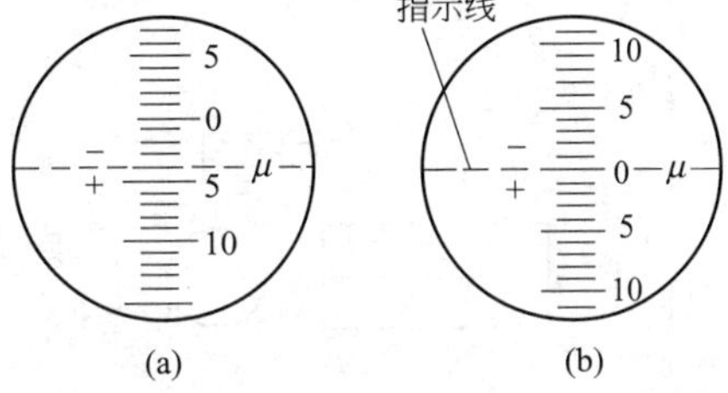

实训图 1-12　立式光学计目镜刻度示例图

d. 微调节。转动刻度尺微调螺钉 13［实训图 1-11(b)］，使刻度尺的零线影像与 μ 指示线重合［实训图 1-12(b)］，然后压下测头提升杠杆数次，使零位稳定。

e. 将测头抬起，取下量块。

④ 测量塞规。沿轴向取三个横截面，每个截面上取两个互相垂直的径向位置进行测量，把测量结果填入实训报告。

⑤ 从国家标准 GB/T 1957—2006 查出塞规的尺寸公差和形状公差，并判断塞规的适用性。

实训 2　几何误差的检测

实训目的：

① 了解形位误差的测量原理及方法。

② 熟悉通用量具的使用。

③ 加深对形状、位置公差的理解。

实训 2.1　直线度、平面度误差的测量（形状公差）

序号	简图	检验项目	允差/mm	检验工具	检验方法
1	— 0.02 实际线 贴切直线 刀口形直尺	贴切法测量直线度误差（贴切法是采用将被测要素与理想要素比较的原理来测量）	0.02	刀口形直尺、塞尺、测量平板	用刀口形直尺测量，测量时把刀口作为理想要素，将其与被测表面贴切，使两者之间的最大间隙为最小，此最大间隙，就是被测要素的直线度误差。当光隙较小时，可按标准光隙估读间隙大小，光隙较大时（>20μm），则用塞尺测量。光隙的大小借助于光线通过狭缝时呈现各种不同颜色的光来鉴别

续表

序号	简图	检验项目	允差/mm	检验工具	检 验 方 法
2	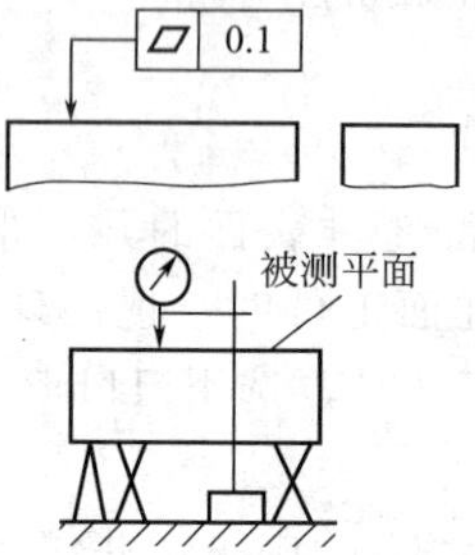 0.1 被测平面	测量平面度误差（打表法）	0.1	测量平板、百分表、表架、可调支撑、固定支撑	①将被测零件支承在平板上，将被测平面上两对角线的角点分别调成等高或最远的三点调成与平板等高 ②按一定布点测量被测表面。百分表上最大与最小读数之差即为该平面的平面度误差近似值

实训 2.2 圆度、圆柱度误差的测量（形状公差）

序号	简图	检验项目	允差/mm	检验工具	检 验 方 法
1	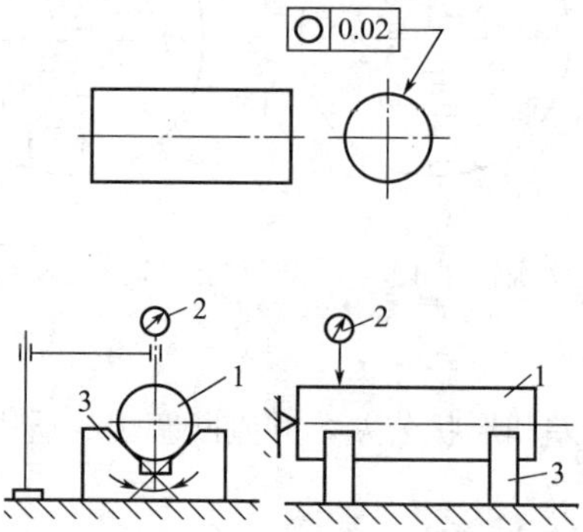 0.02 2 1 3	圆度误差（对于奇数棱形截面的可用三点法测量）	0.02	测量平板、指示器、V形块	将被测件放在V形架上回转一周，指示器的最大与最小读数之差（$M_{max}-M_{min}$）反映了该测量截面的圆度误差 f，其关系式为 $f=\frac{M_{max}-M_{min}}{K}$ 式中，K 为反映系数，它是被测件的棱边数及所用V形块的夹角 α 的函数，其关系比较复杂。在不知棱数的情况下，可采用夹角 $\alpha=90°$ 和 $120°$ 或 $\alpha=72°$ 和 $108°$ 的两个V形块分别测量（各测若干个径向截面），取其中读数差最大者作为测量结果，此时可近似地取反映系数 $K=2$，按式计算出被测件的圆度误差
2	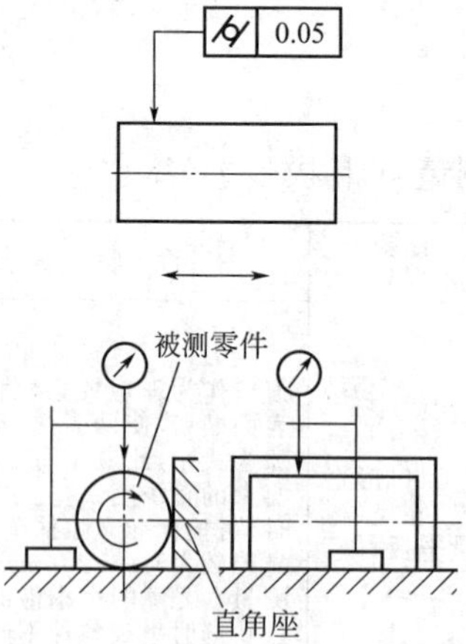 0.05 被测零件 直角座	两点法测量圆柱度	0.05	测量平板、指示器、直角座	①将被测零件放在平板上，并紧靠直角座 ②在被测零件回转一周过程中，测量一个横截面上的最大与最小读数 ③按上所述方法测量若干个横截面，然后取各截面内所测得的所有读数中最大与最小读数差之半作为该零件的圆柱度误差 此方法适用于测量外表面的偶数棱形误差

实训 2.3 平行度与垂直度误差的测量（定向位置公差）

序号	简图	检验项目	允差/mm	检验工具	检验方法
1	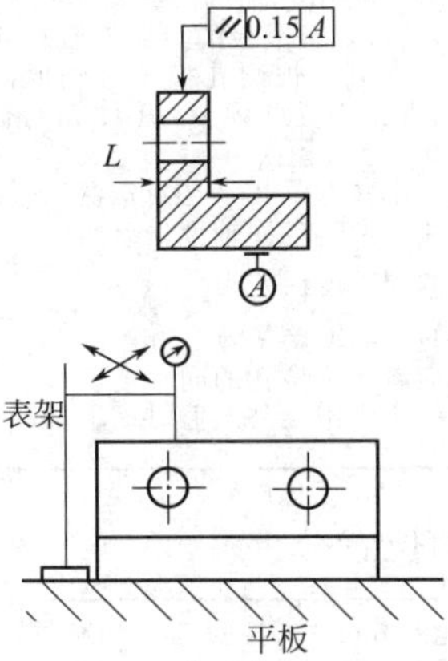 0.15 A；L；A；表架；平板	顶面对底面的平行度公差	在 100 测量长度上为 0.15	测量平板、百分表、表架	①将被测件放在测量平板上，以平板面作模拟基准 ②调整百分表在支架上的高度，将百分表测量头与被测面接触，使百分表指针倒转 1～2 圈，固定百分表 ③在整个被测表面上沿规定的各测量线移动百分表支架，取百分表的最大与最小读数之差作为被测表面的平行度误差
2	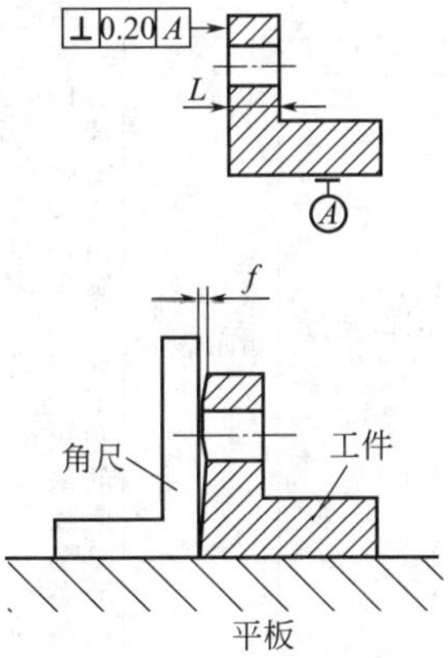 ⊥0.20 A；L；A；f；角尺；工件；平板	侧面对底面的垂直度公差	在 100 测量长度上为 0.20	测量平板、精密 90° 角尺、塞尺	①用平板模拟基准，将精密 90°角尺的短边置于平板上，长边靠在被测侧面上，此时长边即为理想要素 ②用塞尺测量 90°角尺长边与被测侧面之间的最大间隙，测得值即为该位置的垂直度误差 ③移动 90°角尺，在不同位置重复上述测量，取最大误差值为该被测面的垂直度误差

实训 2.4 位置度、同轴度误差的测量（定位位置公差）

序号	简图	检验项目	检验工具	检验方法
1	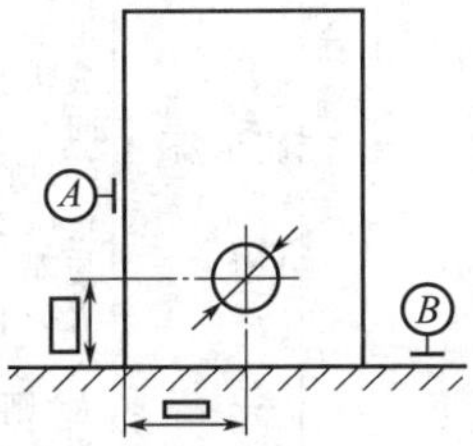 A；B	变速器壳体位置误差测量	测量平板、内径百分表、外径千分尺、高度游标尺	①将被测零件的基准面 B 放在平板上 ②按孔径基本尺寸选好测头，装在内径百分表上，用外径千分尺对零位，测出孔径 $D_{实}$ ③用高度游标尺测出孔壁到基准面 A 的距离 L_a ④再将被测件的基准面放在平板上，用高度游标尺测出孔壁到基准面 B 的距离 L_b ⑤将 L_a、L_b 分别加上实际孔的半径，求出孔中心到基准面 A、B 的距离 $X_{实}$、$Y_{实}$ ⑥将实测值与相应的理论正确尺寸比较，得出偏差 f_x、f_y，则孔的位置度误差为 $f=2\sqrt{f_x^2+f_y^2}$ ⑦当实测值小于给定公差值时，评定该项目合格

续表

序号	简图	检验项目	检验工具	检验方法
2	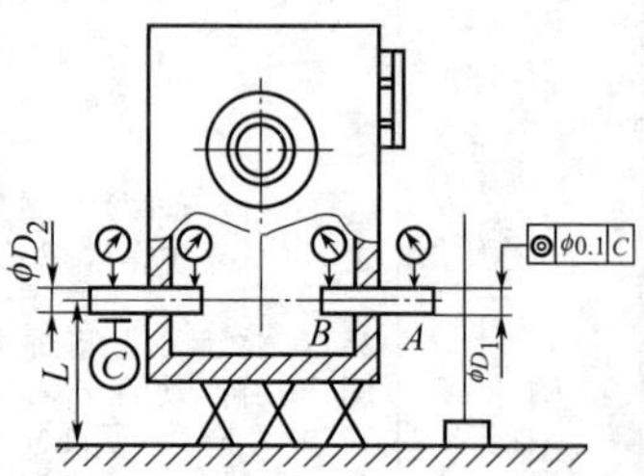	同轴度误差的测量	测量平板、芯轴、可调支撑、固定支撑、百分表、杠杆百分表	①用芯轴分别模拟基准孔与被测孔的轴心线，将被测零件的 A 平面置于3个可调支撑上 ②将基准孔的模拟芯轴调整到与平板平行，记下此时的读数，则该点至平板的距离为 $L+(\Phi D_2/2)$ ③用百分表在靠近被测孔模拟芯轴的两端 A、B 两点处分别测出最高点读数，并计算与高度 $L+(\Phi D_2/2)$ 的差值 f_{AX}、f_{BX} ④将被测件翻转90°，用上述方法测出 f_{AX}、f_{BX} ⑤计算被测孔两端的同轴度误差 A 点处的同轴度误差为 $f_A=2\sqrt{f_{AX}^2+f_{AY}^2}$ B 点处的同轴度误差为 $f_B=2\sqrt{f_{BX}^2+f_{BY}^2}$ 取其中较大者作为该孔的同轴度误差 ⑥当实测值小于给定公差值时该项目评定合格

实训 2.5 圆跳动、全跳动的测量（跳动位置公差）

序号	简图	检验项目	允差/mm	检验工具	检验方法
1	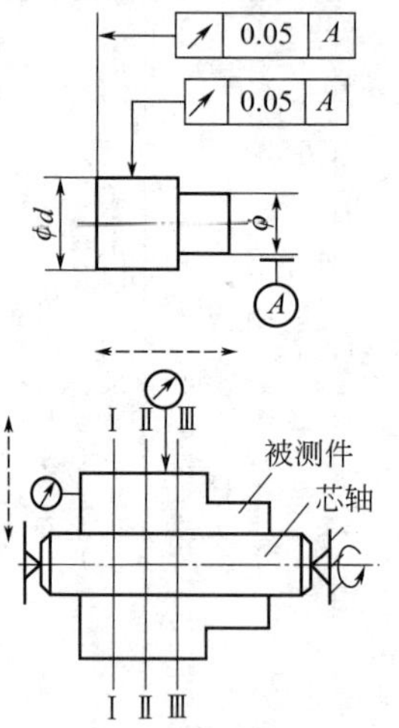	圆跳动的测量（径向圆跳动、端面圆跳动）	径向圆跳动、端面圆跳动允差均为0.05	芯轴、指示表	被测件绕基准轴线作无轴向移动的旋转，在回转一周过程中，指示表的最大和最小读数之差，即为该测量截面上的径向圆跳动或测量圆柱面上的端面圆跳动 ①分别将在圆柱各截面（如Ⅰ-Ⅰ、Ⅱ-Ⅱ、…）上测出的跳动量中的最大值作为径向圆跳动 ②分别将在端面各直径上测出的跳动量中的最大值作为端面圆跳动
2	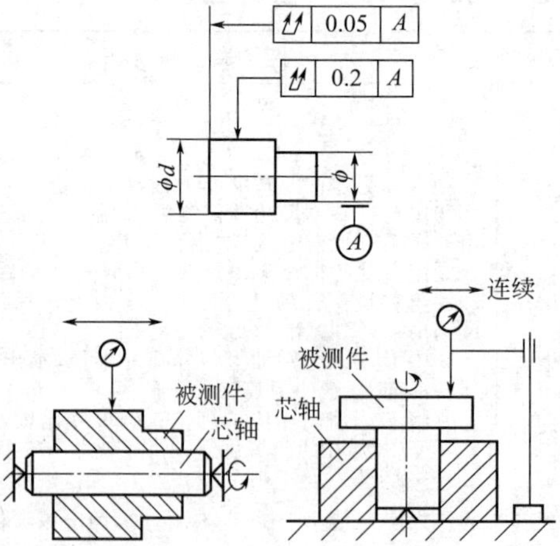 (a) 径向全跳动 (b) 端面全跳动	全跳动的测量（径向全跳动、端面全跳动）	径向全跳动允差为0.2，端面全跳动允差为0.05	芯轴、指示器	①被测零件在绕基准轴线作无轴向移动的连续回转过程中，指示器缓慢地沿基准轴线方向平移，测量整个圆柱面，其最大读数差为径向全跳动，如图(a)所示 ②指示表沿着与基准轴线的垂直方向缓慢移动时，测量整个端面，则最大读数差为端面全跳动，如图(b)所示

实训3　表面粗糙度的检测

实训目的：

① 了解表面粗糙度的测量原理及方法。

② 熟悉样板比较法测量表面粗糙度的原理和方法。

③ 了解双管显微镜的结构，熟悉双管显微镜的工作原理，掌握双管显微镜测量表面粗糙度的方法。

实训3.1　用样板比较法确定表面粗糙度

（1）任务

用样板比较法确定表面粗糙度。

（2）测量原理及计量器具

比较法就是将被测表面与表面粗糙度样板直接进行比较，通过视觉、触觉估计出被测表面粗糙度的一种测量方法。比较法不能精确得出被测表面的粗糙度数值，但由于器具简单、使用方便，多用于生产现场。

（3）测量步骤

视觉比较：用人的眼睛反复比较被测表面与比较样板间的加工痕迹异同、反光强弱、色彩差异，以判定被测表面的粗糙度的大小。必要时可借用放大镜进行比较。

触觉比较：用手指分别触摸或划过被测表面和比较样板，根据手的感觉判断被测表面与比较样板在峰谷高度和间距上的差别，从而判断被测表面粗糙度的大小。

实训3.2　用双管显微镜测量表面粗糙度（光切法）

（1）任务

用双管显微镜测量表面粗糙度（光切法）。

（2）测量原理及计量器具

双管显微镜是一种非接触法测量的光学仪器，实验是应用光切法原理测量轮廓的最大高度 Rz 值。

仪器的外形如实训图3-1所示，底座7上装有立柱2，显微镜的主体通过横臂5和立柱连接，转动升降螺母6将横臂5沿立柱上下移动，此时，显微镜进行粗调焦，并用锁紧螺钉3将横臂紧固在立柱上。显微镜的光学系统压缩在一个封闭的壳体14内，在壳体上装有可替换的物镜组12（它们插在滑板上用手柄13借弹簧力固紧）、测微目镜16、光源1及照相机插座18等。微调手轮4用于显微镜的精细调焦。松开工作台固定螺钉9，仪器的坐标工作台11可作360°转动。对平的工件，可直接放在工作台上进行测量；对圆柱形的工件，可放在仪器工作台上的V形块（实训图中未装）上进行测量。

双管显微镜的原理如实训图3-2所示，从光源3发出的光经狭缝4以 $\alpha_1=45°$ 射向被测表面后，又以 $\alpha_2=45°$ 的角度反射出来（$\alpha_1=\alpha_2$），则在观察管中可看到一条光带，当被测表面有微观不平度时，则光带为曲折形状，如实训图3-2中的 A 向视图所示，光带曲折的程度即为被测表面微观小平度的放大。当被测表面的微小峰谷差为 H 时，观察管上的 b 为

$$b=\frac{H}{\cos\alpha}N$$

式中，N 为物镜系统放大倍数。当 $\alpha=45°$，则 $b=\sqrt{2}NH$。

如实训图3-3所示，在观察管上装有测微目镜头用以读数，测微目镜中目镜分尺的结构

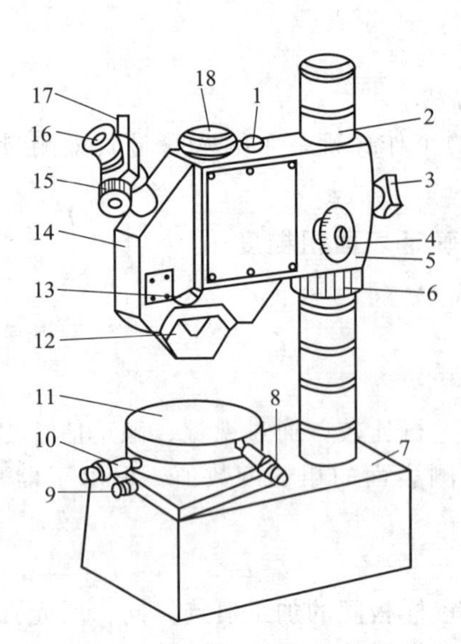

实训图 3-1 双管显微镜结构外形

1—光源；2—立柱；3—锁紧螺钉；4—微调手轮；5—横臂；6—升降螺母；7—底座；8—工作台纵向移动千分尺；9—工作台固定螺钉；10—工作台横向移动千分尺；11—工作台；12—物镜组；13—手柄；14—壳体；15—测微鼓轮；16—测微目镜；17—紧固螺钉；18—照相机插座

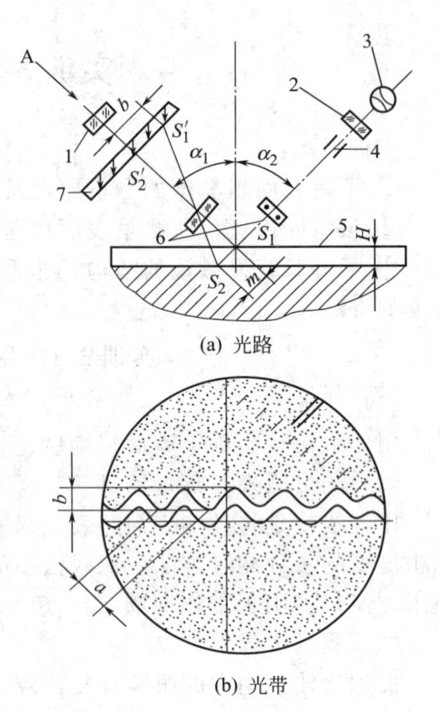

实训图 3-2 双管显微镜的工作原理

1—目镜；2—聚光镜；3—光源；4—狭缝；5—工件表面；6—物镜；7—目镜分划板

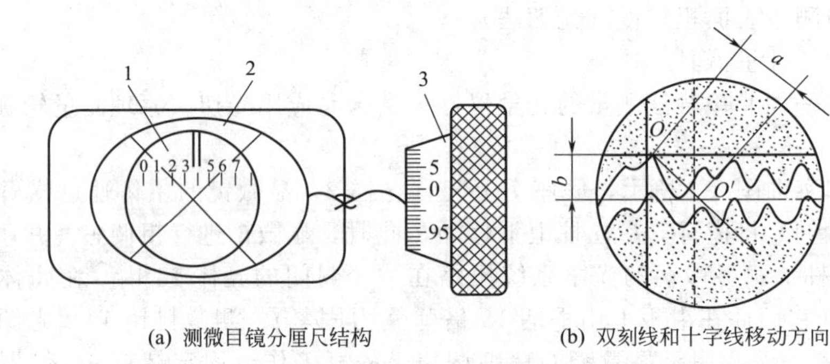

实训图 3-3 读数目镜示意

1—固定分划板；2—活动分划板；3—测微鼓轮

原理如实训图 3-3(a) 所示，刻度套筒旋转一圈，活动分划板 2 上的双刻线相对于固定分划板 1 上的刻线移动 1 格；而活动分划板 2 上的双刻线是在十字线的角平分线上，由此可见活动分划板上十字线与测微丝杆轴线成 45°，所以当测量 b 时，转动刻度套筒使十字交叉线之一分别与波峰或波谷对准，双刻线和十字线是沿与光带波形高度 b 成 45°方向移动的，如实训图 3-3(b)。所以 b 与在目镜分尺中读取的数值 α 之间有如下的关系

$$a=\frac{b}{\cos\alpha}$$

当 $\alpha=45°$时，$a=\sqrt{2b}$，将 $b=\sqrt{2}NH$ 代入得；

$$a=\sqrt{2}\times\sqrt{2}NH=2NH$$

则 $H=a\times\frac{1}{2N}$。

设 i 为目镜分厘尺刻度套筒上圆周刻度的刻度值，其值为 $i=\frac{1}{2N}\mu m$。则表面不平度的高度为 $H=ai$（μm）。

由此可知，目镜分厘尺的刻度值 i 随所用可换物镜的放大倍数而异，实验用双管显微镜可换物镜的应用参数见实训表 3-1。

实训表 3-1　双管显微镜的可换物镜

可换物镜的放大倍数 N	7×	14×	30×	60×
物镜的视野范围直径/mm	2.5	1.3	0.6	0.3
物镜的工作距离/mm	17.8	6.8	1.6	0.65
物镜可测的表面粗糙度范围 Rz/μm	125～16	32～4.0	8.0～2.0	4.0～1.0
目镜分厘尺计算刻度值/（μm/格）	1.3	0.65	0.30	0.13
总放大倍数(包括目镜 15)	60×	120×	260×	520×

注：使用时，目镜分厘尺的实际刻度值应用仪器所带的标准线纹尺进行测定。

（3）测量步骤

① 了解仪器的结构原理和操作程序。

② 估计或比较被测工件表面的粗糙度范围，参照实训表 3-1 选用放大倍数合适的可换物镜组，优先用低倍数，并装入仪器。

③ 查实训表 3-2，确定取样长度 l_r 和评定长度 l_n。

④ 如实训图 3-1 所示，接通电源，并根据各人的视力，调节测微目镜 16，使视野中的刻线最清晰。

⑤ 将被测工件放在工作台上（注意工件表面加工痕迹与光带垂直），松开锁紧螺母 3 调节升降螺母 6，使光带的一个边界最清晰，再锁紧螺母 3。

⑥ 转动目镜分厘尺，使可活动分划板上的十字线之一与光带中心平行（实训图 3-4），移动工作台纵向移动千分尺 8，分划板上的十字线之一与光带中心仍然保持平行，转动目镜分厘尺的刻度套筒，使横线与轮廓影像的清晰边界在按标准规定的取样长度范围内，与一个最高点（峰）相切，记下数值 Z_p（格），见实训图 3-5。再移动横线与同一轮廓影像的最低点（谷）之一相切，记下数值 Z_v（格）。Z_p 和 Z_v 数值是相对于某一基准线（平行于轮廓中线）的高度，见实训图 3-6。设中线 m 到基准线的高度为 R，则

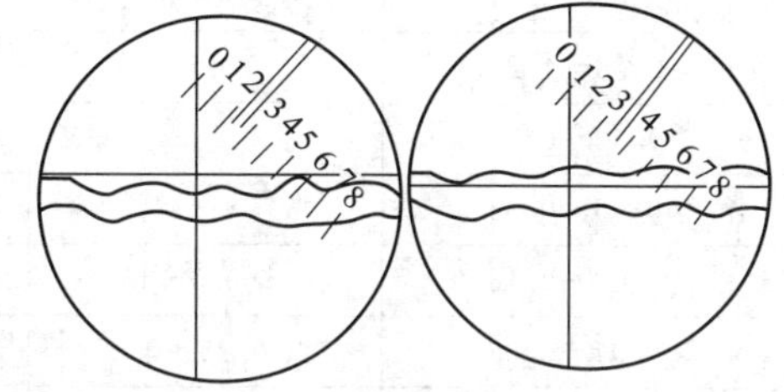

实训图 3-4　活动分划板上的十字线与光带中心平行

$$R_p=Z_p-R,R_v=R-Z_v$$

代入：$R_z=R_p+R_v=Z_p-Z_v$(格)$=i(Z_p-Z_v)$（μm）

⑦ 根据工件表面粗糙情况确定评定长度，通常评定长度取 5 倍的取样长度，移动工作台纵向移动千分尺 8，选取另一个取样长度，则测量出 R_z。同理共取 5 个取样长度，将所得 5 个取样长度下测出的最大 R_z 来作为轮廓的最大高度 R_z 来评定。

⑧ 测定目镜分厘尺的刻度值 i（详见“i”的测定步骤）。

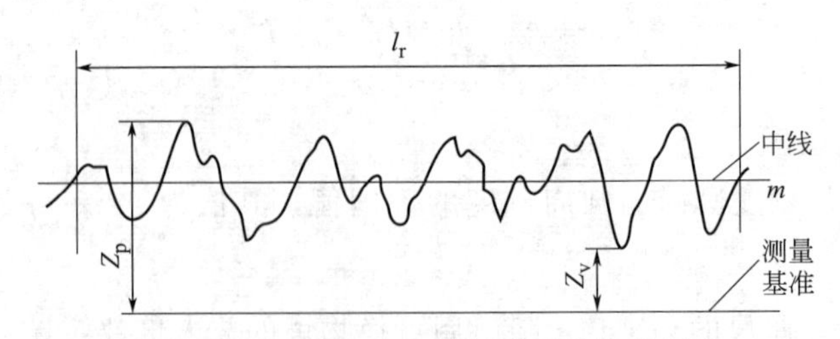

实训图 3-5 最高点和最低点至基准的距离

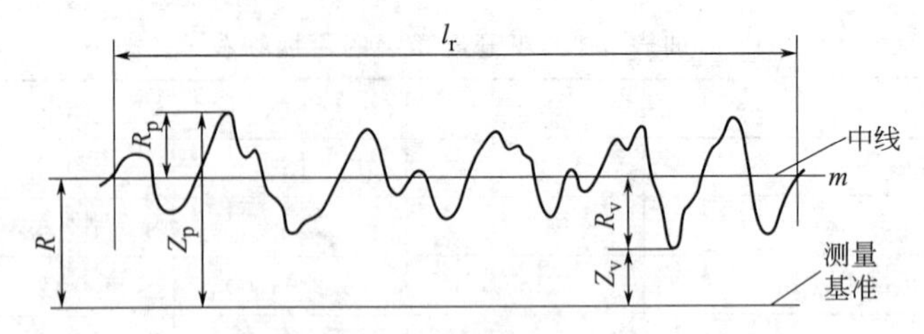

实训图 3-6 表面轮廓的最大高度

⑨ 整理计算，得出被测工件表面粗糙度数值 R_z。

实训表 3-2 R_a、R_z 的取样长度 l_r 和评定长度 l_n 的选取值

轮廓算术平均偏差 $Ra/\mu m$	轮廓最大高度 $Rz/\mu m$	相当表面光洁度	取样长度 l_r/mm	评定长度 l_n-5l_r/mm
>40～80	—	△1	8	40
>20～40	—	△2	8	40
>10～20	>63～125	△3	8	40
>5～10	>32～63	△4	2.5	12.5
>2.5～5	>16～32	△5	2.5	12.5
>1.25～2.5	>8～16	△6	0.8	4
>0.63～1.25	>4～8	△7	0.8	4
>0.32～0.63	>2～4	△8	0.8	4
>0.16～0.32	>1～2	△9	0.8	4
>0.08～0.16	>0.5～1	△10	0.25	1
>0.04～0.08	>0.25～0.5	△11	0.25	1
>0.02～0.04	—	△12	0.25	1
>0.01～0.02	—	△13	0.08	0.4
≤0.01	—	△14	0.08	0.4

(4) 测定目镜分厘尺的刻度值 i

测定刻度值的目的是确定每台仪器各对可换物镜组的实际放大倍数，以计算目镜分厘尺的实际刻度值 i，其方法是用仪器测量标准线纹尺。标准线纹尺是将 1mm 长度等分 100 格，刻在长方形玻璃板中部，直径为 ϕ10mm 圆圈的中心位置（实训图 3-7）。测定步骤如下。

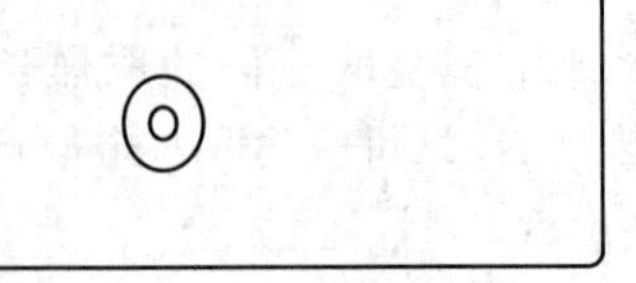
实训图 3-7 标准线纹尺

① 将线纹尺放在工作台台面上，根据仪器操

作程序，松开锁紧螺母 3，调节升降螺母 6，使光带出现在视场中间，再锁紧螺母 3，如实训图 3-1 所示。

② 移动玻璃线纹尺（或移动工作台纵、横向移动千分尺），在视场中找到线纹尺的刻线，使刻线与光带垂直（见实训图 3-8）。

③ 转动目镜分厘尺，使十字线与光带交叉，在移动十字线时，其交点应与标尺刻线的所有端点在同一位置相交（见实训图 3-9）。

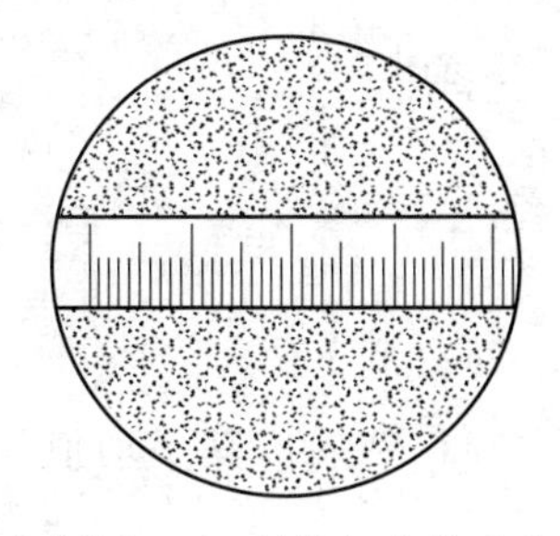

实训图 3-8 刻线与光带垂直

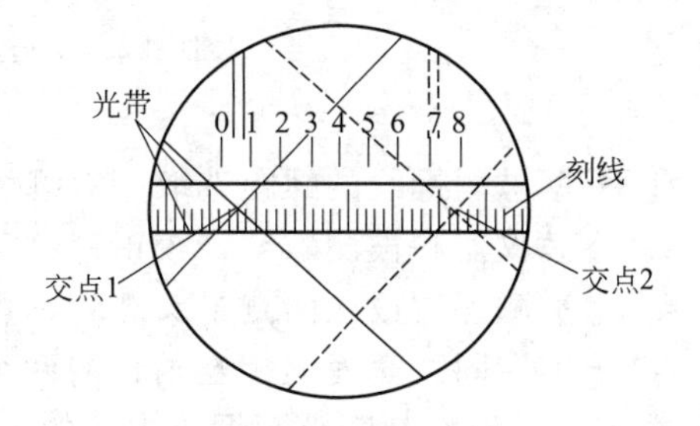

实训图 3-9 移动十字线交点与标尺刻线的所有端点在同一位置上

④ 按实训表 3-3 选择标准线纹尺的格数 Z，将十字线交点（见实训图 3-9）在线纹尺上移动 Z 倍，并分别记下目镜分厘尺的读数 A_1、A_2，则双管显微镜的实际放大倍数为

$$N=\frac{|A_1-A_2|}{Z\times 0.01}$$

则目镜分厘尺的刻度值为 $i=\frac{1}{2N}=\frac{Z\times 0.01\times 1000}{2|A_1-A_2|}$（μm/格）。

实训表 3-3 线纹尺上移动格数

可换物镜放大倍数	7×	14×	30×	60×
线纹尺上应移过的格数 Z	100	50	30	20

⑤ 测量完毕，升起悬臂，取出标准线纹尺，放在专用盒中，将悬臂降至最低位置。

⑥ 整理现场，完成实验报告。

实训 4 螺纹的检测

实训目的：

① 熟悉用螺纹千分尺与三针法测量螺纹中径的原理和方法。

② 掌握杠杆千分尺的读数原理和使用方法，练习查阅螺纹公差表格。

③ 了解工具显微镜的应用场合与结构特点，掌握工具显微镜测量原理及使用方法，熟悉用工具显微镜测量外螺纹主要参数的方法。

实训 4.1 用螺纹千分尺测量螺纹中径

（1）任务

用螺纹千分尺测量外螺纹中径。

（2）测量原理及计量器具

螺纹千分尺的外形如实训图 4-1 所示。其构造与外径千分尺基本相同，只是在测头的两端分别装有特殊的测量砧头 1 和 2，可用来直接测量外螺纹的中径。

（3）测量步骤

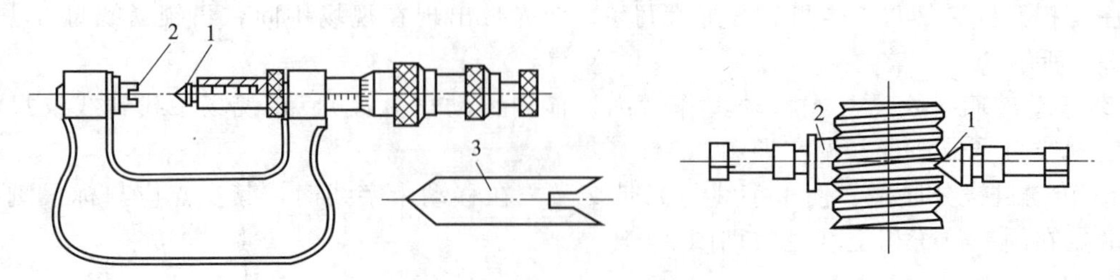

实训图 4-1　螺纹千分尺和中径测量示意图

1，2—砧头；3—样板

① 根据被测螺纹的螺距选取一对测量头。

② 擦净仪器和被测螺纹，校正螺纹千分尺零位。

③ 将被测螺纹放入两测量头之间，找准中径部位。

④ 分别在同一截面上相互垂直的两个方向测量螺纹中径，然后取其平均值作为螺纹的实际中径，并依次判断被测螺纹中径的适用性。

实训 4.2　用三针法测量螺纹中径

（1）任务

用三针法测量外螺纹中径。

（2）测量原理及计量器具

测量实训图 4-2 中 M 值的计量器具种类很多，可根据被测工件的精度要求来选取。本实训采用杠杆千分尺测量，结构如实训图 4-3 所示。用三针法测量外螺纹中径的原理如实训图 4-2 所示。测量时，将三根直径相同的精密量针分别放在外螺纹两侧牙槽中，用接触仪器或测微量具测出针距 M 值，然后根据已知的螺距、牙型半角和量针直径 $d_{0最佳}$ 计算出被测外螺纹的中径 d_{2a}。

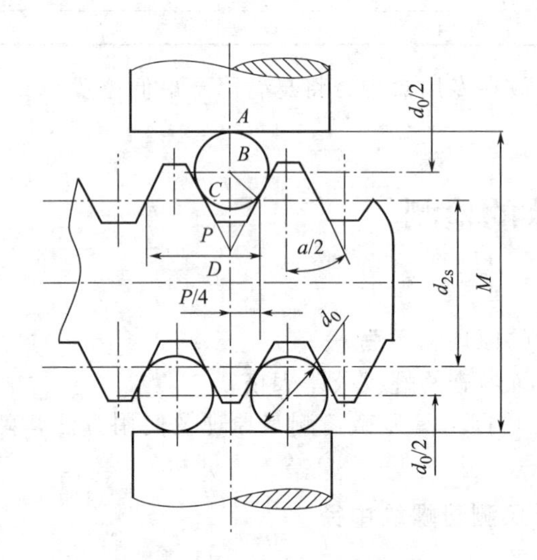

实训图 4-2　三针法测量原理图

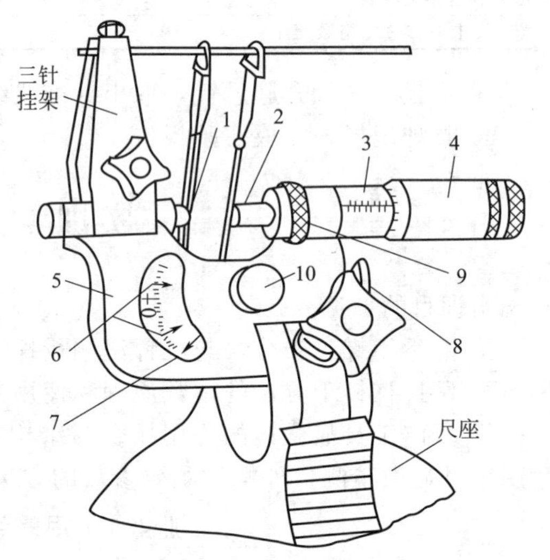

实训图 4-3　杠杆千分尺

1—固定量砧；2—活动量砧；3—刻度套筒；4—微分筒；5—尺体；6—指针；7—指示表；8—按钮；9—活动量砧锁紧环；10—螺母

（3）测量步骤

① 根据被测螺纹的螺距 P，计算并选取最佳的量针直径 $d_{0最佳}$。

$$d_{0最佳}=\frac{1}{\sqrt{3}}P$$

② 在尺座上安装好杠杆千分尺和三针。

③ 擦拭干净仪器和被测螺纹，校正杠杆千分尺零位。

④ 将三针放入螺纹牙槽中，旋转杠杆千分尺的微分筒，使测量头两端与三针接触，读出尺寸 M 的数值，并计算单一中径 d_{2a}。

$$d_{2a}=M-\frac{3}{2}d_{0最佳}$$

⑤ 分别在同一截面上相互垂直的两个方向测量螺纹中径，然后取其平均值作为螺纹的实际中径，并依次判断被测螺纹中径的适用性。

实训 4.3　用工具显微镜测量外螺纹的各项参数

(1) 任务

用工具显微镜测量外螺纹中径、牙型半角、螺距等主要参数。

(2) 测量原理及计量器具

工具显微镜常用于测量螺纹量规、螺纹刀具、齿轮滚刀和轮廓样板等，它属于影像法测量。大型工具显微镜的外形如实训图 4-4 所示。转动手轮 12，可使立柱绕支座左右摆动，转动手轮 9，可使工作台绕轴心线旋转；转动千分尺旋钮 11、7，可使工作台纵向、横向移动。

仪器的光学系统如实训图 4-5 所示，由主光源 1 发出的光经聚光镜 2、滤色片 3、透镜 4、光阑 5、反射镜 6、透镜 7 和玻璃工作台 8，将被测件 9 的轮廓经物镜组 10、反射棱镜 11 投射到目镜的米字线分划板 13 上，从而在目镜 15 中观察到放大的轮廓影像。

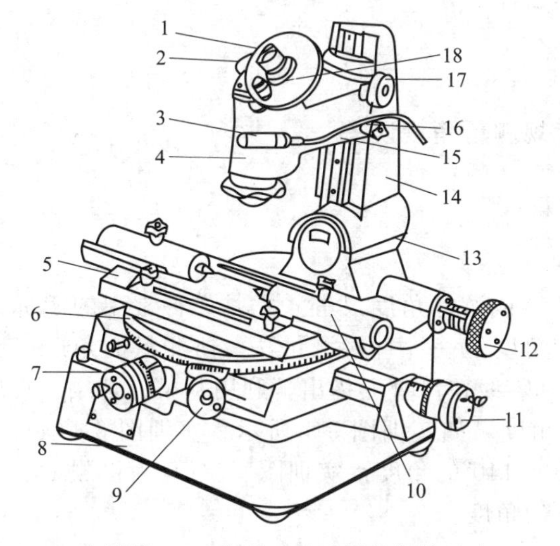

实训图 4-4　大型工具显微镜结构示意

1—目镜；2—米字线旋转手轮；3—角度读数目镜光源；4—显微镜筒；5—顶尖座；6—圆工作台；7—横向千分尺；8—底座；9—圆工作台转动手轮；10—顶尖；11—纵向千分尺；12—立柱倾斜手轮；13—支座；14—立柱；15—支臂；16—锁紧螺钉；17—升降手轮；18—角度示值目镜

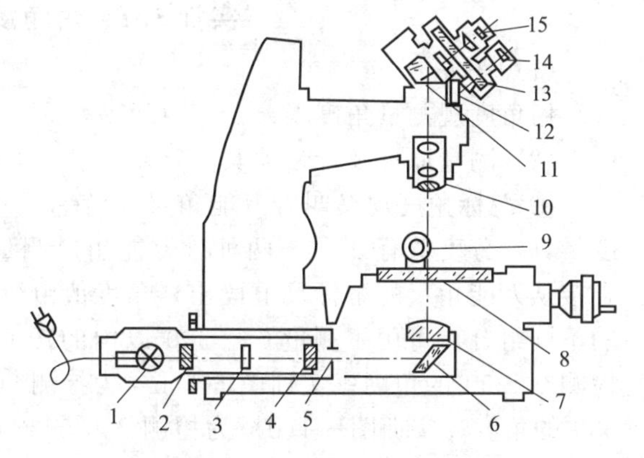

实训图 4-5　工具显微镜的光学系统

1—主光源；2—聚光镜；3—滤色片；4,7—透镜；5—光阑；6,12—反射镜；8—玻璃工作台；9—工件；10—物镜组；11—反射棱镜；13—米字线分划板；14—角度示值目镜；15—目镜

(3) 测量步骤

① 测试仪器调整

a. 擦净仪器及被测螺纹，将工件小心地安装在两顶尖之间，拧紧顶尖的紧固螺钉，以

免工件松动落下损坏玻璃工作台。同时，调整工作台圆周刻度对准零位。

b. 接通电源。

c. 用仪器专用附件——调焦筒调节主光源 1（如实训图 4-5 所示），旋转主光源外罩上的三个调节螺钉，直到灯丝位于光轴中央清晰成像，光源调整结束。

d. 根据被测螺纹的尺寸，参照仪器使用说明，选择合适的光阑直径，并调整好光阑的大小。

e. 根据被测螺纹的螺旋升角，旋转显微镜手轮 12（如实训图 4-4 所示），调整立柱的倾斜度。

f. 调整目镜 14、15 上的调节环（如实训图 4-5 所示），使米字刻线和度值、分值刻线清晰。松开螺钉 16（如实训图 4-4 所示），旋转手轮 17，调整仪器的焦距，使被测轮廓影像清晰，并拧紧紧固螺钉 16。

② 测量参数

a. 螺纹中径。螺纹中径是指在螺纹轴向截面上，母线通过牙型上沟槽和凸起宽度相等并和螺纹轴线同轴的假想圆柱面的直径。

b. 牙型半角。螺纹牙型半角是指在螺纹牙型上，牙侧与螺纹轴线的垂线间的夹角。

c. 螺距。螺距（P）是指相邻两牙在中径线上对应两点间的轴向距离。

实训 5 角度与锥度的检测

实训目的：

① 了解角度和锥度的测量原理及方法。

② 掌握角度规测量角度的方法。

③ 掌握正弦规测量角度的方法。

实训 5.1 用角度规测量角度误差

(1) 任务

用角度规测量角度误差。

(2) 测量原理及计量器具

① 游标角度规又叫做万能角尺、游标量角器或游标角度尺等。它是一种常用的游标角度量具，分度值有 2′和 5′两种。万能角尺测量角度是一种直接测量法，所测量的角度能够直接从万能角尺的游标尺上读出，角度值由游标零线在尺身上指出，利用基尺、角尺、直尺的不同组合，可用于测量 0°～320°以内的任何角度。如实训图 5-1 所示。实训图 5-1(a) 为检测 0°～50°的角度；实训图 5-1(b) 为检测 50°～140°的角度：实训图 5-1(c) 为检测 140°～230°的角度；实训图 5-1(d) 为检测 230°～320°的角度。

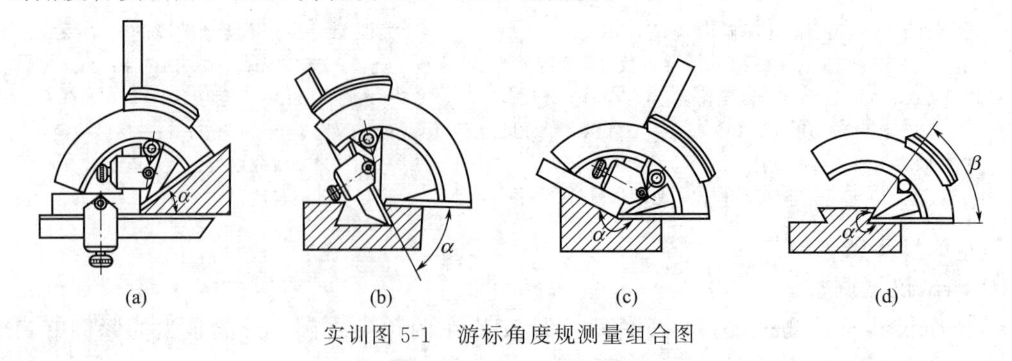

实训图 5-1 游标角度规测量组合图

② 用 90°角尺可测量直角。90°角尺分为：圆柱角尺、刀口形角尺、矩形角尺、铸铁角尺和宽座角尺，其外形如实训图 5-2 所示。

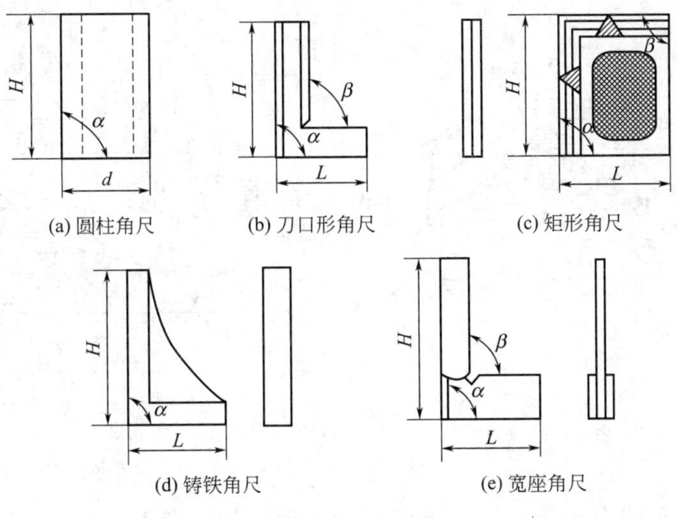

(a) 圆柱角尺　(b) 刀口形角尺　(c) 矩形角尺

(d) 铸铁角尺　(e) 宽座角尺

实训图 5-2　90°角尺

90°角尺主要用于检测零件的直角和垂直度。用 90°角尺测量角度主要根据角尺工作面与被测工件之间的光隙大小进行判断，光隙大小用目力估计或用塞尺确定。

当缝隙小于 0.5μm 时，看不见透光；当缝隙大于 3μm 时，可看见白光；当缝隙在 0.5～3μm 之间时，可看到蓝光。熟悉掌握这种方法，测量精度可达 1～3μm。

（3）测量步骤

① 将被测工件擦净放在平板或工作台上。若工件太小，可用手把住。

② 据被测零件角度的大小，按实训图 5-1 所示四种状态之一进行万能角尺的组合。

③ 松开万能角尺的制动头，使万能角尺的两边与被测角度的两边贴紧，目测应无间隙，然后锁紧制动头，即可读数。

④ 根据被测角度的极限偏差判断被测角度的合格性。

⑤ 填写实验报告。

实训 5.2　用正弦规测量圆锥误差

（1）任务

用正弦规测量圆锥误差。

（2）测量原理及计量器具

正弦规是间接测量锥度偏差的常用量具之一，它需要和块规、百分表等量具配合使用，可以精确地测量角度和锥度的偏差。正弦规外形如实训图 5-3 所示，它由制造精度很高的主体 3 和两个圆柱 4 组成。主体有窄型和宽型之分，两圆柱中心的距离 L 分为 100mm 和 200mm 两种。其结构参数见实训表 5-1。

实训表 5-1　结构参数　　mm

正弦规类型	L	B	H	d	正弦规类型	L	B	H	d
宽型	100	80	40	20	窄型	100	25	30	20
	200	150	65	30		200	40	55	30

正弦规测量锥度的原理如实训图 5-4 所示。它是以三角形的正弦函数为基础。在测量时，先根据被测锥体的公称锥角（α）计算块规组的尺寸 h，即

$$h=L\sin\alpha$$

式中 L 为正弦规两圆柱中心距。

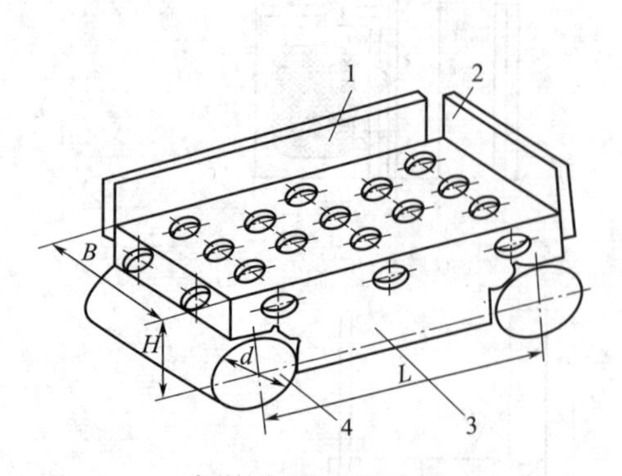

实训图 5-3　正弦规

1，2—挡板；3—主体；4—圆柱

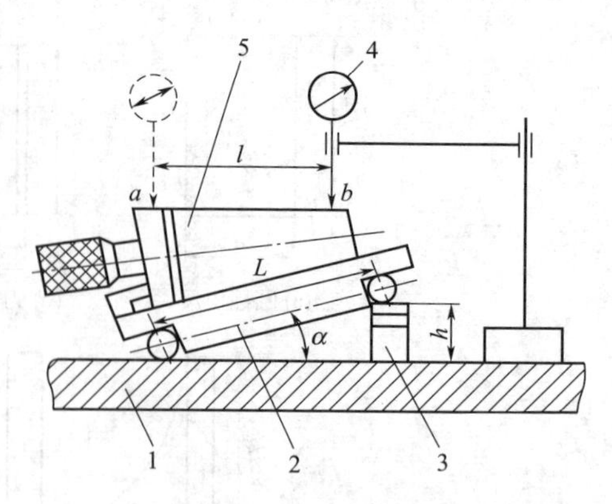

实训图 5-4　正弦规测量原理

1—平板；2—正弦规；3—量块；4—指示表；5—被测圆锥

根据计算的 h 值组合量块，垫在正弦尺的下面（如实训图 5-5 所示），因此正弦尺的工作面与平板的夹角为 α。然后，将圆锥塞规放在正弦尺的工作面上，如果被测圆锥角恰好等于公称圆锥角，则指示表在 e、f 两点的示值相同，即圆锥塞规的素线与平板平行。反之，e、f 两点的示值必有一差值，这表明存在圆锥角偏差。若实际被测圆锥角 $\alpha'>\alpha$，则 $e-f=+n$［见实训图 5-5(a)］；若 $\alpha'<\alpha$，则 $e-f=-n$［见实训图 5-5(b)］。

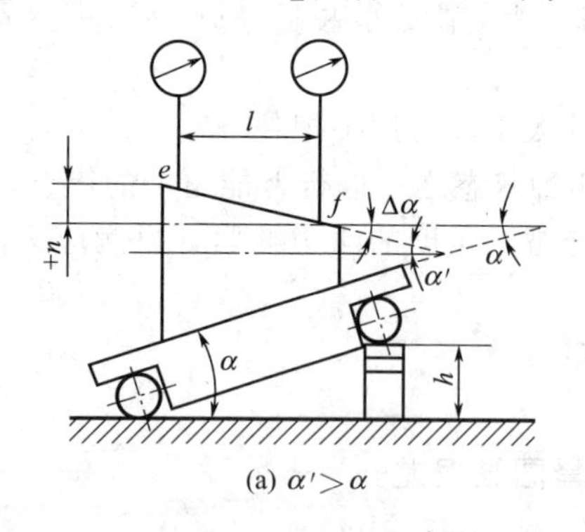

(a) $\alpha'>\alpha$

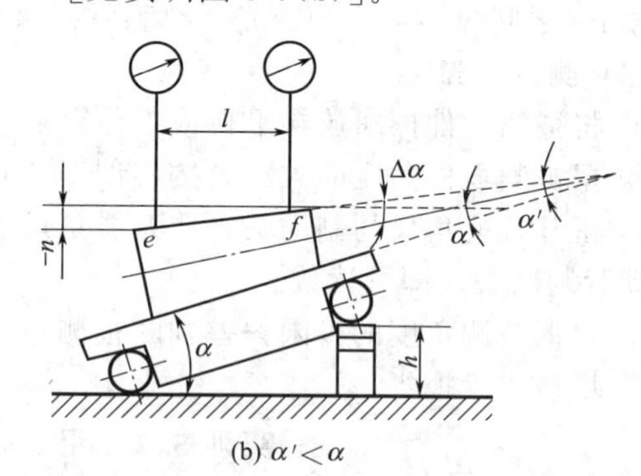

(b) $\alpha'<\alpha$

实训图 5-5　用正弦尺测量圆锥角偏差

由实训图 5-5 可知，圆锥角偏差 $\Delta\alpha\approx\tan(\Delta\alpha)=n/l(\text{rad})$

式中，l 为 e、f 两点间的距离；n 为指示表在 e、f 两点的读数差；$\Delta\alpha$ 的单位为弧度，1 弧度 $=2\times10^5$ （″）。

（3）测量步骤

① 根据被测锥度塞规的公称圆锥度 α 及正弦尺圆柱中心距 L，按公式 $h=L\sin\alpha$ 计算量块组的尺寸，并组合好量块。

② 将组合好的量块组放在正弦尺一端的圆柱下面，然后将圆锥塞规稳放在正弦尺的工作面上（应使圆锥塞规轴线垂直于正弦尺的圆柱轴线）。

③ 用带架的指示表，在被测圆锥塞规素线上距离两端分别不小于 2mm 的 e、f 两点进行测量和读数。测量前指示表的测头应压缩 1～2mm。

④ 如实训图 5-5 所示，将指示表在 e 点处前后推移，记下最大读数。再在 f 点处前后推移，记下最大读数。在 e、f 两点各重复测量三次，取平均值后，求出 e、f 两点的高度差

n，然后测量 e、f 两点间的距离 l。圆锥角偏差按下式计算

$$\Delta\alpha = n/l(\text{rad}) = \frac{n}{l} \times 2 \times 10^5 ('')$$

⑤ 将测量结果记入实验报告，查出圆锥角极限偏差，并判断被测塞规的适用性。

实训 6 齿轮的检测

实训目的：

① 了解齿轮径向跳动检查仪的结构、工作原理，熟悉测量齿轮径向跳动误差的方法，加深齿轮齿圈径向跳动误差的定义及掌握采用相对法测量齿距偏差时数据处理方法。

② 掌握用齿轮游标尺检测齿轮齿厚的方法，熟悉齿厚卡尺的结构和使用方法，掌握齿轮分度圆弦齿高和弦齿厚公称值的计算方法，加深对齿厚偏差定义的理解。

③ 加深对公法线长度变动量和公法线平均长度偏差的定义，熟悉和掌握公法线千分尺与万能测齿仪的结构和使用方法。

④ 了解双面啮合仪的工作原理，熟悉使用方法。

实训 6.1 用齿轮径向圆跳动检查仪测量齿轮的径向圆跳动

(1) 任务

用齿轮径向圆跳动检查仪测量齿轮的径向圆跳动。

(2) 测量原理及计量器具

齿轮径向跳动 F_r 是指在齿轮一转范围内，测头在齿槽内或在轮齿上，与齿高中部双面接触，测头相对于齿轮轴线的最大变动量，如实训图 6-1 所示。齿圈径向跳动误差可用齿圈径向跳动检查仪、万能测齿仪或普通的偏摆检查仪等仪器量测。本实验采用齿圈径向跳动检查仪来量测，该仪器的外形如实训图 6-2 所示。

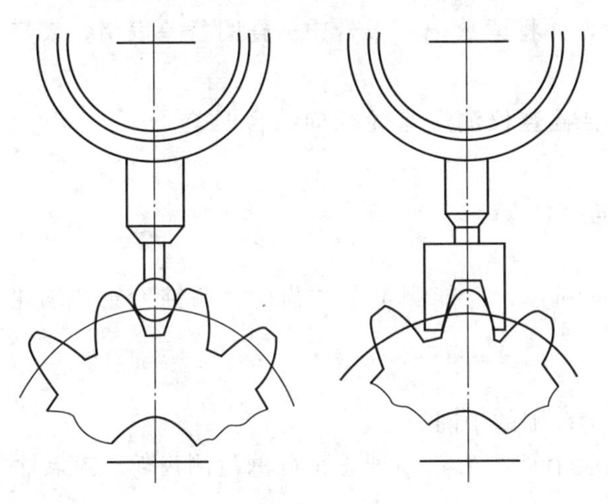

实训图 6-1 齿圈径向跳动误差

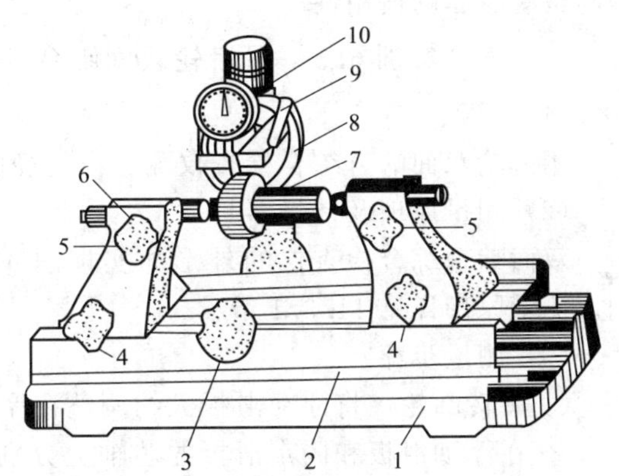

实训图 6-2 齿轮齿圈径向跳动检查仪

1—底座；2—滑板；3—纵向移动手柄；4—顶尖架锁紧手轮；5—顶尖锁紧手轮；6—顶尖架；7—升降调节螺母；8—指示表架；9—提升手把；10—指示表

(3) 测量步骤

① 根据被测齿轮的模数，选择合适的球形量测头，装入指示表量测杆的下端，如实训

图 6-2 所示。

② 将被测齿轮和芯轴装在仪器的两顶尖上，拧紧顶尖架锁紧手轮 4 和顶尖锁紧手轮 5。

③ 旋转手柄 3，调整滑板 2 位置，使指示表量测头位于齿宽的中部。借升降调节螺母 7 和提升手把 9，使量测头位于齿槽内，调整指示表 10 的零位，并使其指针压缩 1～2 圈。开始测量。

实训 6.2 用齿厚游标卡尺测量齿轮的弦齿厚

(1) 任务

用齿厚游标卡尺测量齿轮的弦齿厚。

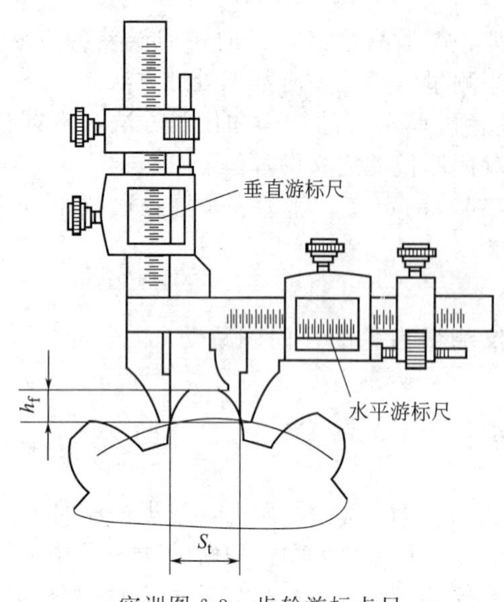

实训图 6-3 齿轮游标卡尺

(2) 测量原理及计量器具

实训图 6-3 所示为测量齿厚偏差的齿轮游标卡尺（又称齿厚卡尺），它由两套互相垂直的游标尺组成，其原理及读数方法与普通游标卡尺相同，垂直游标尺用于控制测量部分（分度圆至齿顶圆）的弦齿高，水平游标尺用来测量所测部位（分度圆）的弦齿厚 S_t（实际）。

(3) 测量步骤

① 用外径千分尺测量齿顶圆的实际直径 $d_{a'}$。

② 计算分度圆处弦齿高 h 和弦齿厚 S_t。

③ 按 h_f 值调整齿轮游标卡尺的垂直游标尺。

④ 将齿轮游标卡尺置于被测齿轮上，使垂直游标尺的高度尺与齿顶相接触，然后移动水平游标尺的卡脚，使其靠近齿廓，从水平游标尺上读出弦齿厚的实际尺寸。

⑤ 在圆周上几个等距离的齿上进行测量，并将读数记入报告中。查阅公差表格，表格判断被测齿厚的适用性。

实训 6.3 用齿轮双面啮合综合检查仪测量齿轮径向综合误差

(1) 任务

用齿轮双面啮合综合检查仪测量齿轮径向综合误差。

(2) 测量原理及计量器具

双面啮合综合检查仪的外形如实训图 6-4 所示，它能测量圆柱齿轮、圆锥齿轮和蜗轮副。测量原理详见 11.3.1 节。

(3) 测量步骤

① 旋转凸轮，将浮动滑板大约调整在浮动范围的中间。

② 在浮动滑板和固定滑板的芯轴上分别装上被测齿轮和理想精确的量测齿轮。旋转手轮，使两齿轮双面啮合，然后锁紧固定滑板。

③ 调节指示表的位置，使指针压缩 1～2 圈并对准零位。

④ 在记录滚轮上包扎坐标纸。

⑤ 调整记录笔的位置，将记录笔尖调到记录纸的中间，并使笔尖与记录纸接触。

⑥ 放松凸轮，由弹簧力作用使两个齿轮双面啮合。

⑦ 进行量测，缓慢转动量测齿轮，由于被测齿轮的加工误差，双啮中心距就产生变动，其变动情况从指示表或记录曲线图中反映出来。

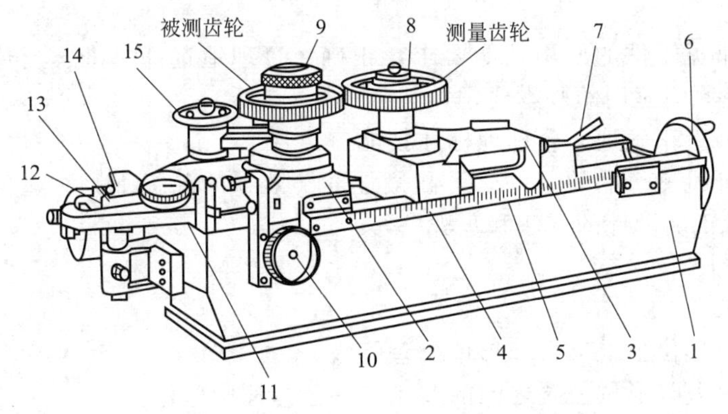

实训图 6-4　双面啮合综合检查仪

1—底座；2—浮动滑板；3—固定滑板；4—刻度尺；5—游标尺；6—调整位置手轮；7—锁紧手柄；8—芯轴；9—固定齿轮螺母；10—偏心手轮；11—指示表；12—记录器；13—记录笔；14—记录滚轮；15—摩擦盘

实训 7　精度设计

实训 7.1　轴的精度设计

(1) 实训任务

对实训图 7-1 所示的减速器输入轴几何要素的形位精度进行精度设计。

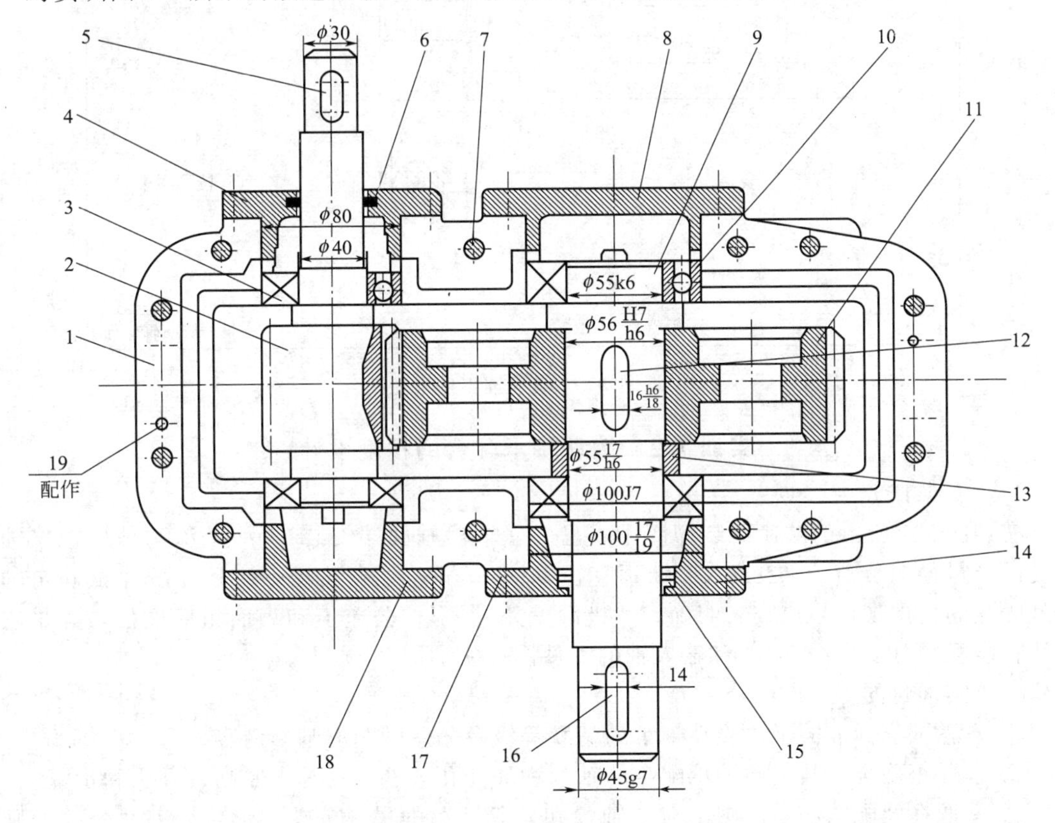

实训图 7-1　一级齿轮减速器装配示意图

1—箱座；2—输入轴；3，10—轴承；4，8，14，18—轴承端盖；5，12，16—键；6，15—密封圈；7—螺钉；9—输出轴；11—齿轮；13—轴套；17—垫片；19—定位销

（2）实训目的

① 掌握根据常见零件的使用功能要求，正确、合理地选择基准、形位公差项目、形位公差等级以及公差原则应用的基本要领。

② 掌握在图样上正确地、合理地标注技能。

③ 掌握在保证机械产品的零件质量和最佳经济效益的前提下，对零件的几何要素的形状和位置精度进行正确设计的方法和步骤。

（3）实训步骤

① 确定尺寸公差。

② 选择基准、形位公差项目和形位公差等级。

③ 确定尺寸公差与形位公差之间的关系——公差原则应用。

④ 确定表面粗糙度。

⑤ 在实训图 7-2 所示的输入轴零件示意图上进行正确标注。

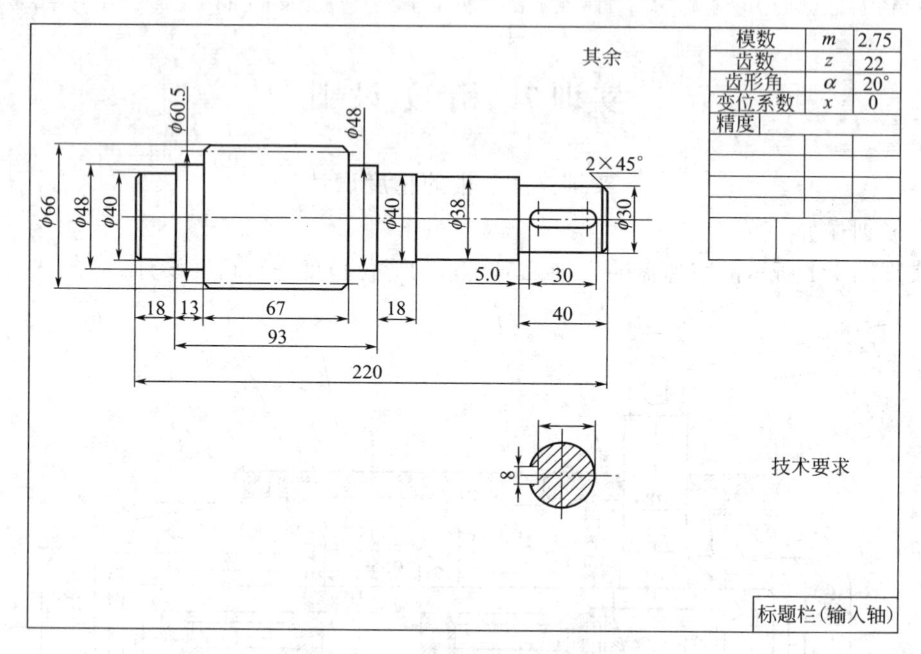

实训图 7-2 输入轴零件示意图

实训 7.2 滚动轴承配合的精度设计

（1）实训任务

实训图 7-1 所示的减速器装配图中，已知：输出轴两端安装了 6211 深沟球轴承，轴承承受的当量径向负荷 $P=2880\text{N}$。轴颈直径 $d=55\text{mm}$，外壳孔径 $D=100\text{mm}$。试确定轴颈和外壳孔的公差带代号（查表明确尺寸极限偏差）、形位公差值和表面粗糙度值，并将它们标注在装配图（实训图 7-1）和输入轴的零件图（实训图 7-2）上。

（2）实训目的

① 熟悉国家标准关于“滚动轴承的精度等级及公差带”的基本内容。

② 掌握正确选择与滚动轴承配合的轴颈和外壳孔公差带的基本原则、方法和步骤。

③ 掌握在装配图和零件图上对“轴颈和外壳孔”的尺寸公差、形位公差、公差原则以及表面粗糙度进行正确的选择和标注。

（3）实训步骤

① 分析减速器的使用功能要求，选择输入轴上轴承型号、公差等级，明确轴承内圈内径和外圈外径（单一平均内、外径）的上、下偏差数值。

② 分析轴承在输入轴上承受的负荷类型、大小等工作条件，选择与轴承配合的轴颈和外壳孔的公差带代号、形位公差数值和表面粗糙度数值等。

③ 在实训图 7-1 所示的装配示意图中进行正确标注；在实训图 7-2 所示的输入轴的零件示意图上进行正确标注。

实训 7.3 齿轮精度设计

（1）实训任务

在减速器中要求完成带孔齿轮齿面的精度设计。已知：实训图 7-2 所示的输入轴上直齿圆柱齿轮部分，齿数 $z=22$，齿宽 $b=67$mm，标准齿轮（变位系数 $x=0$）。模数 $m=2.75$mm，中心距 $a=143$mm，齿形角 $\alpha=20°$，输入轴转速 $n=3000$r/min，轴承跨距 $L=110$mm，齿轮材料为 45 钢，减速器箱体材料为铸铁，齿轮工作温度 55℃，减速器箱体工作温度为 35℃，小批量生产。

试确定齿轮的精度等级、检验组、有关侧隙的指标、齿坯公差和表面粗糙度，并将选择结果标注在实训图 7-2 所示的输入轴零件图上。要求：通过测量公法线长度控制相应的偏差，以保证最小侧隙。

（2）实训目的

① 加深对齿轮的误差来源及对齿轮传动的使用性能的影响的了解。

② 掌握单个齿轮同侧齿面的偏差项目、径向综合偏差与径向跳动。

③ 掌握齿轮副的偏差和齿侧间隙。

④ 熟悉和掌握齿轮的精度设计。

（3）实训步骤

① 分析在减速器中输入轴 2（齿轮轴）的使用要求，找出影响齿轮精度的偏差项目。

② 分析减速器齿轮偏差的检验项目，熟悉常用的检测方法。

③ 根据减速器零件组成，找出哪些零件的误差会影响齿轮副的偏差和齿侧间隙。

④ 合理选择齿轮的精度等级，确定相应的公差或极限偏差值，进行正确的标注。

参 考 文 献

[1] 李淑坤主编．公差配合与测量技术．北京：机械工业出版社，2010.

[2] 张美芸主编．公差配合与基础测量．北京：北京理工大学出版社，2010.

[3] 王伯平主编．互换性与测量技术基础．北京：机械工业出版社，2008.

[4] 黎传主编．互换性与测量技术．广州：华南理工大学出版社，2008.

[5] 姚云英主编．公差配合与测量技术．北京：机械工业出版社，2008.

[6] 卢志珍主编．互换性与技术测量．成都：电子科技大学出版社，2008.

[7] 卢志珍主编．互换性与技术测量实验指导．成都：电子科技大学出版社，2008.

[8] 董燕主编．公差配合与基础测量．北京：中国人民大学出版社，2008.

[9] 马霄主编．互换性与测量技术基础．北京：北京理工大学出版社，2008.

[10] 李军主编．互换性与测量基础．武汉：华中科技大学出版社，2007.

[11] 任晓莉主编．公差配合与量测实训．北京：北京理工大学出版社，2007.

[12] 刘忠伟主编．公差配合与测量技术实训．北京：国防工业出版社，2007.

[13] 陈于萍，高晓康主编．互换性与测量技术．北京：高等教育出版社，2007.

[14] 杨好学主编．互换性与技术测量．西安：西安电子科技大学出版社，2006.

[15] 刘越主编．公差配合与技术测量．北京：化学工业出版社，2004.